ちくま新書

やりなおし高校化学

齋藤勝裕
Saito Katsuhiro

1186

やりなおし高校化学【目次】

第4章 気体・液体・固体 104

第5章 溶解度と溶液の性質 122

第6章 酸・塩基・pH 138

イラスト てばさき他

はじめに

本書は、高校の化学の授業でやったが忘れてしまったこと、あるいはその授業で分からないままにしていたことを思い出す、あるいはやりなおすための本である。

しかし、本書の目的はそれだけではない。高校の化学は面白くなかった、あんなものをやるのは時間の無駄遣いだと思った、さらには化学など二度とやりたくない。そのように思われる方に、改めて化学の面白さ、あえていえば化学の本質を知っていただきたいと思う願いを込めて書いた本である。

化学を面白くないと思われるのも、化学などに時間を割くのはもったいないと思われるのもよいだろう。あるいは、科学の本質を極めるなら化学よりも他に物理や数学がある。そのように思われるのも結構だし、私自身、そのお気持ちはよくわかる。

でも、そのように決めつけるのは少しの間、待っていただきたい。少々の時間を割いて本書をつまみ読みすれば、高校の化学の教科書とは違うことにお気づきいただけることと思う。本書の最大の特色はそこにある。

化学の骨格を見る

高校化学の教科書を易しく噛み砕いた解説本はたくさんある。高校化学の導入のような本もたくさんある。しかし、そのような本の多くは高校化学教科書の呪縛から逃れられていないように私には思える。私には高校化学の教科書は、易しいことを難しそうに記述しているように思えてならない。

どうでもよいような細かい事実を正確に書き連ねるあまり、大事な本質が隠れてしまうのである。これは、葉っぱに覆われて幹や枝ぶりが分からなくなっているようなものだ。葉っぱを刈り込んで、化学という樹木の枝幹《しかん》をお見せしたい、それが本書を貫く方針である。枝と幹、つまり化学の骨格だけを眺めたら、高校化学が扱う範囲というのはこんなに少なく、こんなに簡単だったのか？　と驚かれるのではなかろうか。このようにすると、今まで精力を注いでいた葉っぱの理解、暗記の代わりに、他の大切な枝の理解に傾注することができる。すると、それまで見てきた枝の必然性が理解でき、樹木全体の理解が増すというサイクルが出来上がる。

本書はそのようなサイクルの形成を目標としている。そのため、高校化学では扱わない、一見高度なことも紹介している。しかし、読んでいただけば分かる通り、それは高校化学で扱わないだけであって、決して難しいことではない。それどころか、それを理解することによって、従来の高校化学の部分がより理解しやすくなるのである。

†宇宙の誕生と原子

文学的な表現で「悠久の宇宙」といったものがある。宇宙の枕言葉として悠久という言葉がついてくるようであるが、宇宙が永く続くという意味だけなら、その通りであろう。しかしもし、宇宙が変化しないという意味が入っているとしたら、間違いである。宇宙は変化しないどころではない。激しく変化しているのだ。

そもそも「永い」とはどのようなスパンのことをいうのだろうか。地球の年齢は46億年ほどである。38億年前にはバクテリアが発生している。すなわち、生命の歴史でさえ、38億年もの「永さ」があるのである。それに対して宇宙の年齢は138億年である。永いといえば永いかもしれないが、このか弱い生命の歴史の4倍ほどの永さでしかない。

138億年前に宇宙が誕生した時には、宇宙には原子番号1の水素原子しかなかった。それが集まって集団になると圧力と熱が発生し、核融合反応が起きて原子番号2のヘリウム原子が誕生した。それと同時に大量のエネルギーが発生した。これが太陽などの恒星の姿である。この変化は、太陽はもちろん、無数の恒星で今も進行しているのである。そして核融合はさらに進行し、次々と大きな原子が誕生している。

しかし、これも原子番号26の鉄あたりまでである。鉄は核融合してもエネルギーを発生しない。エネルギーバランスを失った恒星は大爆発を起こす。その時に発生する大量の中性子を鉄原子が吸収して、さらに大きな原子が誕生する。このようにして、現在宇宙に存在し、我々が化学で扱う原子番号92のウランあたりまでの原子が誕生したのである。

原子は雲のようなもの

わずか138億年の間にこれだけの大変化が起き、この変化が今も続いている。宇宙はまさしく悠久であろうが、実は大変動の場なのである。

このようにして誕生した90種類ほどの原子が、地球と自然と生命体を作っているのである。生命体の変化にもまた驚くべきものがある。38億年前に誕生した単細胞バクテリアが6億年前には大型軟体動物に進化し、4億年前には脊椎動物になり、1億年前には恐竜となった。そして2500万年には類人猿が現れ、現代に至っている。

このすさまじいまでの変化を担ったのは、結局は原子である。原子が結合して簡単な分子となり、簡単な分子が反応して複雑な分子となり、それが集まって機能的な集団となったのが生物だ。生物といえど、結局は分子の集合体であり、最後は分子であり、原子なのである。

原子は丸い雲のようなもので、雲のように見えるのは電子雲である。電子雲の中心には小さくて重い原子核がある。原子核の直径は原子直径の1万分の1に過ぎない。東京ドーム（直径100m）を2個貼りあわせた巨大どら焼きを原子にたとえると、原子核はピッチャーマウンドに転がるビー玉（直径1cm）ほどの大きさしかない。ところが、原子のほとんど全ての重量（99・99%）は、原子核にあるのである。

原子はまさしく雲のような頼りないものに過ぎない。しかし、これが集まったものが物質なのである。手を見てみよう。この手を作っているのは分子であり、このような原子なのだ。雲か霧のようなものなのである。頭の中には脳みそが詰まっていると確信しているが、その実態はこのようなものなのだ。雲の集合なのである。ザルの比喩どころではないのかもしれない。

ところが、原子の性質、結合、反応は全て電子雲によるものである。雲か霧のようなものが互いに溶けあったり、反発したりして化学反応、すなわち自然の現象を作りだしているのだ。まさしく色即是空、空即是色の世界である。

このように見てみると、無味乾燥に見える化学もなかなか味があるように見えてくるのではなかろうか。

化学が実らせた果実

化学者の私がいうのもおかしいが、化学はなかなか面白い。化学が他の科学と違うのは、化学は物質を扱うということである。

私たちが実感する宇宙は物質からできている。そして全ての物質は化学の研究対象となる。生物もまた化学の研究対象である。すなわち、金属も鉱物も気体も固体も液体も、もちろん、食物も衣服も建材も、宝石、香水、アルコール、男、女、薬、毒、全ては化学の研究対象となるのである。このような化学が面白くないはずがない。というより、どなたでも何かしら興味を持つ物があるだろうが、それがすなわち、化学の研究対象なのである。お酒が好きなら、それを突き詰めてゆくと化学になる。医薬品に興味があって、それを調べるといつか化学の領域に踏み込んでいることになる。毒も同じである。

しかし、化学は物質の状態、性質、変化だけを扱うのではない。最も重要なのはその変化の背後に潜む自然の摂理、法則である。これこそが先にいった樹木の枝幹、化学の骨格である。骨格を調べ、それを明らかにして、自然の摂理を明らかにする。それが全ての科学と同じように、化学の目的とするところである。

だが、化学にはもう一つの目的がある。それは人々の幸福に資するということであり、これこそは、化学が物質を扱う学問であるからこそできることである。つまり、化学は物質、分子を調べるだけでなく、物質、分子を創り出すこと、すなわち、これまでこの宇宙に存在しなかった分子を新たに創り出すことができるのだ。これは創造である。あえて不遜な言い方を許していただけるなら、神の創造にも匹敵する創造なのだ。

化学がこれまでにどれだけの新分子を創り出し、どれだけ人類の幸福に貢献してきたか？　地球上には70億に達しようという人類が生活している。これだけの人類が十分ではないまでも、とにかく生存に足る食料を得ることができるのは化学肥料と殺虫剤などの農薬のおかげである。

衣服も、合成繊維を抜きにしたら貧弱なものになるだろう。プラスチックのない生活が想像できるだろうか？　電池がなかったらどうなるだろうか？　医薬品がなかったら人間の一生はかなり辛いものになるだろう。麻酔薬がなかったら手術はなりたたない。

これらはまさしく化学という学問が実らせた果実なのである。これだけ豊富に果実が実った学問分野が他にあるだろうか？

†本書の扱う範囲

本書はこのような化学を徹底的に分かり易く、楽しく紹介しようという意図のもとに作られたものである。内容は化学理論を扱う物理化学から、鉱物などの無機物を扱う無機化学、生命体を含む有機化学、さらには現代の大きな問題である環境問題を考える環境化学まで、化学の全分野を網羅している。本書一冊を読破したら、化学に関してはほぼ完ぺきに近い、広くて偏りのない知識体系を身につけることができるものと確信する。

化学の良い所は、その表現手段として、文章や数式だけでなく、化学式という独特の方法を持っていることである。例えば野球にはボールを投げ、それを打つというテクニックがあり、バイオリンには弦を押さえ、弓で弾くというテクニックがある。

しかし化学の表現手段のテクニックは、それらとは比較にもならないほどの簡単明瞭なものである。化学式は慣れないと馴染みにくいかもしれないが、慣れてしまえばこれほど便利なものはない。

有機化学の構造式は、三角形や六角形など、まるで図形かと思われるものがメジロ押しとなる。これも、表記の約束事さえ分かれば、この上なく便利なものである。はじめは絵を見るような感覚で見るのもよいかもしれない。慣れるにしたがって、その絵の持つ意味が見えてくることであろう。

本書は本格的な化学専門書の目次と考えることもできよう。本書を読んで面白いと思われたところがあったら、そこをさらに進んだ書物で読みなおしてほしい。すると、本書を読んで身につけた基礎知識の分だけ、専門書が読みやすくなっているはずである。それはまさしく本書の意図するところである。また、何か調べたいと思う問題をお持ちならば、本書を読んで、その問題がどこに該当するかを探していただきたい。その上で、その分野の専門書に当たっていただければと思う。

本書を読んで化学の面白さ、楽しさを実感していただくことができたなら、私にとってこれ以上嬉しいことはない。

最後に本書の作製になみなみならぬ努力を払ってくださった筑摩書房の松田健、河内卓の両氏、参考にさせていただいた書物の著者並びに発行出版社各社の皆様に感謝する。

平成28年3月

齋藤勝裕

第1章

原子と原子核

1 原子構造

「**物質**」とは有限の体積と有限の質量（重さ）を持ったものである。ところで現代宇宙論によれば、宇宙をつくっているものの68％はダークエネルギーであり、27％はダークマターであるという。これら「ダーク」と付くものは、われわれにとって見ることも観測することもできないものだという。われわれに馴染のある「物質」はわずか5％に過ぎないのである。

化学はこの「物質」を相手にする研究である。しかし、物質と名の付くものならば、固体、液体、気体、生物、全てを研究対象とする。

物質は少数の例外を除けば全て**分子**からできている。分子というのは、純物質の性質を残している物質のうち、最小の粒子のことである。水を細かく分けてゆくと、最後は水の分子に行き当たる。砂糖でもアルコールでも同じことである。

ところがこの水分子は、さらに分解することができる。その結果できるのが1個の酸素

原子と分子

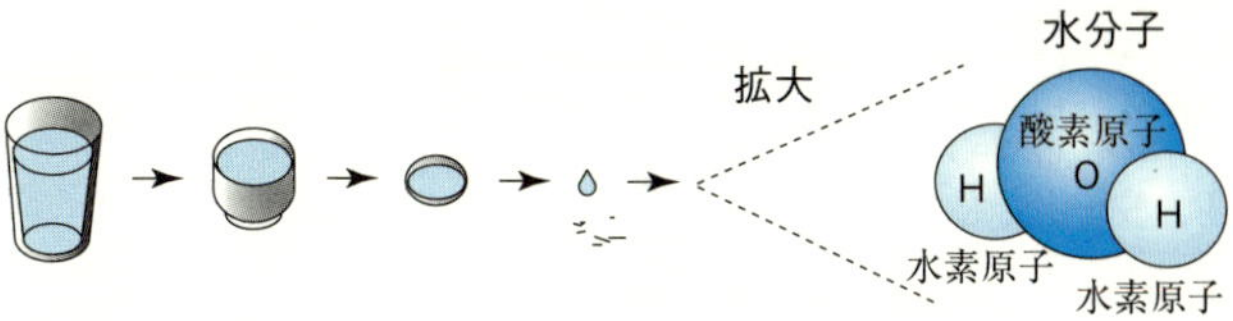

原子O（アルファベットは元素記号）と2個の水素原子Hである。そこで水の分子はH_2Oであるという、よく知られた命題が出てくる。しかし、酸素原子や水素原子にはもはや水の性質は残っていない。

†原子の種類・サイズ

宇宙にある物質、分子の種類は無数としかいいようがないほど多いが、その分子を作っている**原子**の種類はわずか90種ほどに過ぎない。これはアルファベット26文字で無数の単語ができるのと同じ理屈である。このあたりを直観的な推察でいい当てたのがギリシアの哲学者デモクリトスを中心とした原子論者である。**デモクリトス**の直観は、物質は原子という粒子と、虚空という真空空間からできているという面で、現代化学を予想するものであった。

原子はもちろん、非常に小さい。原子の直径は100億分の1m、10^{-10}mのオーダーである。10^{-9}mを1nm（ナノメートル）という。よくいうナノテクというのは、ナノメートル単位の小さい物質を扱う技術ということである。原子直径はその1nmのさらに10分の1なのである。

2　原子・原子核・電子

宇宙は重層構造になっているようであるが、それは物質も同じである。分子→原子ときたが、実はこの原子がまた構造を持っているのである。

原子核の大きさ

現代化学を支える基本理論である**量子化学**の、これまた基本概念である**「ハイゼンベルクの不確定性原理」**によれば、原子の形を正確に見ることは原理的に不可能である。しかし、これまでの実験結果から原子は雲でできた球のようなものと考えられている。雲のように見えるのは複数個の**電子**（記号e）からできた**電子雲**であり、その中心に重くて（高密度）小さい1個の**原子核**が存在する。

原子核がどれくらい小さいかというと、原子核の直径は原子直径の1万分の1である。これは東京ドームを2個貼りあわせたサイズの巨大どら焼きを原子とすると、原子核はピッチャーマウンドに転がるビー玉ということになる。どれくらい重いかというと、原子の重さの99・9%が原子核にある。

†電子雲

ところで、我々が原子を見た場合、見えるのは外側の電子雲だけである。すると、我々にとっての原子の性質というのは電子雲の性質である、ということになる。これが化学の限界である。

物質、分子、原子の性質、反応性を実験という観測手段で研究する場合、観測に引っかかってくる性質は電子雲の性質ということになる。ここから「化学は電子の科学である」という命題が浮かび上がってくる。

つまり原子の体積のほとんど全てを占めている電子雲は、体積だけで重さのない、いわば幻のようなものである。我々が体験する全ての現象は、この電子雲が吐き出したものである。幻が吐き出した幻、それが我々の生きている宇宙なのかもしれない。信長の「人間五十年～夢幻の如くなり」というのは存外科学的なのかもしれない。「色即是空、空即是色」などと判じ物めいたことをいわなくても、科学的に考えれば「ま、そうも考えられるな」ということになる。

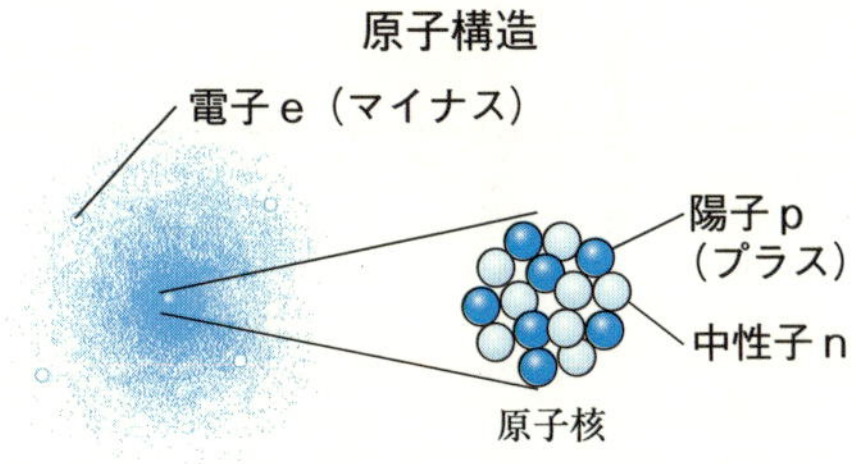

3　原子核の構造

物質の重層構造はどこまでも貫徹するようであり、原子核もまた下部構造の粒子からできていることが分かった。それは**陽子**（記号p）と**中性子**（記号n）である。陽子と中性子は重さ（質量）はほぼ同じであり、これをともに質量数＝1と表すことにする。すると先に出た電子など、質量数＝無視＝0となる。

†原子と中性子

陽子と中性子の違いは**電荷**である。陽子は単位として+1の電荷を持つ。それに対して中性子は電荷を持たない。それで中性子というわけである。ところが、先に出た質量数＝0の電子が電荷だけはしっかりと持っており、それがなんと陽子の反対、−1なのだ。

原子核を構成する陽子の個数を**原子番号**（記号Z）という。また、陽子と中性子の個数の和を**質量数**（記号A）という。そして、原子番号Zの原子はZ個の電子を持つ。

したがって、原子番号Zの原子は、原子核がZ個の陽子によって+Zに荷電し、電子雲はZ個の電子によって−Zになる。すなわち原子全体としては電気的に中性となるのである。

ZとAは、それぞれ元素記号の左下と左上に添え字で書き表す約束になっている。しかし、すぐ次の説明で分かるように、元素の名前が分かれば原子番号は分かる仕組みになっているので、普通は質量数だけを書き足す。

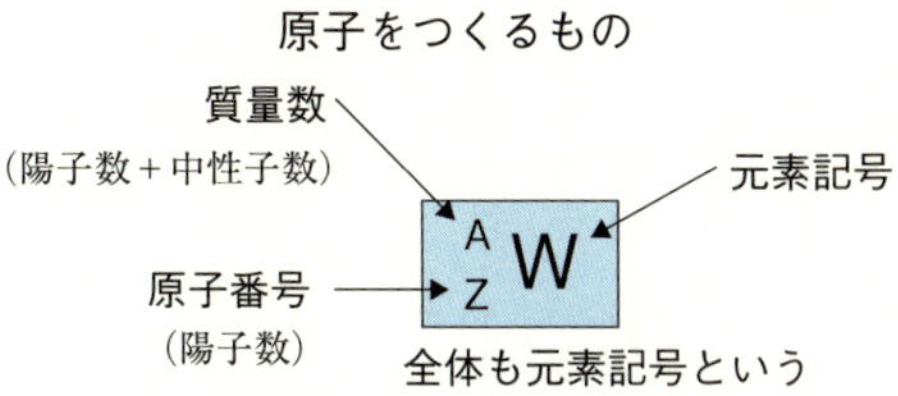

名称			記号	電荷	質量数
原子	電子		e	−1	0
	原子核	陽子	p	＋1	1
		中性子	n	0	1

原子の性質を決める原子番号

ところで、先の項で見たように、原子の性質、反応性は電子雲によって決定された。ということは、単純すぎて恐縮ではあるが、原子の物性のほとんど全て、少なくとも「化学的な意味での原子の全て」は、電子の「個数＝Z」によって決まるのである。

そんな簡単なことで？　といわれると返答に困るが、少なくとも量子化学に裏打ちされた現代化学はそう考える。すなわち、原子、それが結合した分子、それが集合した物質、それが離合集散して現す現身《うつしみ》、その全ては原子を構成する電子の個数、それに起因するものと考えるのだ。

4 同位体

原子番号Zが同じでありながら質量数Aが異なる原子がある。典型的な例は、原子炉燃料になるウランUである。これは陽子数が92であるから原子番号Z＝92である。ところが、これには何種類かの兄弟があり、それぞれは中性子の個数が違う。主なものは中性子数143個の^{235}Uと146個の^{238}Uである。このように原子番号が同じで質量数の異なるものを互いに**同位体**という。

最も簡単な構造の水素Hでも、^{1}H（軽水素、H）、^{2}H（重水素、D）、^{3}H（三重水素、T）の三種類の同位体が存在する。しかしその存在量には違いがあり、水素の場合にはH：D：T＝99.985：0.015：～0である。ところが、宇宙にはこれ以外の同位体が存在し、その種類は7種類とも11種類ともいう。同位体の存在しない元素は存在しない。したがって、自然界に存在する元素の種類は90種類、人工的に作り出したものを含めると現在118種類、といっても同位体の種類、すなわち原子の種類としては数百種類に上ることになる。

しかも、同位体の量は、てんでばらばらである。例えばウランでは^{235}Uの量は0・7％であり、残り99・3％は^{238}Uである。ところが、原子爆弾の爆薬になったり原子炉の燃料にな

同位体

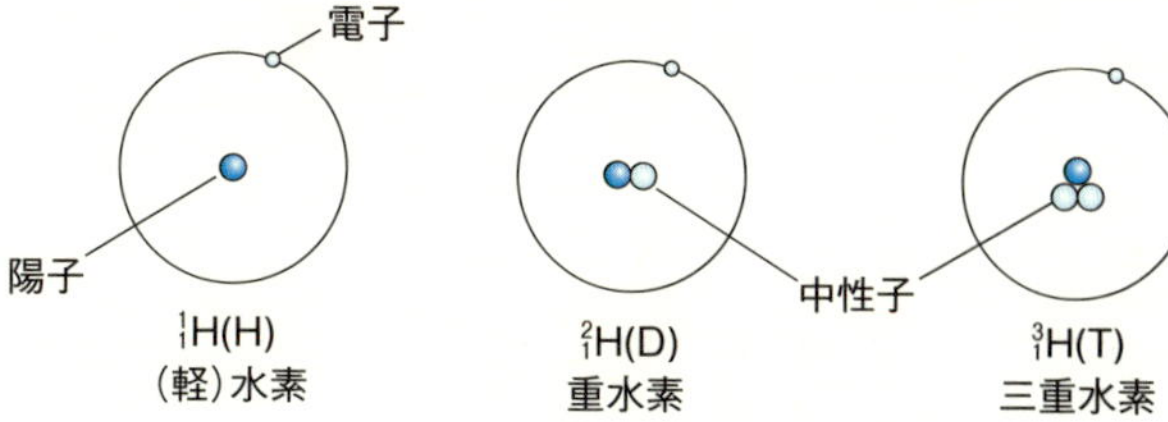

	H			C			Cl		U	
元素記号	$^{1}_{1}$H	$^{2}_{1}$H	$^{3}_{1}$H	$^{12}_{6}$C	$^{13}_{6}$C	$^{14}_{6}$C	$^{35}_{17}$Cl	$^{37}_{17}$Cl	$^{235}_{92}$U	$^{238}_{92}$U
陽子数	1	1	1	6	6	6	17	17	92	92
中性子数	0	1	2	6	7	8	18	20	143	146
存在度(%)	99.985	0.015	～0	98.9	1.1	～0	75.8	24.2	0.7	99.3

るのは^{235}Uである。そこから、ウラン濃縮だとか、劣化ウラン弾だとか、プルトニウムだとか、MOX燃料だとか、高速増殖炉だとか、諸々の現代的問題が発生することになる。

それらの問題は次項で詳しく見ることにして、ここでは、原子と元素の違いに注目しておこう。これはごく基礎的なことであるが、分かったようで分かりにくい問題である。分かりやすくいえば、**「元素」は原子番号Zの同じ原子の概念的集合体**である。したがって^{1}H、^{2}H、^{3}Hは全て「水素」という同じ元素に属する。それに対して**「原子」は物質としての個々の粒子の意味**である。簡単にいえば、「私」、「あなた」が原子であり、「ヒト」が元素である。したがって、化学反応の記述ではもっぱら「原子」という言葉を用いる。

5　原子量・アボガドロ定数・モル

原子量

原子は小さいとはいっても物質である。したがって有限の体積と有限の質量（重さ）を持つ。原子の重さを相対的に表した指標を**原子量**という。原子量の正確な定義は面倒なので、そのようなことに貴重な頭を使う必要はない。簡単にいえば、原子量とはその元素に属する全ての同位体の質量数の平均値である。

臭素Brの場合、自然界に存在する臭素の同位体は^{79}Brが50・69％、^{81}Brが49・31％である。そこでこの重みつき平均を取ると79・90となり、これが臭素の原子量ということになる。それに対して水素Hの場合^{1}Hが99・985％、^{2}Hが0・015％、^{3}Hはほとんど0ということで、原子量は1・008となる。

同位体の存在比は常に変化する。したがって原子量も変化する。そのため、原子量は2年ごとに見直しが行われている。

†アボガドロ定数とモル

1個の原子の重さを計るのは不可能であるが、たくさん集まれば重さを計ることができる。そして、適当な個数だけ集まれば、その集団の質量は原子量（の数字）にgを付けたものになる。この時の原子の個数を**アボガドロ定数**といい、その数値は6.02×10^{23}である。原子や分子のアボガドロ定数個の集団を**1モル**（mol）という。これは鉛筆12本の集団を1ダースというのと同じことである。

モルとアボガドロ定数

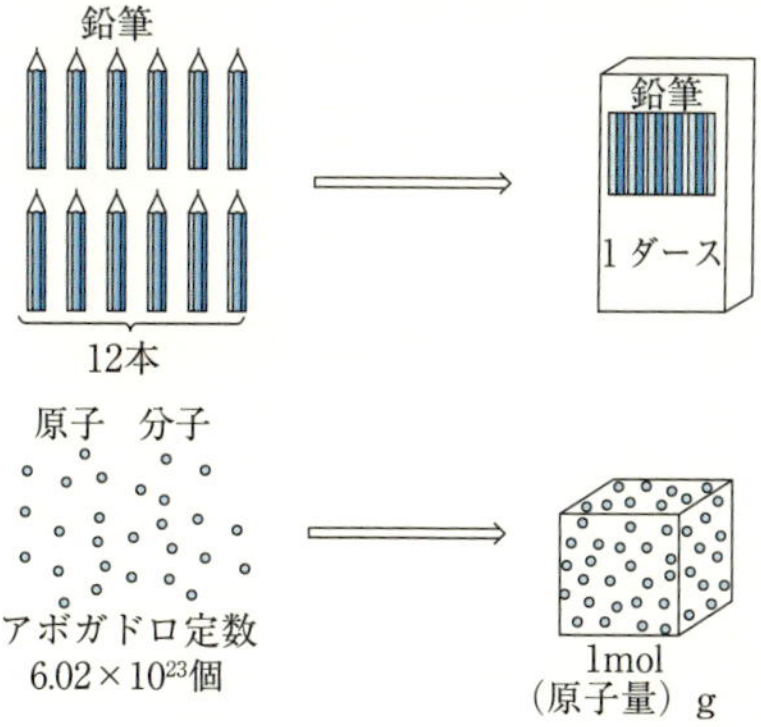

そして同じ1ダースでも鉛筆の1ダースと缶ビールの1ダースでは重さが異なるように、同じ1モルの原子でも、その質量は原子によって異なる。もちろん、1モルの原子の質量は原子量（の数字）にgを付けたものに等しい。

また**1モルの気体の体積は原子や分子の種類に関係なく、1気圧0℃の下で全て22・4ℓ**である。したがって22・4ℓのヘリウムガス（原子量4）は4gであり、ネオンガス（原子量20）は20gである。

6 原子核反応

分子や原子が反応して変化するように、原子核も変化して他の原子になる。原子核の反応を特に**原子核反応**という。

高校化学では**エネルギー**の概念があまり出てこないが、簡単で有用な概念なので、できるだけ初期に身に着けたほうが化学の本質がよく理解できる。

化学のエネルギーは位置エネルギーと同じである。グラフの上方が高エネルギーで不安定であり、下方が低エネルギーで安定である。2階から飛び降りたら位置エネルギーの差ΔEが放出されて脚を折るが、5階から飛び降りたらΔEが大きくなって命を落とす。化学反応のエネルギー関係も同様である。

図は、原子核のエネルギーEと質量数Aの関係を表したものだ。質量数=60、すなわち鉄あたりが最も低エネルギーであり、それより大きくても小さくても高エネルギーとなる。

ということは、ウラン(A=240程度)のような大きな原子が壊れて小さくなったら、余分となったエネルギーΔEが放出されることになる。このエネルギーを**核分裂エネルギー**といい、原子爆弾や原子炉のエネルギー源となる。

一方、水素（A＝1〜3）が合体して大きくなってもΔEが出る。これを**核融合エネルギー**といい、水素爆弾や恒星が輝くエネルギー源となる。

このように、原子核反応には、化学反応と同じようにエネルギー変化が伴う。原子核反応には実はエネルギー変化だけでなく、質量（記号m）の変化が伴う。

これは20世紀におけるもっとも偉大な発見といわれる**相対性原理**の帰結の一つである。すなわち、質量mとエネルギーEは同じものであり、それは次の限りなく簡単な根本式で結ばれるのである。ここでcは光速である。

$$E=mc^2$$

この式によれば、1kgの物体は1×10^{18}Jと等価であり、電力に換算すれば2.5×10^{10}kWhと等価であり、爆発力に換算すれば21メガトンのトリニトロトルエン（TNT）の熱量と等価ということになる。

原子核のエネルギー

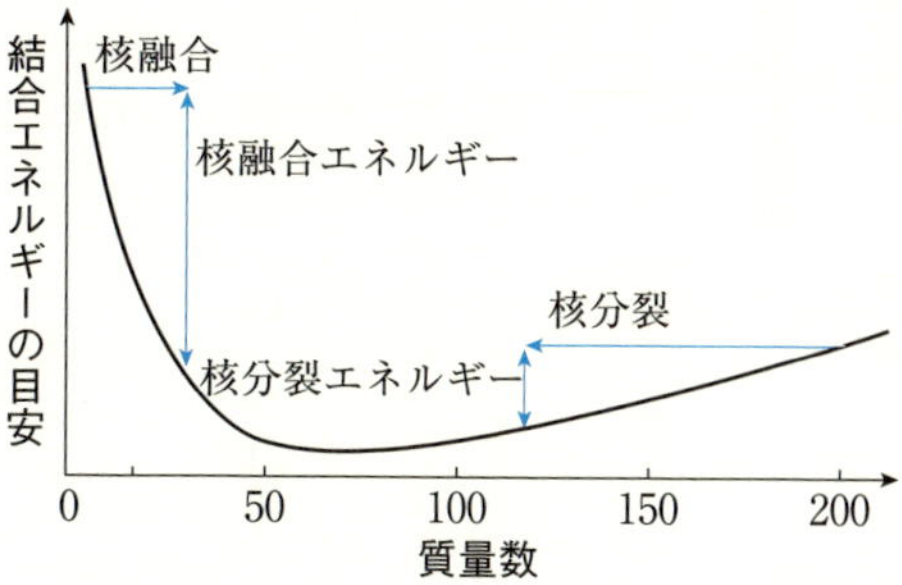

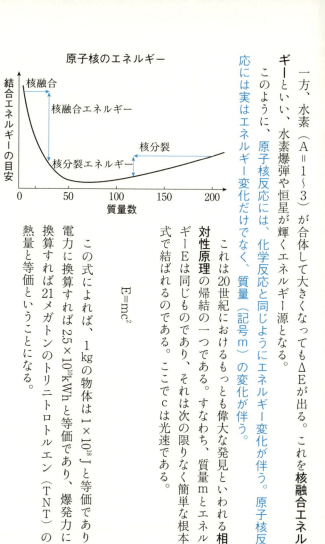

7 放射性物質・放射線・放射能

原子核反応には、核分裂や核融合のほかに、**原子核崩壊**という反応がある。これは原子核が放射線を放出して他の原子核に変化する反応である。

この反応は野球にたとえると分かりやすい。ピッチャーが投げたボールがバッターに当たって怪我をしたとしよう。バッターが被害者、ボールが放射線、ピッチャーが放射性物質、そしてピッチャーとしての能力が放射能である。当たると痛いのはボール（放射線）であって、放射能ではない。

†放射線と放射能

放射線は、α《アルファ》線（ヘリウムの原子核）、β《ベータ》線（電子）、γ《ガンマ》線（電磁波）、中性子線（中性子）などいろいろあるが、いずれも生命を奪うほどの強力なエネルギーを持つ反面、それを利用してガン治療、ジャガイモの芽の発芽抑制などいろいろな面で利用されている。

原子が放射線を出す「能力」を**放射能**という。したがって放射能は物質ではない。「放射能で被害を受ける」というような表現はおかしいことになる。

†放射性物質

放射線を出す物質を**放射性物質**という。したがって放射性物質は放射能を持つ物質ということになる。同じ元素でも同位体によって放射能を持つものと持たないものがある。炭素で考えれば^{12}C、^{13}Cは放射能を持たないが^{14}Cは放射能を持ち、β線を放出して窒素^{14}Nに変化する。炭素は生体を作る大切な元素であり、その1.2×10^{-8}%は^{14}Cである。当然、我々の体内にも存在する。すなわち、我々は体内でβ線による被曝を受けているのである。

全ての元素は同位体を持ち、そのうちの多くは**放射性同位体**である。地球の中心が6000℃もあるのは、このような放射性同位体が核崩壊を起こすことによる原子核エネルギーのせいである。

放射線

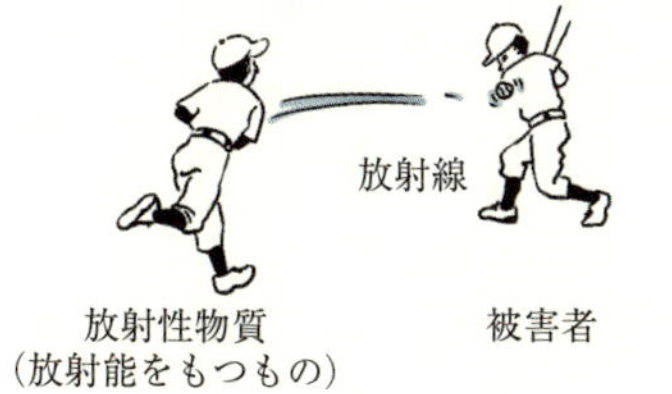

放射性物質
物質であり大きければ
目に見えるし、
手で持つこともできる

放射線
目に見えない

8 核分裂反応

原子核反応には多くの種類があるが、よく知られているのは**核分裂反応**であろう。原子爆弾や原子炉に使われるのはウラン235、^{235}Uの核分裂である。

この反応は中性子nが^{235}Uの原子核に衝突することによって起こる。すると核分裂エネルギーとともに原子核の砕けた破片が飛散する。これは一般に核分裂生成物といわれるが、小さい原子の原子核であり、高エネルギーなので、そのエネルギーを放射線として放出して安定な原子核に変化する。

核分裂では同時に複数個（簡略化のため2個としよう）の中性子も発生する。各々の中性子が原子核に衝突すると合計4個の中性子が発生する。次の代には8個になる、というように核分裂する原子核の個数は枝分かれ的に増えてゆき、ついには爆発となる。これが原子爆弾の原理である。

†連鎖反応

この反応において、**枝分かれ連鎖反応**になって爆発に至った原因は、1回の分裂で発生

連鎖反応

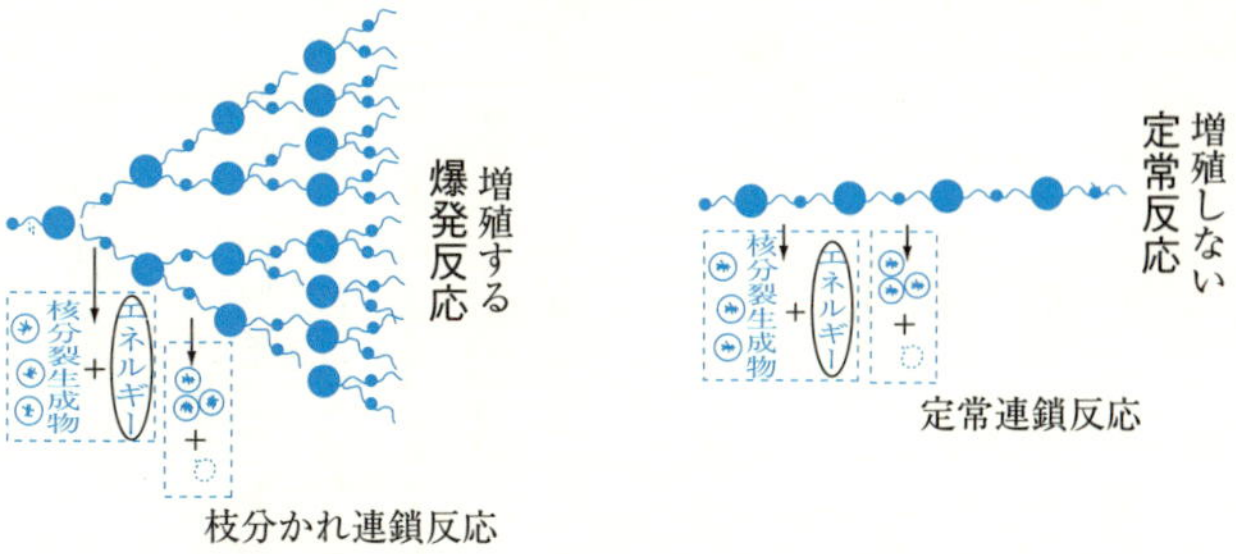

する中性子が2個だったからである。これを1個にしたら、反応は連鎖するが、規模は大きくならない。このような反応を**定常連鎖反応**という。

これが原子炉の中で起こっている核分裂反応である。要するに原子炉の中の中性子数を適当な個数に制御しているのである。具体的には、余分な中性子を吸収して除くのである。この役割を担う物質を**制御材**という。したがって制御材は原子炉の生死を握るといってもよいくらいである。制御材にはカドミウムCdやハフニウムHfなどが用いられる。

燃料は^{235}Uであるが、天然ウランに含まれる^{235}Uは0・7%に過ぎない。原子炉の燃料にするには数%、原子爆弾に使うには70%以上にする必要がある。この濃度を高める操作を**濃縮**という。それにはウランを気体の六フッ化ウランUF_6にして、遠心分離機で分離するのである。燃料にならない^{238}Uは劣化ウランといわれる。将来的には高速増殖炉の燃料に使われる可能性もある。

9 原子の電子構造

原子番号Zの原子はZ個の電子を持つが、これらの電子は単に原子核の周囲に集団として群がっているわけではない。各々の原子にはキチンとした居場所がある。電子がどのような位置にどのようにして存在しているのか、それを表現したものを**電子配置**という。いわば、原子を電子の視点から見た構造である。しかし、これこそが、本書が扱う「化学」の本質となる事象なのである。化学にとって最も重要なのが、この原子の「電子配置」なのである。

†電子殻

電子は原子核の周囲に球殻状になって存在する**電子殻**《かく》に入る。電子殻には内側から順にK殻、L殻、M殻というように、Kから始まるアルファベットの名前が付いている。何故AでなくKから始まったのかというと、最初にK殻を発見した科学者が、その殻が原子核に最も近いものだという確証が得られなかったからだという。「オレがこれをA殻と名付けた後に、さらに原子核に近い殻が見つかったら、その名前はどうなるのか?」という深刻（?）な悩みの末、アルファベットの中間辺りのKから始めたという。

†量子数

それはともかく、各電子殻には定員があり、それはK殻（2個）、L殻（8個）、M殻（18個）などというものである。この定員数はnを整数とすると$2n^2$個になっており、nの数値はL殻（1）、M殻（2）、N殻（3）となっている。この整数nは**量子数**といわれるもので、現代化学の根底を支える量子化学にとって基本的に重要な数である。しかし、それについて説明するのは本書の範囲を超える。

というより、現状では説明するための便《よすが》がないのである。本書では折に触れて、現在の高校化学では触れない（高度な）事柄にも触れてゆきたいと思うが、そのような個々の文脈においてこそ理解していただけるものと思う。それ以外の場面で無理に説明しようとしても、読者の皆さんには、現実味のない、おとぎ話と感じられてしまうだろう。

電子殻

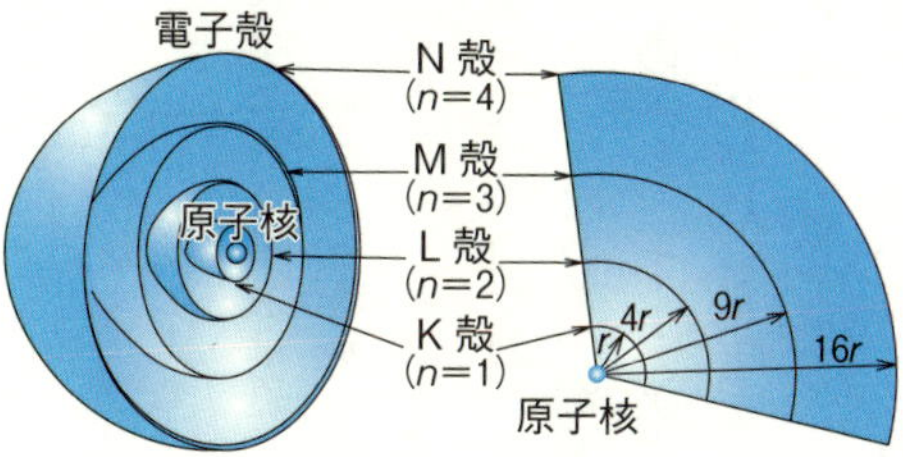

10 電子殻のエネルギー

電子殻の量子数は難しいが、そのエネルギーについて触れておくことは決して無駄ではない。それどころか、後に出てくることを理解するために必須である。

エネルギーこそは現代化学の本質である。量子化学の基本理念である「ハイゼンベルクの不確定性原理」は「位置とエネルギーの両方を同時に正確に決定することはできない」という。すなわち、電子の位置を正確に決定したら電子のエネルギーは分からなくなり、電子のエネルギーを決定したら、位置は分からなくなるのである。

量子化学は（電子の）位置かエネルギーの二者択一を迫っているのである。現代化学は、このうち、（電子の）エネルギーを選択したといってよいだろう。つまり、（電子の）位置は不明なのである。これが電子雲の意味である。電子雲というのは複数個の電子からできたものである。しかし、この電子がこの瞬間にどこにいるかは不明なのである。電子の位置は、その位置にいる「確率」でしか表せないことになる。そこで確率の高い所を濃く、低い所を薄く描くとあたかも雲のように見える。それが電子雲なのである。

電子殻のエネルギーというのは、その電子殻に入っている電子のエネルギーのことであ

電子殻のエネルギー

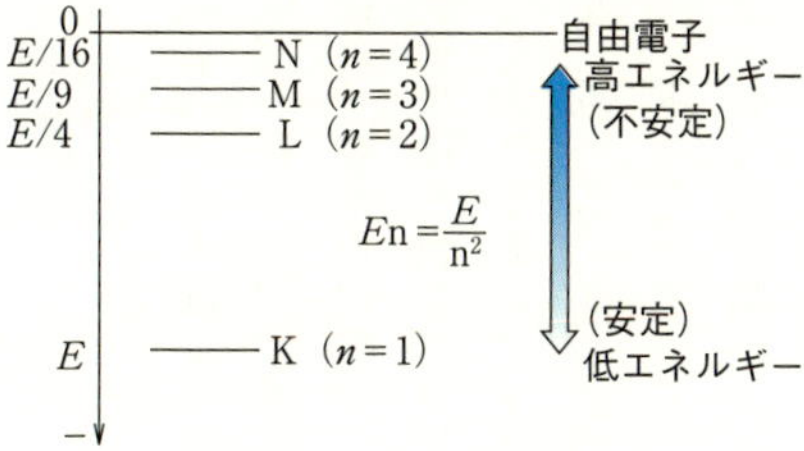

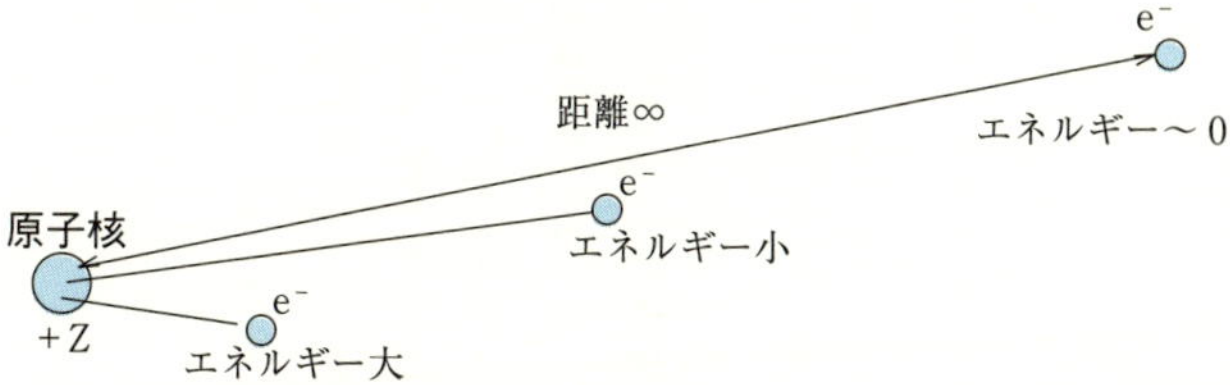

る。この重要な部分は電気的にマイナスの電子と、電気的にプラスの原子核との間の静電引力である。これは両者の電荷の積に比例し、距離に反比例する。

すなわち、**原子核に近いK殻が最大であり、L殻、M殻と原子核から離れるにつれて小さくなる。**そして、距離無限大、すなわち、原子核から無関係になった電子のエネルギーは0となる。このような電子を**自由電子**という。上のグラフはその関係を表したものである。エネルギー最大のはずのK殻が最も下にある。これは、エネルギーをマイナスに計っているのである。このようにすることで、原子、分子のエネルギーを位置エネルギーと同じ感覚で扱うことができるのだ。

11 軌道

軌道というのは電子殻の下部組織である。

軌道というと、太陽系の惑星軌道を思い出すだろうが、原子の軌道はそのようなものではない。立体形のお団子のようなものである。

軌道にはs軌道、p軌道、d軌道等いろいろのものがある。s軌道とp軌道の形は図に示した通りである。s軌道はお団子のような球形。p軌道は2個のお団子を串に刺したような、みたらし団子の形である。p軌道は団子の串の方向によってp_x、p_y、p_zの3種類がセットになっている。

電子殻は何種類かの軌道からできている。その内訳は次のようである。

K殻：1個の1s軌道
L殻：1個の2s軌道と3個（1セット）の2p軌道
M殻：1個の3s軌道、3個の3p軌道と5個（1セット）の3d軌道

電子殻に定員があったように、軌道にも定員がある。それは一律に2個である。同じ電

軌道のエネルギー

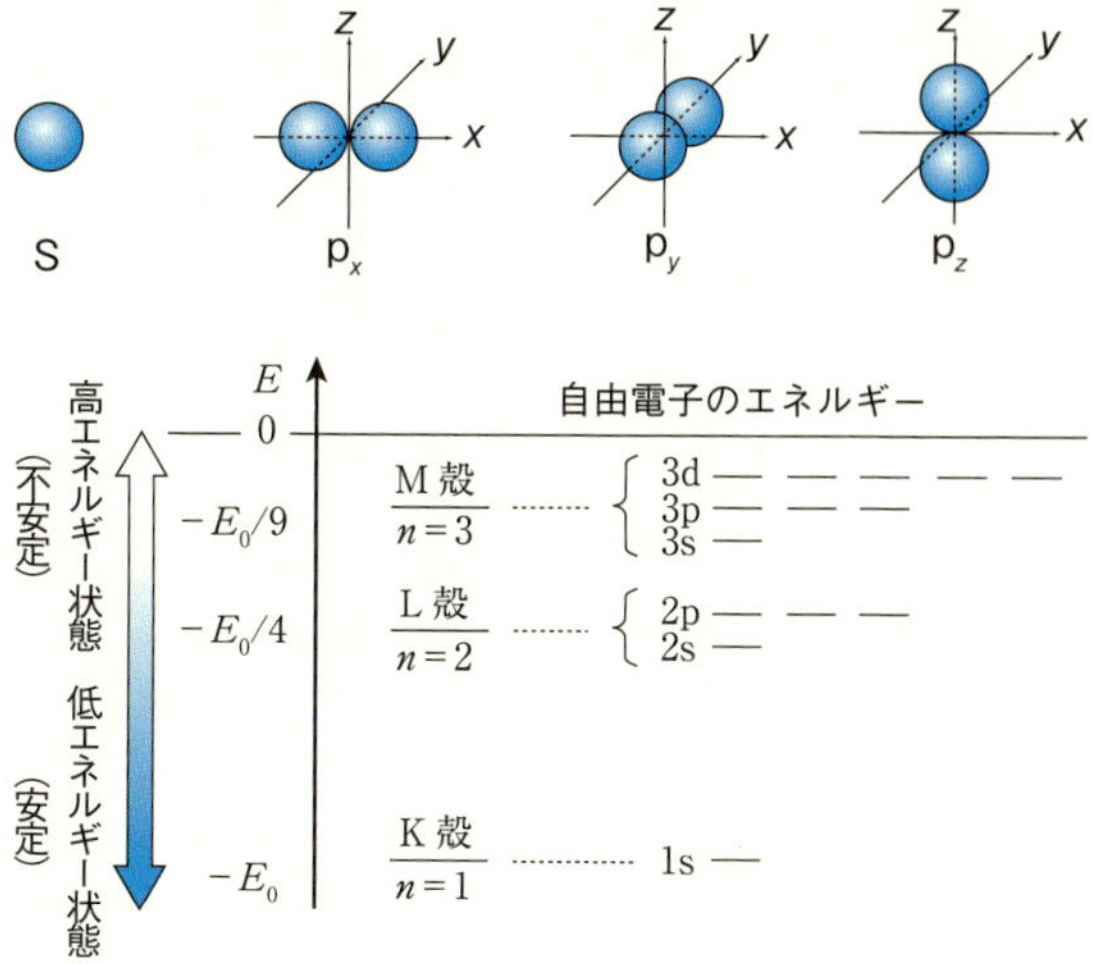

子殻に属する軌道の定員の総和は、先に見た電子殻の定員に等しい。

　s軌道の前に付いている1や2の数字は、その軌道が属する電子殻の量子数である。同じs軌道でも、1s軌道と2s軌道では大きさやエネルギーは異なる。

　電子殻と軌道のエネルギーの関係図を上に示した。同じ電子殻に属する場合にはエネルギーはs軌道<p軌道<d軌道の順に高くなってゆく。したがって電子殻を無視して、軌道だけでエネルギーを比べると1s<2s<2p<3s<3p<3d……ということになる。

12 電子配置

電子が軌道にどのようにして入っているかを表したものを**電子配置**という。原子に属する電子は自転（スピン）をしており、自転の方向には右回転と左回転がある。化学ではこれを上下向きの矢印で表す。電子が軌道に入るときには、以下の3つの約束がある。

① エネルギーの低い軌道から順に入る。
② 同じ軌道に2個の電子が入るときにはスピンを逆にする。
③ 軌道エネルギーが等しいときにはスピンの向きが等しいほうが安定。

図（上）はこの約束に従って原子番号の順の原子に電子を入れていったものである。Z＝1のHは1個の電子しか持っていないから、最低エネルギーの1s軌道に入る。軌道の定員は2個なのでZ＝2のHeでは2個目の電子も1s軌道に入る。ただし約束②に従ってスピンを逆にする。このようにして電子を入れていけばよいので、Z＝5のBまでは問題なかろう。問題はZ＝6のCである。6個目の電子の入り方にはいくつかの可能性がある。

C-1：5個目の電子と同じp軌道にスピンを逆にして入る。

電子配置

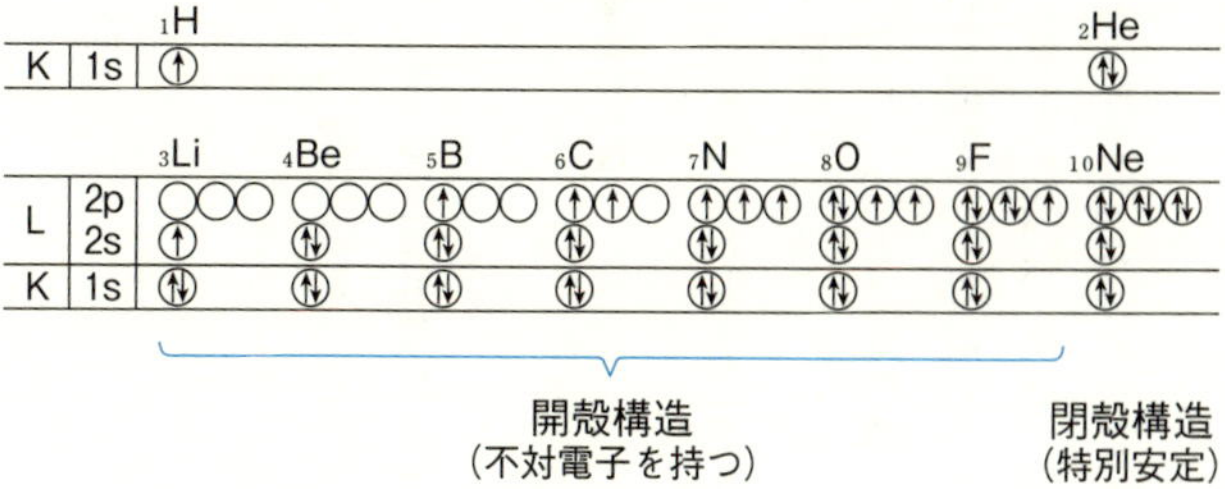

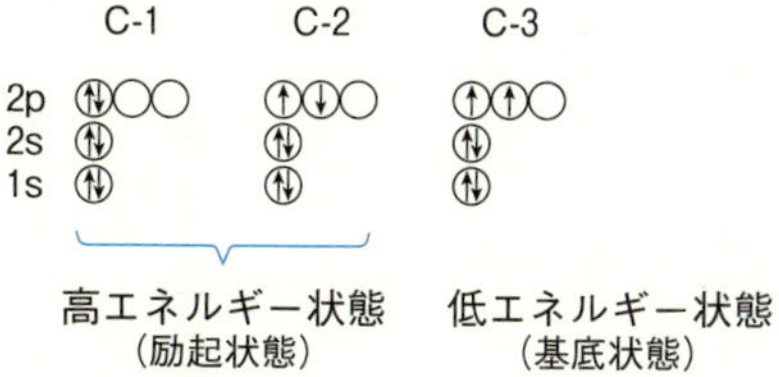

C-2：違うp軌道にスピンを逆にして入る。

C-3：違うp軌道にスピンを同じ（平行）にして入る。

である。3個のp軌道は同じエネルギーなので、これら3種の電子配置は全て同じエネルギーである。ここで約束③が稼働する。すなわち、スピンの向きが等しいC-3が安定なのである。すなわち、通常の炭素はC-3の電子配置を持つ。このような状態を基底状態、エネルギーの高いC-1、C-2を励起《れいき》状態という。

なお、He、Neでは電子殻が定員一杯の電子を受け入れている。このような電子配置を閉殻構造といい、特別の安定性を持つことが知られている。

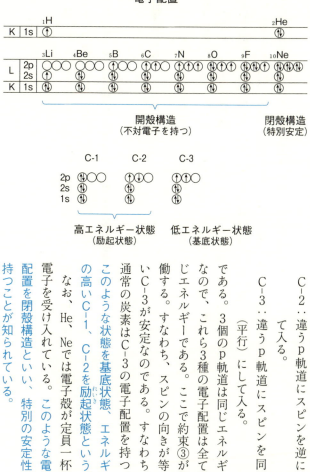

13 価電子

原子において電子が入っている電子殻のうち、最も外側の電子殻を**最外殻**という。これはまた、電子の入っている電子殻のうち、最もエネルギーの高い電子殻といっても同じである。そして最外殻に入っている電子を**最外殻電子**、あるいは**価電子**《かでんし》という。価電子は、原子の性質を決定する。

価電子と物性

原子を見たと仮定しよう。見えるのは電子雲である、原子核は電子雲に隠れて見えない。電子雲も、見えるのは最も外側のものだけであり、内側の電子雲は見えない。

つまり、原子を見た時に、実際に見えるのは最も外側の電子雲、すなわち最外殻に入っている電子である最外殻電子、あるいは価電子の電子雲なのである。原子を見るというのは、原子を観測、検査、調査することである。これは、原子の性質、物性は最外殻電子、すなわち価電子によって決定されることを意味する。

†価電子と反応

化学反応は自動車の衝突のようなものだ。2個の原子あるいは分子が衝突して合体したり変形したりするのが化学反応である。2個の原子の衝突を考えてみよう。この場合、実際に接触するのは最も外側の電子雲、すなわち価電子であり、変形するのもまた価電子である。つまり、**化学反応というのは価電子の反応**なのである。

これは国同士の衝突、すなわち戦争にたとえることもできる。2つの国A国とB国が衝突するのは、その国の最前線、すなわち国境、フロンティアである。

つまり原子の最外殻電子、価電子は国のフロンティアに相当するのである。このように考えて反応論をまとめたのが福井謙一教授のフロンティア軌道理論である。彼はこれによって1981年にノーベル化学賞を受賞した。

化学反応と最外殻

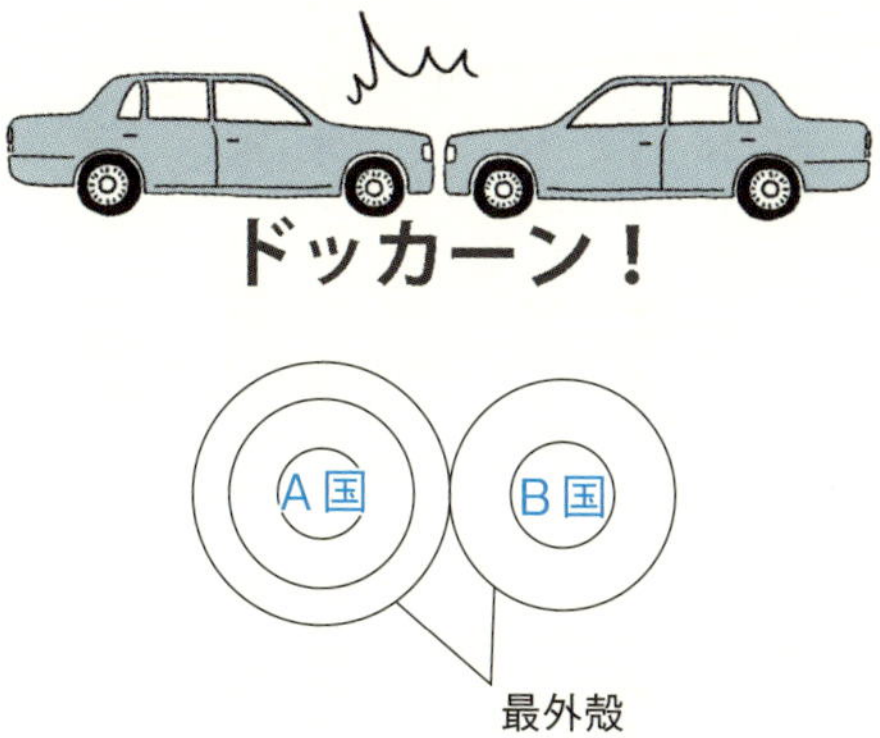

14 イオン化

原子は電子を放出したり、逆に新しい電子を受け入れたりする。このようにしてできたものを**イオン**という。イオンには分子からできた物もある。

†イオン化

原子Aから電子が1個放出されると、原子核のプラス電荷が優位になり、残りの部分は+1に荷電する。このようなものを**陽イオン**といいA^{+}と書く。2個の電子が放出されたら2価の陽イオンA^{2+}となる。反対に原子Aに電子が1個加わると電子雲のマイナス電荷が優位になり、原子は−1に荷電する。このようなものを**陰イオン**といいA^{-}と書く。2個の電子が加わったら2価の陰イオンA^{2-}となる。

前項で見たように、閉殻構造の電子配置は特別の安定性を持つ。この結果、原子は電子数をやりくりして、閉殻構造になろうとする。リチウムLiは電子を1個放出するとHeと同じ閉殻構造になって安定化する。そのためLiには陽イオンLi^{+}になろうとする傾向がある。反対にフッ素Fは電子を1個受け入れるとNeと同じ電子配置になる。そのため、陰イオンF^-になろうとする。同様に酸素Oは2個の電子を受け入れると閉殻構造になるので、2価の陰イオンO^{2-}になりやすい。

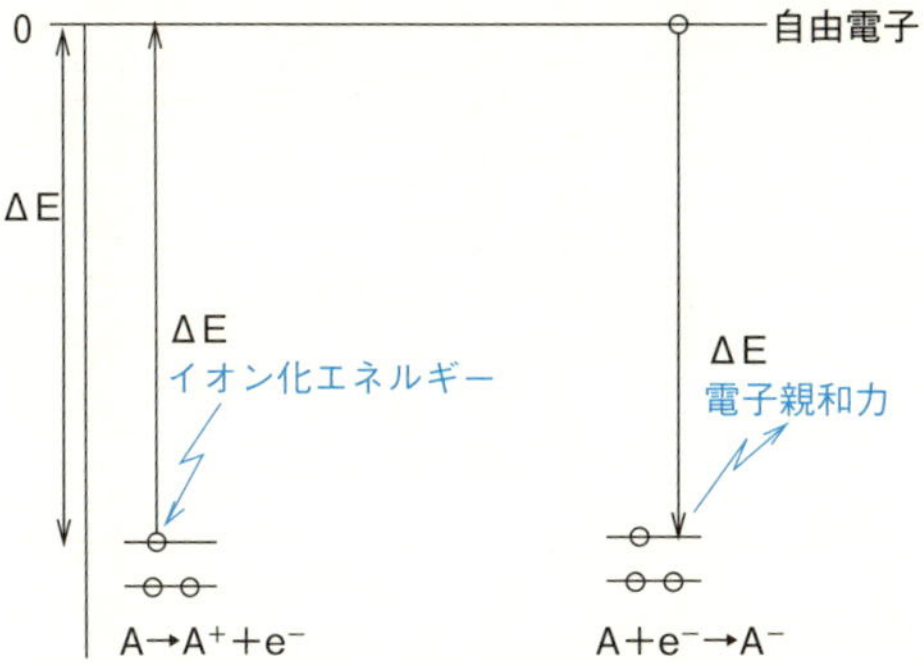

†イオン化のエネルギー

原子が電子を放出するということは、軌道に入っている電子を原子核の束縛から解放された自由電子にすることを意味する。そのためには軌道エネルギーと自由電子のエネルギーの間のエネルギー差、ΔEを電子に与えなければならない。このエネルギーを**イオン化エネルギー**という。イオン化エネルギーが大きい原子は陽イオンになりにくいことになる。

反対に原子が電子を受け入れるということは、自由電子が軌道に入ることを意味する。この際にはエネルギー差ΔEが放出される。このエネルギーを**電子親和力**という。電子親和力が大きい原子は陰イオンになりやすいことになる。

第2章

周期表と元素の性質

1 周期表とカレンダー

化学というと思い出されるのは**周期表**ではなかろうか？　それくらい、高校の化学と周期表の縁は深い。しかし、周期表と縁が深いのは「高校の」化学だけではなく、「全ての」化学が縁が深い。周期表の大切さは、実は化学を知れば知るほど痛感することになる。

†周期表にもいろいろある

周期表は簡単にいえば元素のカレンダーである。カレンダーは日にちをその「数字」の大きさの順に並べ、適当に（7日ごとに）折り返したものである。周期表も同様に、元素をその「原子番号Z」の順に並べ、2個、8個、18個等で折り返したものである。

実はこの折り返し方にはいろいろある。本書で主に紹介する周期表は「現在」の高校で使っているもので、**「長周期表」**といわれるものである（本章第5項表など）。これには族が1～18の18族がある。しかし30年ほど前は、高校を含めて日本全国で**「短周期表」**と呼

短周期表

族/周期	I A	I B	II A	II B	III A	III B	IV A	IV B	V A	V B	VI A	VI B	VII A	VII B	VIII	0
1	1 H															2 He
2	3 Li		4 Be		5 B		6 C		7 N		8 O		9 F			10 Ne
3	11 Na		12 Mg		13 Al		14 Si		15 P		16 S		17 Cl			18 Ar
4	19 K	29 Cu	20 Ca	30 Zn	31 Ga	21 Sc	32 Ge	22 Ti	33 As	23 V	34 Se	24 Cr	35 Br	25 Mn	26 Fe 27 Co 28 Ni	36 Kr
5	37 Rb	47 Ag	38 Sr	48 Cd	49 In	39 Y	50 Sn	40 Zr	51 Sb	41 Nb	52 Te	42 Mo	53 I	43 Tc	44 Ru 45 Rh 46 Pd	54 Xe
6	55 Cs	79 Au	56 Ba	80 Hg	81 Tl	57~71 ランタノイド	82 Pb	72 Hf	83 Bi	73 Ta	84 Po	74 W	85 At	75 Re	76 Os 77 Ir 78 Pt	86 Rn
7	87 Fr		88 Ra			89~103 アクチノイド										

ランタノイド (57～71)	57 La	58 Ce	59 Pr	60 Nd	61 Pm	62 Sm	63 Eu	64 Gd	65 Tb	66 Dy	67 Ho	68 Er	69 Tm	70 Yb	71 Lu
アクチノイド (89～103)	89 Ac	90 Th	91 Pa	92 U	93 Np	94 Pu	95 Am	96 Cm	97 Bk	98 Cf	99 Es	100 Fm	101 Md	102 No	103 Lr

ばれるものを使っていた。これは族として0〜8（Ⅷ）の9族しかない。

言葉で説明するより、実物を見ていただいたほうが分かりやすいだろう。今の目で見れば長周期表のほうが「すなお」で分かりやすいが短周期表に慣れていた当時は、それで別に不自由はしなかった。短周期にするか、長周期にするかはいわばテクニックの話に過ぎない。短周期表には短周期表のメリットがあるのである。

現在ではこの他の周期表もいろいろ考案されている。大きな書店や文房具店に行くとそのような周期表がいろいろと販売されている。中には、はさみで切って組み立てるようになった立体型のものもある。しかし、本の1ページに印刷しようとするとそれでは不便である。ということで、現在は長周期表になっている。

2　周期と量子数

周期表には120個に近いマスがあり、そのマスに原子が1個ずつ入っている。各マスには原子の名前、元素記号、原子番号、原子量が書いてある。（長）周期表を見ると、表の上部に1〜18の数字が振ってあり、左端に1〜7の数字が振ってある。1〜18の数字は族を表すものであり、これについては次項で詳しく見ることにする。

周期

左端の1〜7の数字は、**周期**を表す。数字1の右に並ぶ原子を第1周期元素、2の右を第2周期元素というように呼ぶ。この数字は、各原子において電子の入っている電子殻のうち、最も外側のもの、すなわち**最外殻の量子数**である。

したがって第1周期の原子は量子数＝1の電子殻、K殻、つまり1s軌道に電子が入る原子である。このような原子は先に電子配置の項で見た通り、水素Hとヘリウム He だけである。この結果、第1周期は2個の原子でおしまいとなる。

第2周期の原子はL殻、つまり2s、2p軌道に電子が入るシリーズであり、リチウムLi

電子殻と周期

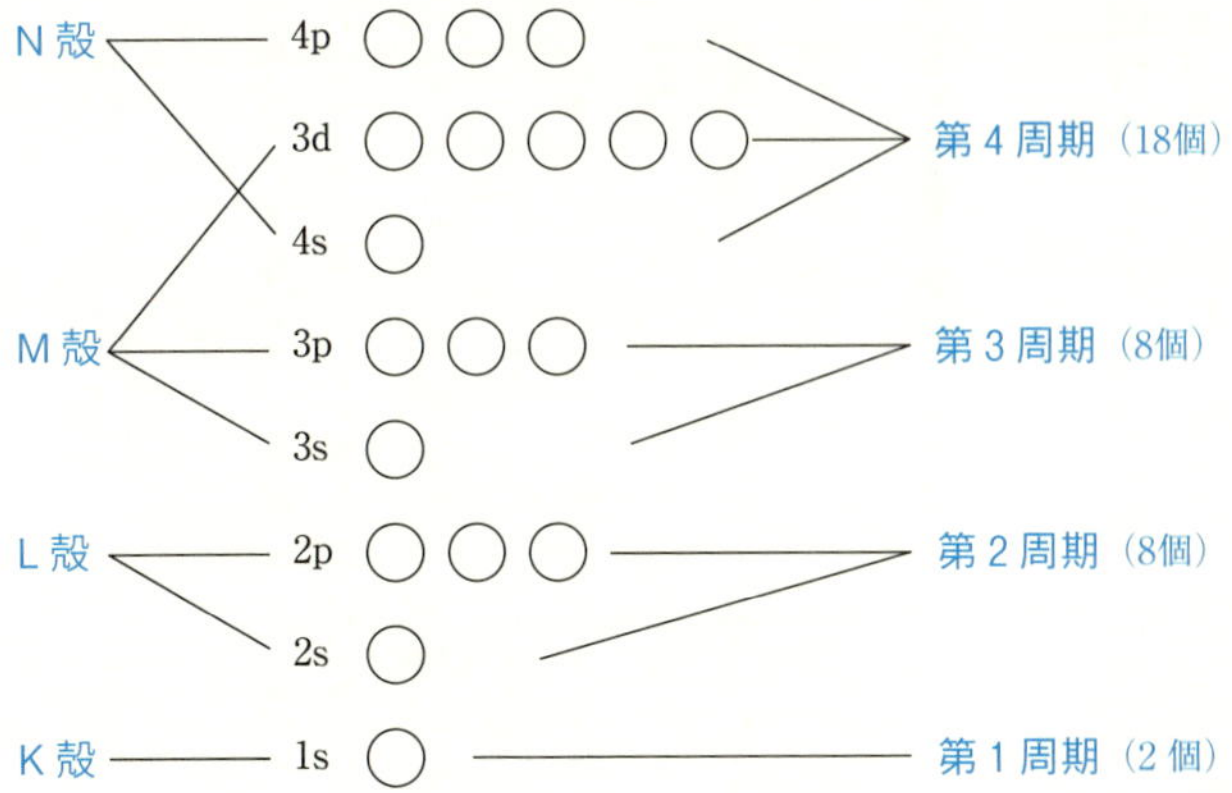

からネオンNeまでの8個である。

†周期と電子配置

第3周期はM殻、つまり、3s、3p、3d軌道に電子が入るのだから、18個並びそうなものであるが、実際には8個しか並んでいない。これは、3d軌道のエネルギーが次のN殻（量子数4）の4s軌道のエネルギーより高くなったことの結果である。つまり、電子は3d軌道に入る前に、外側の4s軌道に入ってしまうのである。その次に3dに入り、そして4pに入るのである。このようにして、第4周期に18個の原子が並ぶのである。

この結果、遷移元素という一連の元素が誕生するのであるが、それについては本章第9項で詳しく見ることにしよう。

3 族と元素の性質

周期表の上部に並ぶ数字の下に並ぶ元素を、その数字の**族**の原子という。すなわち、1の下に並ぶ水素H、リチウムLi、ナトリウムNa、カリウムKなどを1族元素、2の下に並ぶベリリウムBe、マグネシウムMgなどを2族元素と呼ぶのである。

一般に同じ族に属する元素は似た性質を持つことが多いので、各族には固有の名前が付いている。すなわち、1族はアルカリ金属（ただしHは除く）、2族はアルカリ土類金属（ただしベリリウム、マグネシウムは除く）などである。また、16族の酸素族はカルコゲン元素（酸素を除くこともある）と呼ばれることもある。そして17族はハロゲン元素、18族は希ガス元素である。

†族の数字と価電子数が一致するもの

この族の数字と価電子の個数との間には密接な関係がある。すなわち、18族のヘリウムを例外として1、2族は新たに加わった最外殻電子がs軌道に入ってゆく原子であり、13〜18族はp軌道に電子が入ってゆく原子なのである。

周期表と軌道

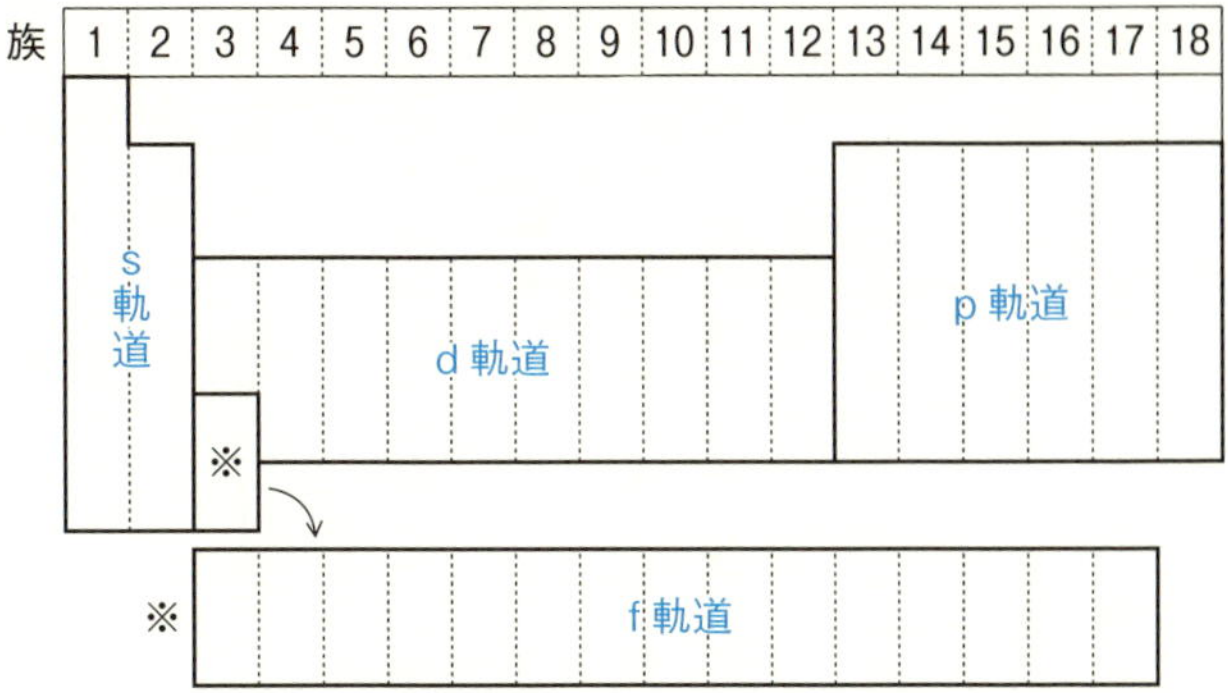

この結果、1族は価電子1個、2族は2個、そして13〜18族はそれぞれ族番号の一ケタ目の数字が価電子数を表す。すなわち13族は3個、14族は4個、そして18族は8個である。18族ではs軌道とp軌道が満員となって閉殻構造となるのである。

†族の数字と価電子数が一致しないもの

それに対して3〜12族は新しく加わった電子が内側のd軌道に入ってゆくシリーズである。そして、d軌道に入った電子は電子雲の内側に位置することになるので、原子の性質や反応性に大きな影響を与えない。

そのため、このような電子は価電子とは呼ばれない。つまり、これらの原子における価電子は、全て2個のs軌道電子ということになる。

上の図は、新しく加わった電子がどの軌道に入るかを表したものである。

4 ランタノイドとアクチノイド

周期表の下には何やら付録のような細長い表が付いている（本章第5項の図参照）。これはなんだろう？　これはオマケでも付録でもない。れっきとした周期表本体である。その上にある周期表の中に書ききれないので、仕方なしに枠外にはみ出しただけなのだ。

枠外（？）の原子

枠外の表には、上の欄に**ランタノイド**としてランタンLaからルテチウムLuまでの15個の原子、下の欄には**アクチノイド**としてアクチニウムAcからローレンシウムLrまでの15個の原子が並んでいる。

これらの原子が本来どこにあればよいのかというと、周期表の3族、第6、第7周期に、1マスずつランタノイド、アクチノイドと書かれたマスがあるが、ここに入るべき元素たちなのである。しかしどう頑張ってもこの1マスに15個の原子を書き込むことは不可能である。そこで窮余《きゅうよ》の策として欄外に別枠を設けたというのである。

周期と軌道

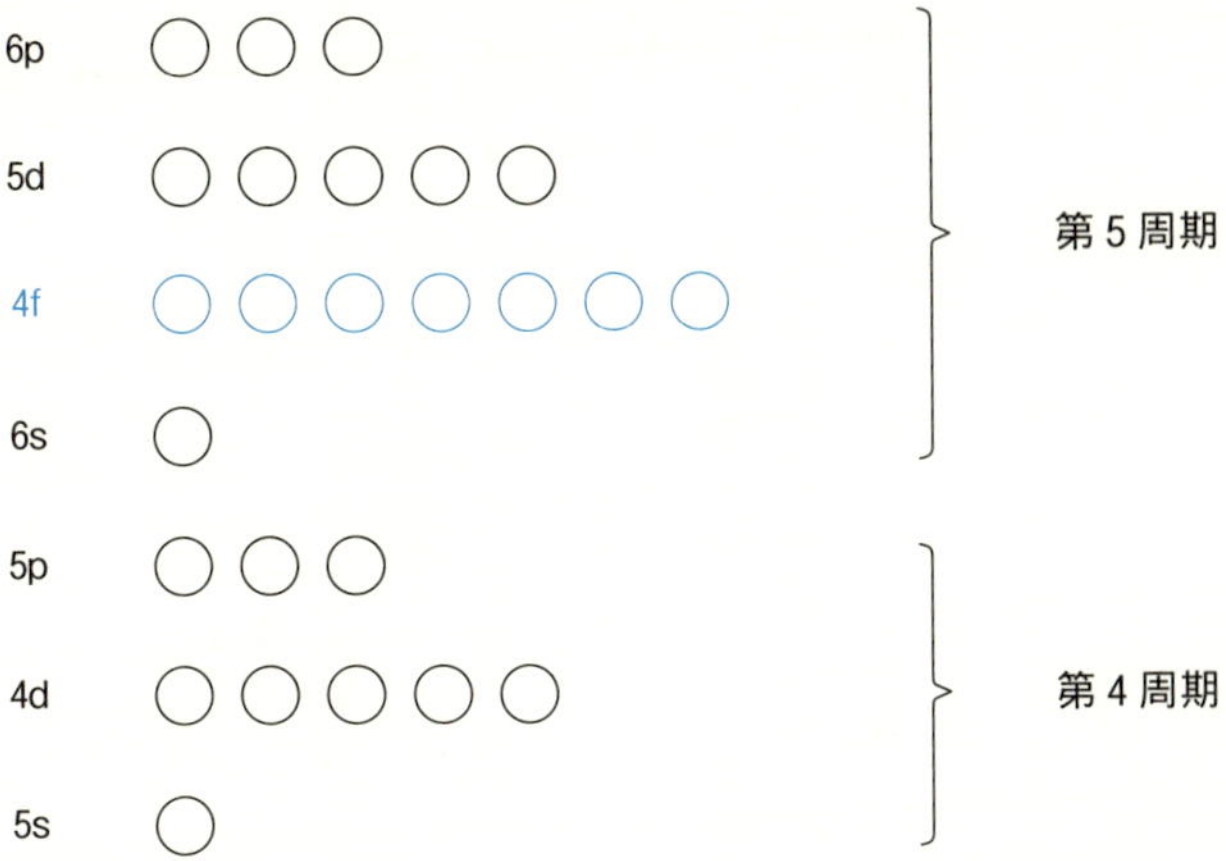

†f軌道の存在

では、なぜこのようなことが起こったのか？ それは、量子数4以上の電子殻、N殻（量子数4）、O殻（量子数5）などにはf軌道が存在するからだ。 f軌道は7個セットになっており、全部で14個の電子を収容できる。

つまり、前項のd軌道の説明で見たのとまったく同じことが起こっているのである。原子番号の増加と共に新たに加わった電子は、エネルギー順位にしたがってf軌道に入ってゆく。これらの原子を他の原子と対等に扱おうとしたら、周期表本体をさらに横に14マス分だけ広げなければならないことになる。普通の本では見開き2ページに収まらない。そこでこのような表示になったのである。

5 最大の元素

カレンダーは2月という例外を除けば30日か31日で終わる。元素のカレンダーである周期表はどうなのだろうか？　この疑問は、「元素の大きさには上限があるのか？」という素朴でかつ本質的な疑問である。

答えには二通りある。まず事実である。それは、細かいことをつつき出せばきりはないが、地球上の自然界に存在する元素は原子番号92のウランより小さい原子に限られるということである。

しかし、現在の周期表を見ると、元素は原子番号118までの118個が書いてある。存在しない元素が30個近くも書いてあるのだ。これはどうしたことであろう？　簡単である。自然界には存在しないが、実験室には存在する。すなわち、人類が自分たちの科学力によって創り出した人工元素なのである。

そのような意味を込めて、原子番号93のネプツニウムNpより大きい元素を**超ウラン元素**という。超ウラン元素とは、不安定で自然界には存在しないが、人工的に作り出した元素ということである。したがって、できた！　とはいっても不安定であり、1秒の数千分

新発見の元素

族／周期	1	2	3	4	5	6	7	8	9	10	11	12	13	14	15	16	17	18
1	H																	He
2	Li	Be											B	C	N	O	F	Ne
3	Na	Mg											Al	Si	P	S	Cl	Ar
4	K	Ca	Sc	Ti	V	Cr	Mn	Fe	Co	Ni	Cu	Zn	Ga	Ge	As	Se	Br	Kr
5	Rb	Sr	Y	Zr	Nb	Mo	Tc	Ru	Rh	Pd	Ag	Cd	In	Sn	Sb	Te	I	Xe
6	Cs	Ba	La	Hf	Ta	W	Re	Os	Ir	Pt	Au	Hg	Tl	Pb	Bi	Po	At	Rn
7	Fr	Ra	Ac	Rf	Db	Sg	Bh	Hs	Mt	Ds	Rg	Cn	113	Fl	115	Lv	117	118

ランタノイド	La	Ce	Pr	Nd	Pm	Sm	Eu	Gd	Tb	Dy	Ho	Er	Tm	Yb	Lu
アクチノイド	Ac	Th	Pa	U	Np	Pu	Am	Cm	Bk	Cf	Es	Fm	Md	No	Lr

の一という短い間に分裂して、普通の元素に崩壊してしまう（詳しくは本章第14項参照）。

現在、存在が確認されている最大の元素は原子番号１１８の**ウンウンオクチウム**である。しかしこの名前は暫定的なものであり、正式名ではない。元素の名前の付け方にルールはない。関係者（国）が合意すればどんな名前でもＯＫである。原子番号１１３の元素は日本の理化学研究所（理研）が作り出したものである。もしかしたらニッポニウムというような名前が付くか？　と関係者は期待している。

それでは、元素の大きさに上限はあるのか？　これには諸説があるが、最大は原子番号１７３であろうといわれている。暫くは新元素づくりの趣味（？）が楽しめそうである。

6 元素の周期性

かつて元素は唯一絶対不変の孤高の存在と考えられていた。しかしそのようなものは一神教の教祖様くらいのものであり、元素とて他の元素とお友達関係にあり、AKB48ではないが、ナントカ118のようなものであることが分かってきた。すると気位の高いように見えた元素の性質も、結局は他の元素との関係の中に自分の性質を保っている？　ことが見えてきた。

すなわち、元素の性質の中には、原子番号、さらには周期表と密接に関係して変化しているものがあることが分かったのである。このような性質を**元素の周期性**という。

原子直径と周期番号

周期性が明瞭に見える性質の一つが**原子直径**である。これまでの本書の説明でご理解頂けたように、原子の大きさは、結局は最外殻電子雲の大きさである。

つまり、最外殻の直径の大きい原子が大きい。そして、最外殻の直径が大きいということはその量子数が大きいことになる。すなわち、周期番号の大きい、つまり、周期表の下のものほど大きいことになる。これはいわば当然の話である。

原子直径と族番号

それでは、族番号と原子直径の関係はどうなるのか？　族番号が増えるということは原子番号が増える、つまり電子数が増えることになる。ならば、族番号とともに原子直径も大きくなるのか？　そうはならないのである。最外殻が同じなら、原子番号が増えて原子核のプラス電荷が大きくなれば、電子雲は原子核に引き付けられてそれだけ小さくなる。

すなわち、**原子直径は周期表の下に行くほど大きく、右に行くほど小さくなる**のである。つまり、**周期表の左下に行くほど大きくなる**のである。

原子直径の周期性

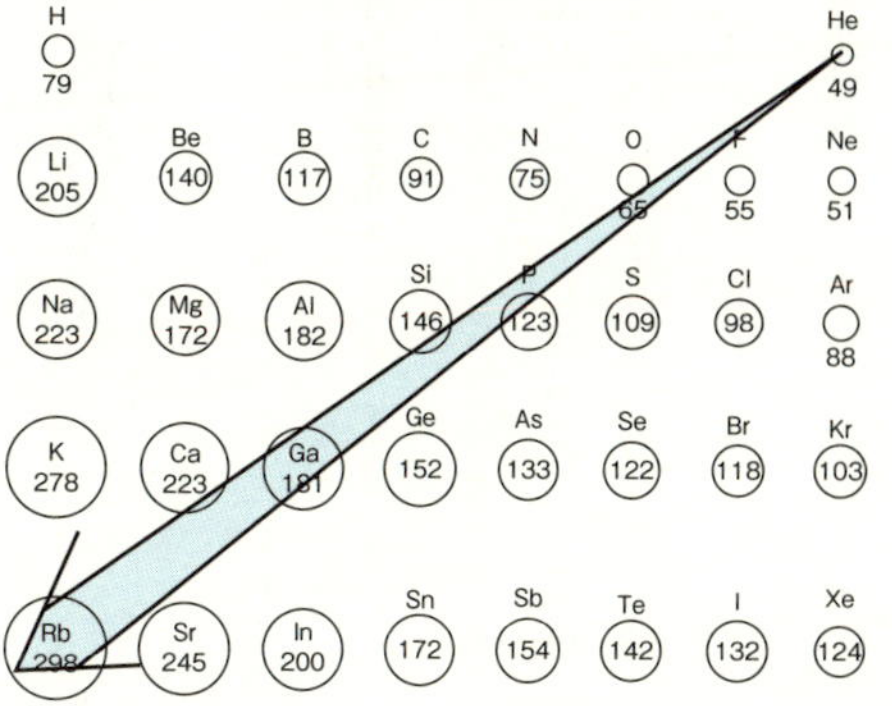

（大きさは pm=10^{-12}m）

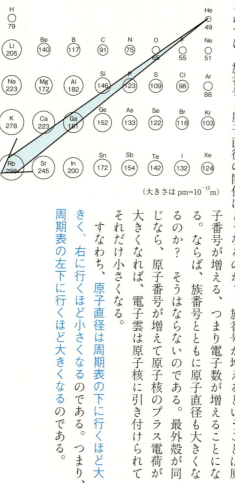

7 電気陰性度

原子はイオン化する。この性質も周期性が明瞭に現れるものとしてよく知られている。

イオン化エネルギー

1族原子は電子を放出すれば閉殻構造になる。したがって陽イオンになりやすく、イオン化エネルギーI_pは小さい。反対に18族元素は電子を取り入れて陰イオンになりやすい。したがってイオン化エネルギーは1族で小さく、18族で大きくなるというノコギリの刃状になる。

電気陰性度

電気陰性度は、原子が電子を引き付けて陰イオンになるときのなりやすさを表した指標である。

イオン化エネルギー（の絶対値）が大きいということは、陽イオンになりにくいということである。逆にいえば電子を受け入れて陰イオンになりやすいということになる。

イオン化エネルギーと電気陰性度

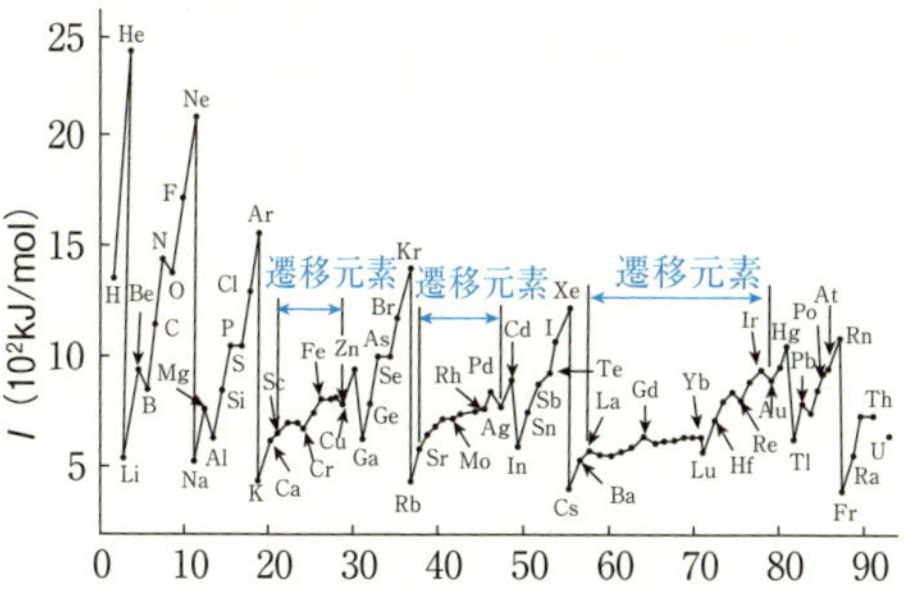

イオン化エネルギーの周期性

H							He
2.1							
Li	Be	B	C	N	O	F	Ne
1.0	1.5	2.0	2.5	3.0	3.5	4.0	
Na	Mg	Al	Si	P	S	Cl	Ar
0.9	1.2	1.5	1.8	2.1	2.5	3.0	
K	Ca	Ga	Ge	As	Se	Br	Xe
0.8	1.0	1.3	1.8	2.0	2.4	2.8	

電気陰性度の周期性

反対に電子親和力E_a（の絶対値）が大きいということは、電子を受け入れて陰イオンになるときに大量のエネルギーを放出するということであり、陰イオンになりやすいということである。

要するに、イオン化エネルギー、電子親和力（の絶対値）の大きいものほど電子を受け入れて陰イオンになりやすいことになる。このような考えで決められたのが電気陰性度である。上の表でわかるように、周期表の右上に行くほど大きくなっている。

8 典型元素

元素の分類法はいろいろある。その中で最も理論的、すなわち、電子配置に従って分類したのが典型元素と遷移元素という分類である。ここでは**典型元素**について見ておこう。

典型元素と族

典型元素とは、具体的には1、2族と13～18族元素である。そのほかに12族も典型元素に入れられることが多い。

典型元素の特徴は何といっても、族ごとの性質が明確に異なるということである。すなわち、1族は+1価、2族は+2価の陽イオンになりやすく、16族なら-2価、17族なら-1価の陰イオンになりやすい。そして閉殻構造の18族はイオン化しないということが「火を見るより明らか」なのである。

また、1族、2族、13族は金属的な性質であり、15～18族は非金属的な性質である。そして中間の14族は半導体的な性質を持つというように、その元素が属する族が分かれば、その元素の性質はおおよそ推定できる。

典型元素と遷移元素

族／周期	1	2	3	4	5	6	7	8	9	10	11	12	13	14	15	16	17	18
1	H																	He
2	Li	Be											B	C	N	O	F	Ne
3	Na	Mg											Al	Si	P	S	Cl	Ar
4	K	Ca	Sc	Ti	V	Cr	Mn	Fe	Co	Ni	Cu	Zn	Ga	Ge	As	Se	Br	Kr
5	Rb	Sr	Y	Zr	Nb	Mo	Tc	Ru	Rh	Pd	Ag	Cd	In	Sn	Sb	Te	I	Xe
6	Cs	Ba	La	Hf	Ta	W	Re	Os	Ir	Pt	Au	Hg	Tl	Pb	Bi	Po	At	Rn
7	Fr	Ra	Ac															

ランタノイド	La	Ce	Pr	Nd	Pm	Sm	Eu	Gd	Tb	Dy	Ho	Er	Tm	Yb	Lu
アクチノイド	Ac	Th	Pa	U	Np	Pu	Am	Cm	Bk	Cf	Es	Fm	Md	No	Lr

□ 典型元素
■ 遷移元素

これは同じ族の原子ならば価電子の個数が同じということに基づいている。理論的に見た場合の典型元素の特徴は、価電子がハッキリと指摘できるということである。すなわち、最外殻電子がs軌道かp軌道に入っているのだ。

†典型元素と最外殻電子

これは、原子番号の増加とともに新たに加わった電子が、最外殻に入るということを意味する、最外殻というのは、原子を見た場合に最初に見える所であり、人間にたとえればスーツである。すなわち、同じ族に属する元素は同じ色のスーツを着ているのである。1族なら青いスーツ、2族ならグレーのスーツ、3族なら茶色のスーツである。

このような理由によって、典型元素の物性、反応性は族によって異なることになるのである。

9 遷移元素

3〜11族の元素を典型元素に対して**遷移元素**という。「遷移」元素という意味は、周期表において両端の典型元素に挟まれて、原子番号の増加（減少）とともに性質を緩やかに変化（遷移）させるという意味で付けられた名前という。

†遷移元素の性質

そのせいで、**遷移元素は族ごとの際立った性質の違いというものがない**。どちらかというと、全て似たり寄ったりの性質である。むしろ、鉄 $_{26}Fe$、コバルト $_{27}Co$、ニッケル $_{28}Ni$ の鉄族元素のように、Z＝26、27、28と横並びに性質が似ていることがある。

また、典型元素には金属、非金属、気体、液体、固体元素、全てが揃っているが、**遷移元素は全て金属元素であり、全て室温で固体である**ということも大きな特徴である。

これも電子配置によるものである。すなわち遷移元素では、原子番号の増加につれて新たに加わった電子が、最外殻ではなく、その内側の内殻のd軌道に入るのである。これでは、電子が加わったのかどうかがハッキリとは分からない。

たとえてみれば、典型元素の違いがスーツの色の違いであったのに対して、遷移元素ではYシャツの色の違いになっているのである。これでは、よほど注意しないと違いは分からない。このような理由によって遷移元素は、族による性質の違いがはっきりしないのである。

ランタノイドとアクチノイド

もっとすごいのは、3族のランタノイド、アクチノイド元素、すなわち、周期表の下の欄にまとめてある元素群である。これらの元素では、新たに加わった電子は、最外殻の内側にある電子殻のd軌道より、さらに内側の電子殻にあるf軌道に入る。こうなったら、各元素の違いは下着の色の違いである。識別は容易ではない。後に見るレアアースには、このような事情があるのである。

遷移元素の性質

上着（最外殻）は変わらず、
中のシャツ（内側の軌道）
が変化する。

10 金属元素と非金属元素

元素の実用的な分類法は**金属元素**と**非金属元素**の分類かもしれない。しかしそのためには、金属とは何か？　ということをハッキリさせておかなければならない。

金属元素として分類されるための条件は3つある、それは

①金属光沢がある
②延性・展性がある
③電気伝導性がある

ということである。**延性**とは針金にできること、**展性**は叩いて箔にすることができるということである。

次頁の表は、金属元素と非金属元素の区別を周期表に示したものである。水素を除けば、金属元素は周期表の左、および左下を占め、非金属元素は右端、および右上を占める。そして中央部を占める遷移元素は、全てが金属元素である。

このようなことから、元素は圧倒的に金属元素が多いことが分かる。地球上の自然界に存在する元素は原子番号92のウランより小さい元素、およそ90種類に過ぎないが、そのう

金属元素と非金属元素

族／周期	1	2	3	4	5	6	7	8	9	10	11	12	13	14	15	16	17	18
1	H																	He
2	Li	Be											B	C	N	O	F	Ne
3	Na	Mg											Al	Si	P	S	Cl	Ar
4	K	Ca	Sc	Ti	V	Cr	Mn	Fe	Co	Ni	Cu	Zn	Ga	Ge	As	Se	Br	Kr
5	Rb	Sr	Y	Zr	Nb	Mo	Tc	Ru	Rh	Pd	Ag	Cd	In	Sn	Sb	Te	I	Xe
6	Cs	Ba	La	Hf	Ta	W	Re	Os	Ir	Pt	Au	Hg	Tl	Pb	Bi	Po	At	Rn
7	Fr	Ra	Ac															

ランタノイド	La	Ce	Pr	Nd	Pm	Sm	Eu	Gd	Tb	Dy	Ho	Er	Tm	Yb	Lu
アクチノイド	Ac	Th	Pa	U	Np	Pu	Am	Cm	Bk	Cf	Es	Fm	Md	No	Lr

□ 金属元素
■ 非金属元素

ち非金属元素はわずか22種類に過ぎない。約25%である。残り70種類、約75%が金属元素なのである。現在、存在が確実視されている118種類の元素で考えれば、非金属元素は約19%に落ちる。

また、金属元素と非金属元素の境界領域にある元素は非金属的な性質と金属的な性質を併せ持っているので、**半金属元素**として分類されることもある。このような元素にはホウ素B、ケイ素Si、ゲルマニウムGe、ヒ素As、アンチモンSb、テルルTeなどがある。

半金属元素は半導体の性質を持っており、現代科学産業において重要な位置を占めている。

11 レアメタル

最近のニュースでよく聞く言葉に、**レアメタル**、**レアアース**がある。レアメタルとは希少金属のことであり、レアアースは希土類《きどるい》のことである。

レアメタルは化学的な言葉でも分類でもない、政治・経済的に決められた分類である。金属元素がレアメタルに分類されるためには次の3つの条件のうち、1つでも満たしていればよい。

① 地殻中での存在量が少ない。
② 産出個所が特定の地域に集中している。
③ 分離・精製が困難である。

②に従えば、資源量としては多くても、特定の国でしか産出されなかったらレアメタルとなる。また、③によれば、どんなにたくさんあっても、分離精製が困難であればレアメタルとなるのである。このようなことで、レアメタルの種類はとても多い。全部で47種類もある。しかし、そのうちホウ素B、セレンSe、テルルTeの3種は金属ではない。それに

レアメタル

族／周期	1	2	3	4	5	6	7	8	9	10	11	12	13	14	15	16	17	18
1	H																	He
2	**Li**	**Be**											**B**	C	N	O	F	Ne
3	Na	Mg											Al	Si	P	S	Cl	Ar
4	K	Ca	**Sc**	**Ti**	**V**	**Cr**	**Mn**	Fe	**Co**	**Ni**	Cu	Zn	**Ga**	**Ge**	As	**Se**	Br	Kr
5	**Rb**	**Sr**	**Y**	**Zr**	**Nb**	**Mo**	Tc	Ru	Rh	**Pd**	Ag	Cd	**In**	Sn	**Sb**	**Te**	I	Xe
6	**Cs**	**Ba**	**La**	**Hf**	**Ta**	**W**	**Re**	Os	Ir	**Pt**	Au	Hg	**Tl**	Pb	**Bi**	Po	At	Rn
7	Fr	Ra	Ac															

ランタノイド	**La**	**Ce**	**Pr**	**Nd**	**Pm**	**Sm**	**Eu**	**Gd**	**Tb**	**Dy**	**Ho**	**Er**	**Tm**	**Yb**	**Lu**
アクチノイド	Ac	Th	Pa	U	Np	Pu	Am	Cm	Bk	Cf	Es	Fm	Md	No	Lr

○ レアメタル

しても70種類ほどの金属元素のうちの44種類がレアメタルなのだから、その多さが分かろうというものである。

レアメタルは、合金として鉄鋼に混ぜると、硬度、耐熱性、耐薬品性などが格段に向上するため、現在の金属素材産業に欠かせない存在となっている。そのため、かつてレアメタルは「産業のビタミン」といわれた。しかし、現在ではもっと需要が増して、「産業のコメ」とまでいわれている。

レアメタルの特徴はそれだけではない。半導体、発光物質、磁性物質としても欠かせない。そして、最大の特徴は、日本ではほとんど産出しないということである。これがレアメタル問題の本質なのである。

12 レアアース

ニュースだけ聞いていると誤解することがある。ニュースではレアメタル、レアアースと、両者を並列に扱う。これを聞いたら多くの人はレアメタルとレアアースは互いに異なるものと思うだろう。

†レアアースとレアメタル

しかし、事実は違う。**レアアースというのはレアメタルの一種**なのである。レアアースはレアメタルの部分群なのである。

すなわち、レアメタルは全部で47種類あるが、そのうち特定の17種類を特にレアアースというのである。

それでは、レアアースとは何なのか？　レアアースは日本語で希土類という。レアメタルと違ってレアアースという分類は化学的なものである。周期表の3族元素のうち、上のほうの3種類、すなわちスカンジウムSc、イットリウムY、それとランタノイドをまとめてレアアースというのである。

ところが先に見たように、ランタノイドは15種類の元素の集団である。ということで、レアアースは総勢17種類という大集団になるのである。

レアアースとレアメタル

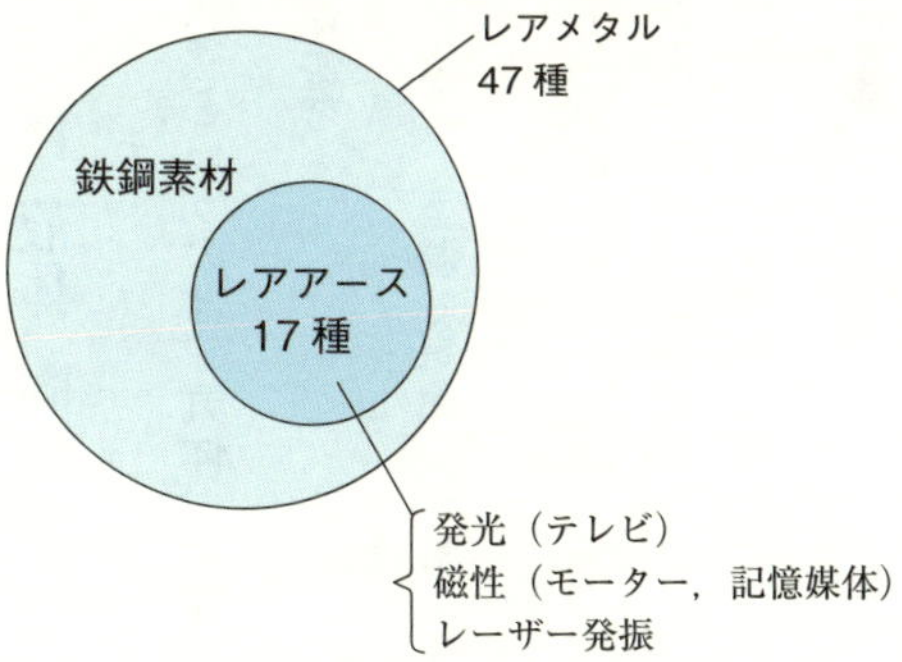

レアアースの特徴

レアアースの特徴は、レアメタルの特徴のうち特に現代的な部分、すなわち、半導体性、発光性、磁性、レーザー発振性などを担っていることである。いわば、レアメタルのうちの花型部分である。

ところがレアメタルの特徴の通り、レアアースも日本にはない。しかも、遷移元素の中でも特に互いの特徴がハッキリしないf軌道に基づく遷移元素であるため、分離精製が非常に困難である。

そのようなことで現在、世界中で生産するレアアースの90%以上は中国一国で生産されるという異常事態が続いている。現在、世界中でレアアースに代わる素材材料の開発が行われている。

13 気体、液体、固体元素

状態というのは、**気体**、**液体**、**固体**等のことをいう。

✝気体元素

1気圧、室温で気体の元素には、水素H、窒素N、酸素O、フッ素F、塩素Clの他に18族の希ガス元素全6種類、合計11種類がある。このうちH、N、O、F、Clはいずれも2原子が結合して分子、H_2、N_2、O_2、F_2、Cl_2として存在するが、希ガス元素ヘリウムHe、ネオンNe、アルゴンAr、クリプトンKr、キセノンXe、ラドンRnは、いずれも原子のままで存在する。このようなものを特に**一原子分子**ということがある。

✝液体元素

室温で液体の元素は多くない。臭素Brと水銀Hgだけである。しかし、融点の低いものにフランシウムFr（融点27℃）、セシウムCs（28・4℃）、ガリウムGa（29・8℃）があり、これらは暑い日には融けて液体となる。またルビジウムRb（39・3℃）も酷暑の日には融ける可能性がある。

†固体元素

上記以外の元素は全て室温で固体である。 ちなみに固体元素の硬度を、ダイヤモンドの硬度を10とするモース硬度で比較すると、非金属元素の炭素C（ダイヤモンド10、ただし黒鉛は1・0）が最高であり、次がホウ素B（9・3）、クロムCr（8・5）、タングステンW（7・5）などとなる。

反対に最も軟らかい固体元素はナトリウムNa（0・5）であり、次いでリチウムLi（0・6）、タリウム（1・2）、鉛Pb（1・5）などである。金Auとアルミニウム Alはその次に軟らかく、ともに2・5である。

また、色を持った元素としては金（黄色）、銅（赤色）がよく知られているが、臭素（赤黒色）、ヨウ素（黒紫色）、塩素（淡緑色）などもある。

ナトリウム、リチウムは切り分けて使う

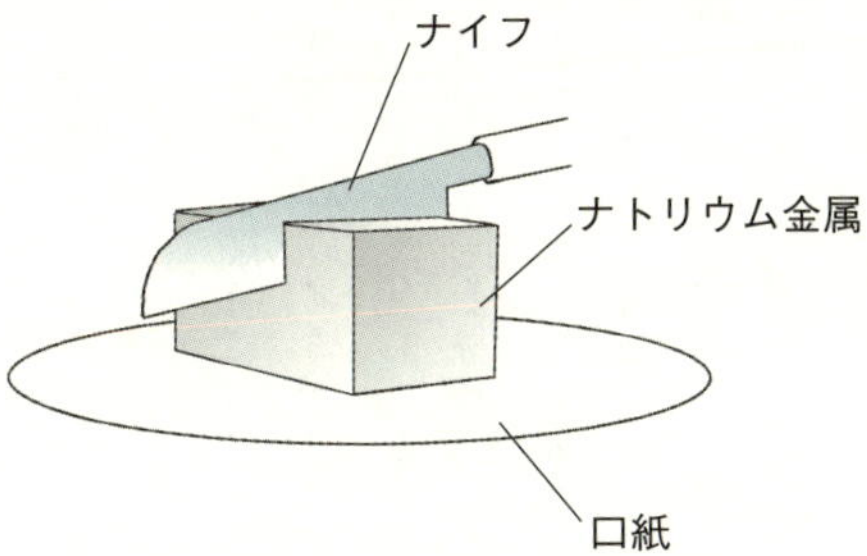

14 超ウラン元素

地球上の自然界に存在する元素で最大のものは、原子番号92のウランUである。それではは自然界に存在する元素は全部で92種類かというと、そうではない。放射性元素は崩壊して他の元素に変化してしまう。

そのため、原子番号43のテクネチウムTcと61のプロメチウムPmは自然界にはほとんど存在しない。しかし、周期表を見ると原子番号118の元素（正式名未定）まで書いてある。

本章第5項でも述べたが、原子番号が93のネプツニウムNpより大きい元素を**超ウラン元素**と呼ぶ。超ウラン元素は地球の自然界には存在しない。存在しないはずの超ウラン元素の原子量（実測値）や物性が分かるのはなぜなのか？

それはこのような元素は、原子炉のような核反応装置によって人工的に合成されているからである。

†不安定な人工元素

そうして人工的に作られた超ウラン元素は不安定であり、その寿命、半減期は非常に短

高速増殖炉もんじゅ（提供：共同通信社）

い。超ウラン元素で最も小さい、原子番号93のネプツニウムの半減期は214万年だが、正式名の付いた最大元素である、原子番号116のリバモリウムLvの半減期は0・061秒、61ミリ秒に過ぎない。誕生したと思った瞬間に別の元素に変わっている。

超ウラン元素で特筆すべきものは原子番号94の**プルトニウム**Prであろう。これは原子炉で人工的に生産される元素だが、ウランと同じように核分裂を行う。そのため、原子爆弾の爆発体（長崎に投下されたものはプルトニウム使用〔広島に投下されたものはウラン使用〕）や、新しい型の原子炉（高速増殖炉、上図）の燃料として注目されている。

第3章 化学結合と分子構造

1 分子・単体・同素体・化合物

化学にはいろいろな用語が出てくる。幾つかは覚えなければ、その後の話が進まない。そのようなこともあって、化学は「暗記モノ」という濡れ衣を着せられるのであろう。覚えなければならない用語（単語）は英語のほうが比較にならないほど多いのに、英語を暗記モノということが少ないのは、化学にとっては腑に落ちないところがある。

分子

複数個の原子が結合して作った物質、すなわち水素H_2、酸素O_2、オゾンO_3、水H_2O、二酸化炭素CO_2などを**分子**という。ただしヘリウムHeなどの希ガス元素は原子のままで気体として存在する。このようなものを一原子分子と呼ぶこともある。

分子のうち、同一種類の原子だけでできたものを特に単体という。H_2、O_2などである。炭素は単体が多いことで知られ、ダイヤモンド、グラファイト（黒鉛）、C_{60}フラーレンな

炭素の同素体

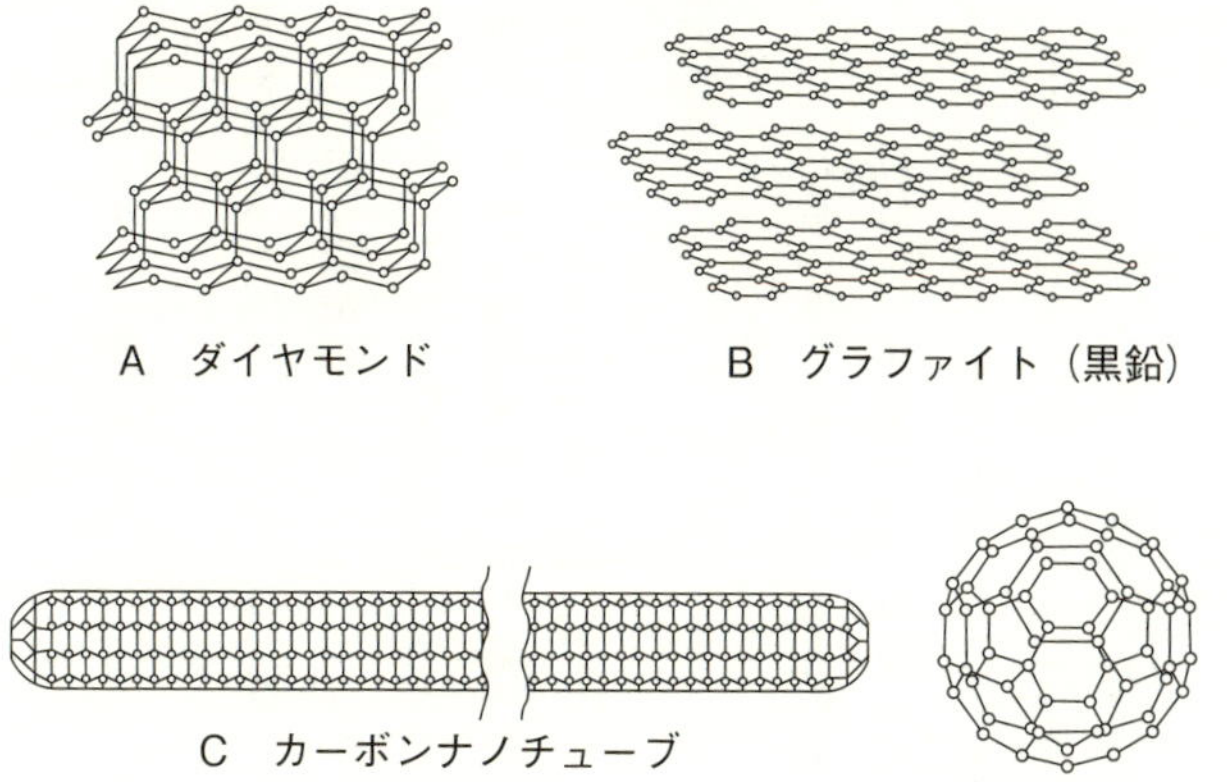

A　ダイヤモンド　B　グラファイト（黒鉛）　C　カーボンナノチューブ　D　C_{60}フラーレン

ど多くの種類がある。同じ元素でできた単体同士を互いに同素体という。O_2とO_3は酸素の同素体、ダイヤモンド、グラファイト（黒鉛）、C_{60}フラーレンは炭素の同素体である。

化合物

それに対して複数種類の原子からできた分子を特に化合物ということがある。H_2OやCO_2である。したがって、H_2OやCO_2を分子というのは構わないが、H_2やO_2を化合物といってはいけないことになる。

有機分子はC、H、Oなど、複数種類の原子からできているので、有機分子といおうと有機化合物といおうと構わない、という面倒な話になるが、このようなことに頭を悩ますのは、もったいないことである。

2 化学結合

原子を結びつけて分子にする力を一般に**化学結合**、あるいは単に**結合**という。結合にはいくつかの種類があり、一つの結合がさらに細かく分類されていることがある。その関係が分からなくなり、結局化学は分からない、となった方もいらっしゃるだろう。

事実の関係を理解するのが知識の根幹であり、事実だけを前後の脈絡なしに覚えるのは、知識ではなく雑学である。面白くもない事実を覚え込まされるのが「暗記モノ」であろう。

結合の種類

表は、結合の関係をまとめたものである。先ほど結合は「原子を結びつけるもの」といったが、実は「分子を結びつけるもの」もあり、このようなものを特に**分子間力**という。

現代化学では、原子を結合する「結合」は当たり前のことであり、重視されるのは分子間力である。特に生体で重要な働きをする細胞膜、DNA、ヘモグロビン、酵素などは、複数個の分子が分子間力で結合した高次構造体となっている。このような構造体を特に、**超分子**（高分子ではないので注意）という。

結合の種類

	結合名				種類
原子間	金属結合				Fe Au
原子間	イオン結合				Na^+ Cl^-
原子間	共有結合	σ結合	飽和結合	単結合	H−H H_3C-CH_3
原子間	共有結合	π結合	不飽和結合	二重結合	O=O $H_2C=CH_2$
原子間	共有結合	π結合	不飽和結合	三重結合	N≡N HC≡CH
分子間	水素結合				H_2O ··· H_2O
分子間	ファンデルワールス力				He ··· He

†共有結合

原子を結びつける結合には、金属結合やイオン結合などがあるが、下部結合との関係が複雑なのは**共有結合**である。これは全ての有機分子をはじめ、多くの無機分子を構成する結合であり、化学で最も重要な結合で、また最も結合らしい結合である。共有結合にはさらにいくつかの下部結合があり、高校化学ではそのようなものとして**一重結合**、**二重結合**などを教える。

†σ結合とπ結合

しかし、実はそれ以上に重要な下部結合として**σ《シグマ》結合**と**π《パイ》結合**がある。一重結合や二重結合は、σ結合とπ結合が組み合わさったものである。さらに、**飽和結合**や**不飽和結合**、あるいは**共役《きょうやく》二重結合**などがあり、共有結合は少々複雑である。

3 金属結合

金属原子を結合する力を**金属結合**という。金属原子は結合するときに、価電子を全部放出する。放出した残り部分（原子部分）を**金属イオン**、放出された電子を**自由電子**という（この「自由電子」は第1章第10項で見た「自由電子」とは異なるものである）。

自由電子は、どの原子（金属イオン）にも拘束されることなく、原子集合体の中を全体にわたって自由に移動する。金属イオンはプラスに荷電し、自由電子はマイナスに荷電しているから、両者の間には**静電引力**が発生する。この結果、金属イオンは自由電子をあたかも糊のようにして接合する。これが**金属結合**である。

†金属結晶

金属結晶においては、金属イオンの積み重なり方には三通りがある。そのうち、最密と名付けられた二通りは空間の74％を球（金属イオン）の体積が占めるが、体心立方構造では68％を占めるだけである。

リンゴが一杯詰まった箱にそれ以上のリンゴを詰めることはできないが、豆だったら隙

金属の結晶構造

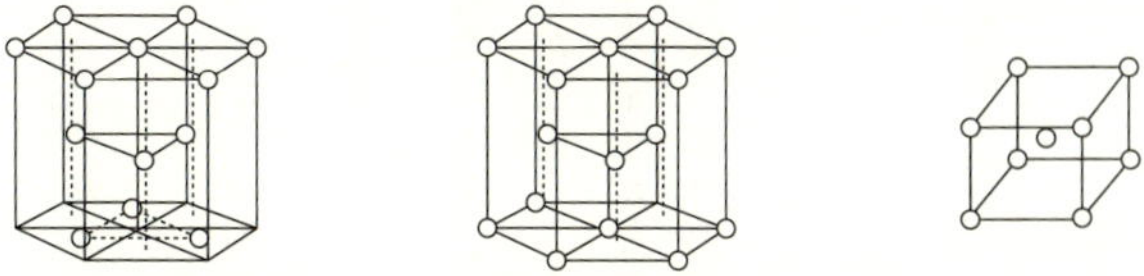

立方最密構造 =74%　面心立方　　六方最密構造 =74%　　体心立方構造 =68%

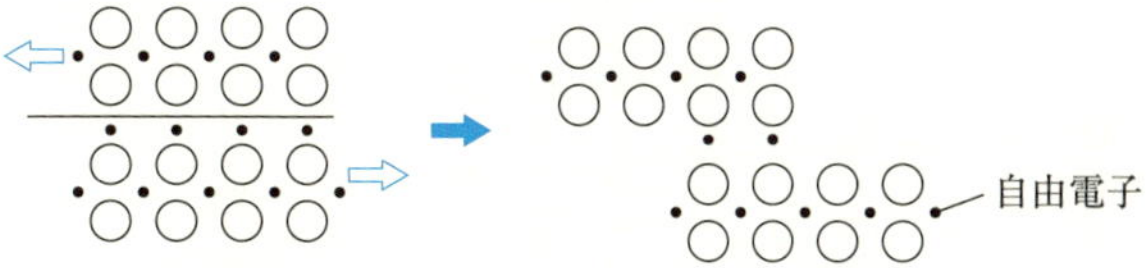

間に入れることができる。このような原理で、水素は金属結晶に入ることができる。**水素吸蔵《きゅうぞう》金属**とはこのようなもので、マグネシウムは自体積の700倍の水素ガスを吸蔵することができる。

金属の性質

金属結晶を適当な断面に沿って動かしても、金属イオンと金属イオンの間には自由電子の電子雲がクッションのように存在する。そのため、金属結晶は変形しやすい。これが金属の展性、延性の原因となっている。

また、自由電子は互いの静電反発の結果、金属結晶の表面に多く存在する。この電子が格子を反射するのが金属光沢の原因と考えられている。このように、次項で見る伝導度も含めて、金属の性質は自由電子に大きく依存している。

4 電気伝導度

電流がなぜ流れるのかは不思議に思えるが、原理は簡単である。

†電流と電子

電流とは電子の流れ、移動である。電子がAからBに移動したとき、電流はBからAに流れたという。方向が逆なのは、電子の電荷がマイナスだからである。したがって、移動できる電子がなければ絶縁体であり、電気伝導度は電子の移動しやすさの尺度である。

金属では自由電子の移動が電流となる。電圧が加わると電子は金属イオンの間をすり抜けるようにして移動する。このとき、金属イオンがじっとしていればよいが、激しく振動したりすると、抵抗となって電子は移動しにくくなる。

†電子移動と温度

ところで、原子の振動は絶対温度に比例する。この結果、金属は高温では伝導度が低く、低温になるほど伝導度が高くなる。すなわち抵抗が低くなる。そこで、金属の温度をどこまでも下げてゆくと、絶対0度（0K〔ケルビン〕、マイナス273・15℃）に近い温度で、突如電気抵抗が0になる。この温度を**臨界温度**、この状態を**超伝導状態**というのである。

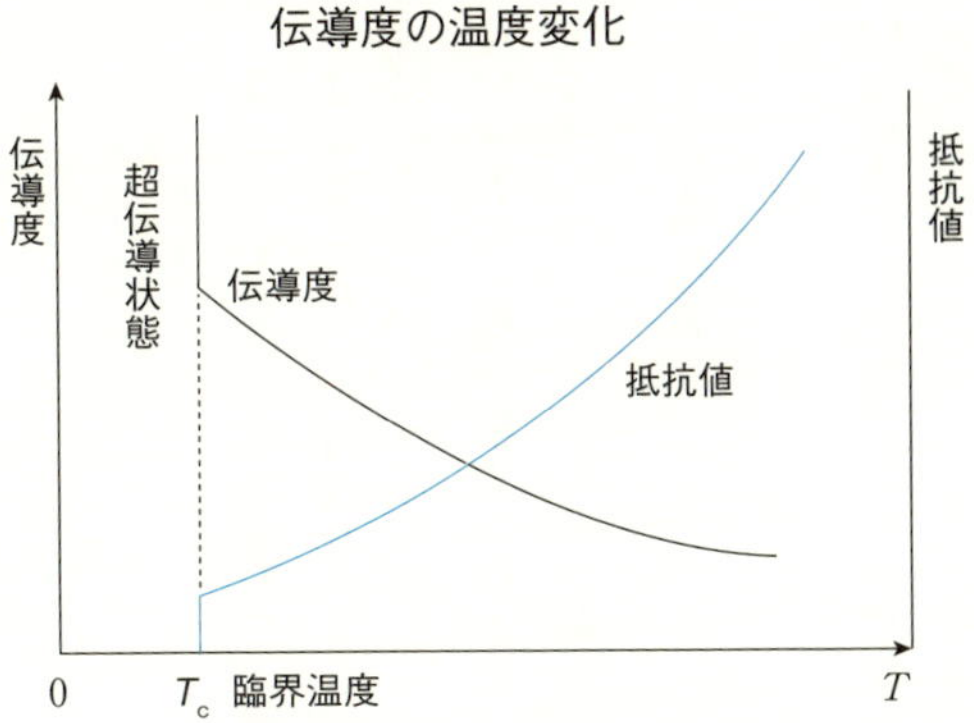

†超伝導

超伝導状態では電気抵抗がないので、コイルに大電流を流しても発熱しない。この現象を利用すると非常に強力な電磁石、**超伝導磁石**を作ることができる。脳の断層写真を撮るMRIやJRのリニア新幹線で車体を浮かせるのは超伝導磁石を用いたものである。

超伝導の問題は、臨界温度が低く、冷媒に液体ヘリウム（沸点4・2K、マイナス268・9℃）が必須なことである。現在、液体水素を市販しているのはアメリカだけである。そのため、臨界温度を液体窒素温度（77・4K、マイナス195・8℃）に上げる研究が続けられているが、実用的な高温超電導体の開発にはもう少し時間がかかるようである。

5 イオン結合

陽イオンと陰イオンの間には静電引力が発生する。これが**イオン結合**である。

よく知られた例は塩化ナトリウム（食塩）NaClである。ナトリウムNaは、電子を1個放出して陽イオンNa^+となると閉殻構造となって安定化する。反対に塩素Clは、電子1個を受け入れると閉殻構造の陰イオンCl^-となって安定化する。この結果、NaとClは互いに電子を交換してイオン結合化合物NaClを構成する。

†イオン結合の特色

イオン結合の特色は、結合に方向性がないということである。すなわち、相手がどの方向にいようと、距離さえ同じなら同じ強度で結合する。また、同じ距離ならば、相手が何個であろうと、全てと同じ強度で結合する。これを**不飽和性**という。

図（上）はNaClの結晶である。Na^+とCl^-が整然と積み重なっている。ところで、ここでNaClという2個の原子からできた粒子を指摘できるだろうか？　結晶全体にNa-Cl-Na-Clというネットワークが広がっており、NaClという二原子分子を指摘することはできない。これがイオン結合化合物の特色である。

イオンの個数

一方、NaClを水に溶かすとイオンがバラバラになり、Na^+とCl^-になる。すなわち、NaClという仮想的な二原子分子10個を水に溶かすと、水中には20個のイオン粒子が発生する。このような分子で考えた場合の濃度と、イオンで考えた場合の濃度の齟齬《そご》は、イオン結合化合物に付き物の現象であり、進んだ化学現象を定量的に説明しようとするときには注意しなければならない。

先ほどの金属結晶と同じように、イオン結晶を適当な断面で移動させると、同じ電荷のイオン同士が向き合うことになる（図下）。これは静電反発が起きて不安定である。そのため、一般にイオン結晶は硬くて変形させることはほとんど不可能である。

イオン結晶の構造

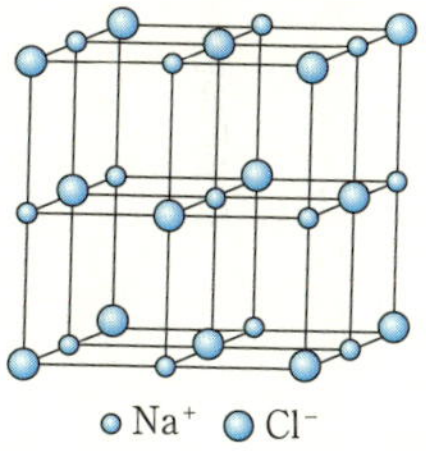

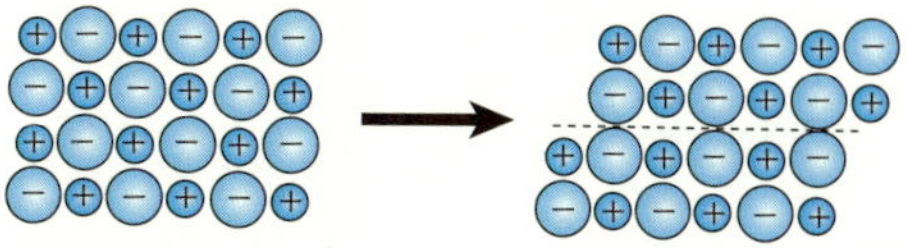

6 水素分子の共有結合

共有結合は最も化学結合らしい結合であり、重要な結合である。その典型は水素分子の結合である。2個の水素原子Hから水素分子H_2ができる過程を模式的に追ってみよう。

†共有結合の生成

水素原子は1s軌道に1個の電子を持っている。この原子が近づくと、互いの軌道が重なる。さらに近づくと1s軌道が消失し、代わりに2個の水素原子核を取り巻く新しい軌道ができる。この様子は2個のシャボン玉がくっつき、やがて隔壁が消えて1個の大きなシャボン玉に変化する過程になぞらえることができよう。

新しくできた軌道は水素「分子」に属する軌道なので、一般に**分子軌道**と呼ばれる。それに対して元の1s軌道は原子に属するので、**原子軌道**と呼ばれることがある。2個の原子が持っていた合計2個の電子は分子軌道に入る。この電子は**結合電子（雲）**と呼ばれる。

図は水素分子を模式的に表したものである。結合電子雲は2個の原子核の間の領域に多く存在する。この結果、2個のプラスに荷電した原子核はマイナスに荷電した結合電子雲

共有結合・主な原子の結合本数

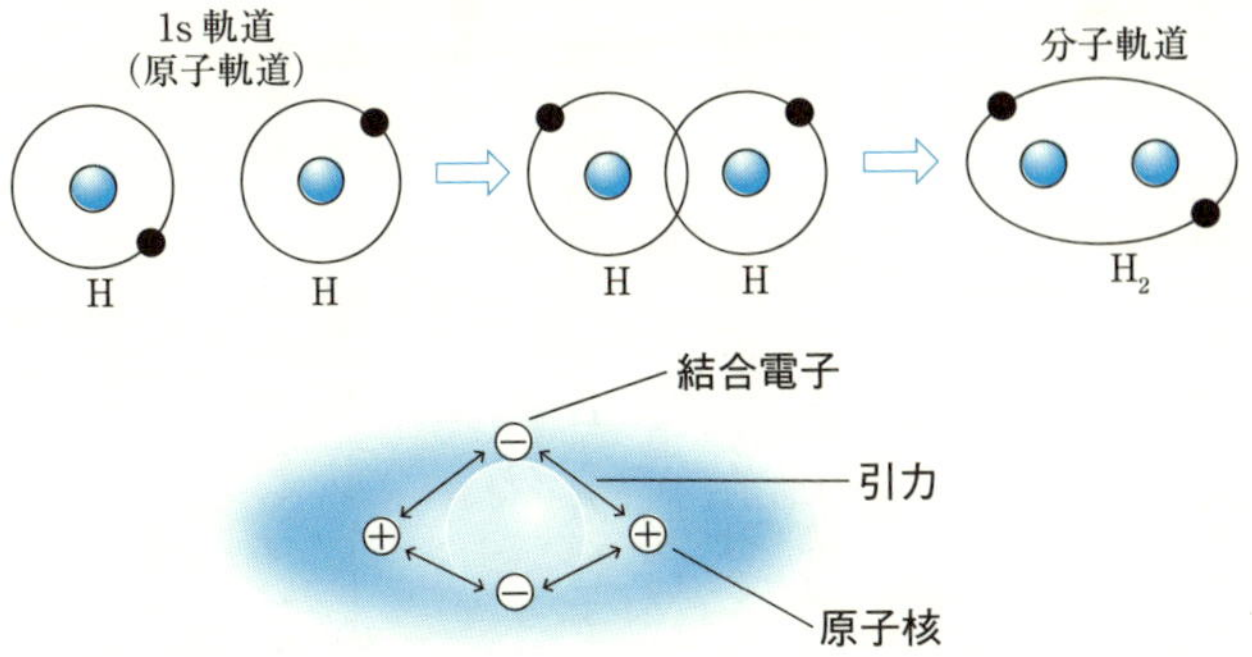

原子	H	C	N	O	Cl
核	1	4	3	2	1

を糊として結合する。

このように2個の原子核が、互いに供出した結合電子雲をあたかも共有するようにして結合するので、この結合を共有結合という。

†共有結合の性質

共有結合には重要なことが3つある。

① **不《ふ》対《つい》電子が必要**：水素原子のように、1個の軌道に1個だけで入った電子が存在すること。逆にいえば、不対電子の個数だけ共有結合することができる。主な原子の結合本数を上記の表で示した。

② **結合相手の個数が限られている**：水素原子は1個の原子としか結合できない。

③ **結合の方向が決まっている**：これについては次項以下で見ることにしよう。

7 σ結合とπ結合

これを知っているか知らないかで、化学に対する理解がまるで異なってしまうというものがある。たとえばエネルギーの概念のほか、σ《シグマ》結合、π《パイ》結合もそのようなものである。

σ結合

2個の2p軌道が結合する様子を考えよう。2p軌道には向きによってp_x、p_y、p_zの3個があった。2個のp_x軌道が互いにx軸上を移動して近づくとしよう。やがて、片方のお団子が重なる。この状態は前項で見た水素の1s軌道が重なるのと同様である。互いに1個ずつのお団子が重なって分子軌道ができ、結合が完成する。このような結合を**σ結合**という。

結合電子雲は原子核を結ぶ結合軸上に紡錘形になって存在する。したがって、片方の原子を固定して、もう片方の原子を捩《ねじ》っても結合は変化しない。これを**結合回転可能**という。

π結合

今度は2個のp_z軌道がx軸上を移動したとしよう。すなわち互いに平行になって近づく

σ結合とπ結合

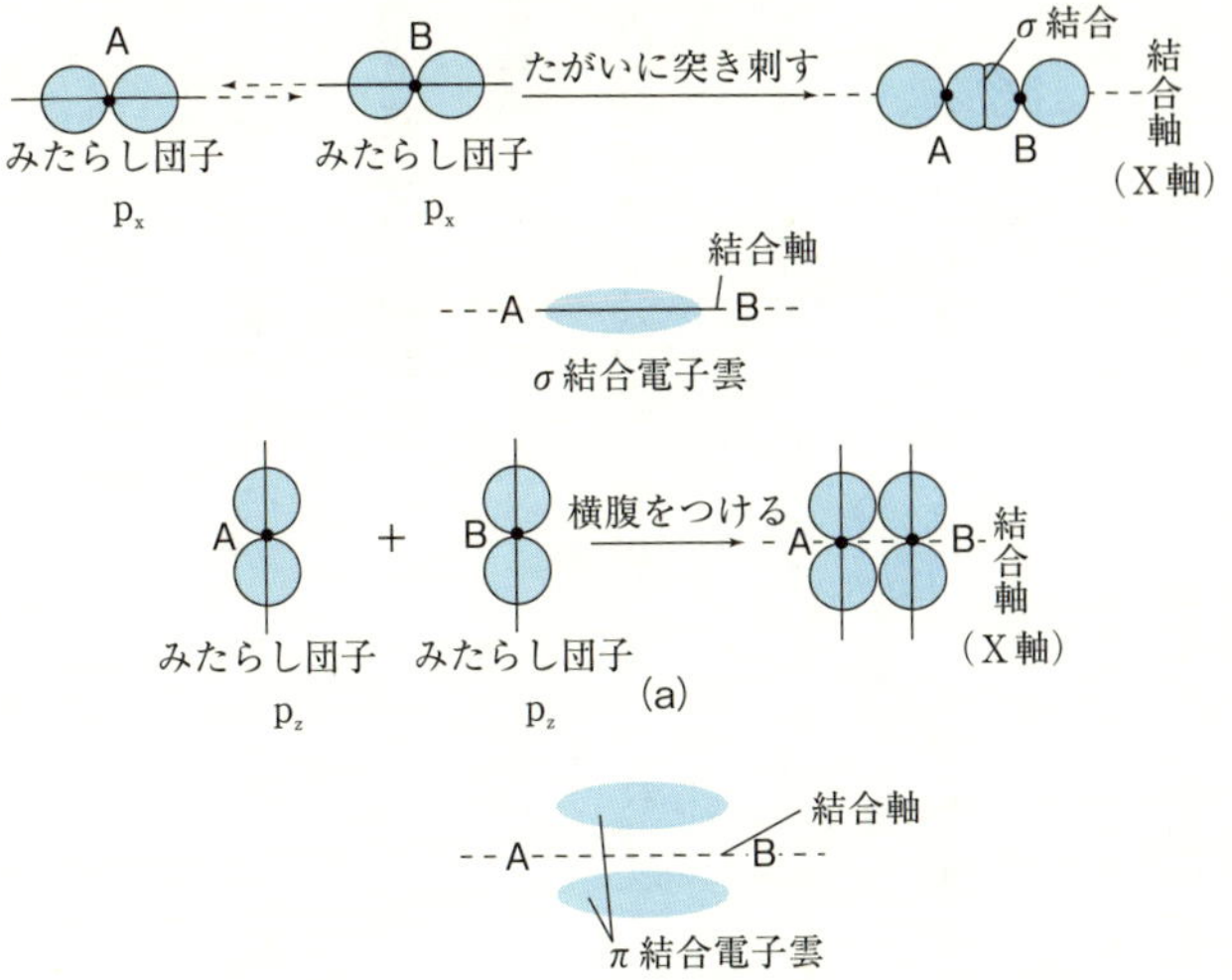

のである。2個のp_z軌道は、2本のみたらし団子が横っ腹をくっつけるようにして結合する。これを**π結合**という。

この場合の結合電子雲は、お団子がくっついている場所に生成する。すなわち、結合軸の上下2か所に生成するのである。したがって、結合を回転したら、結合電子雲は捩れて切れてしまう。すなわち、**π結合は回転できない。**

一般に結合の強弱は原子軌道の重なりの大きさに比例する。重なりはσ結合がπ結合より大きい。このことから、**σ結合は強固で、分子骨格を作る結合、**それに対して**π結合は分子の物性や反応性を決める結合**との役割分担ができている。

8 sp^3混成軌道

原子は軌道を持っているが、多くの原子は結合するときに**混成軌道**を用いる。混成軌道とは2s、2p軌道を適当に再編成して作った新しい軌道である。主なものとしてsp^3、sp^2、**sp混成軌道**の3種がある。

†混成軌道

混成軌道には3つの原理がある。それは

① 原料軌道の個数だけできる。
② 全ての混成軌道は同じ形をしている。
③ 混成軌道のエネルギーは原料軌道エネルギーの平均である。

というものである。基本ともいえるsp^3混成軌道から見てゆこう。

sp^3混成軌道は、1個の2s軌道と3個の2p軌道を原料として作った軌道だ。sp^3の3はp軌道が3個関与していることを表す。①にしたがって混成軌道は4個できる（図上）。問題は4個の軌道の位置関係である。これは原子核を中心として、互いに正四面体の頂点方向に出る。すなわち、軌道間の角度は109・5度である（図下）。これは海岸に置いてあるテトラポッドの脚の方向である。

炭素L殻の4個の電子は4個の混成軌道に1個ずつ入る。この結果、炭素の不対電子は4個となるので、炭素は4本の共有結合を作ることができることになる（本章第6項参照）。

†メタンCH_4の結合

sp^3混成軌道を用いた典型的な分子はメタンである。4個の水素原子はその1s軌道を炭素の4個の混成軌道と重ねてσ結合を作る。

この結果、メタンは炭素を中心として4個の水素原子を正四面体の頂点方向に向けた形、すなわちテトラポッドのような形となる。

sp^3混成軌道

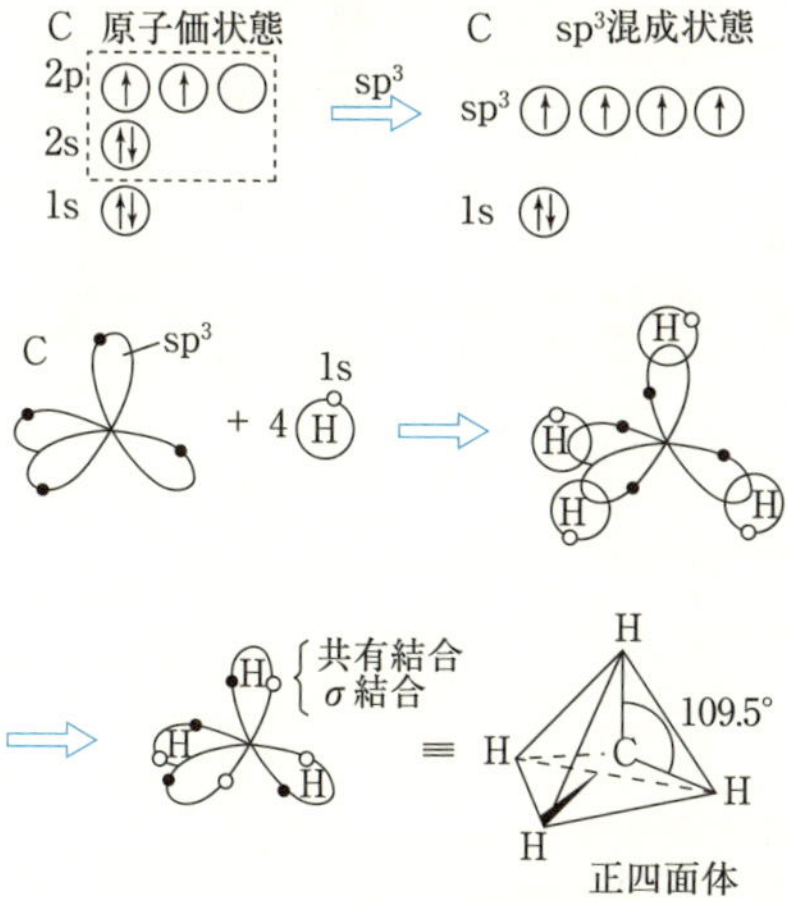

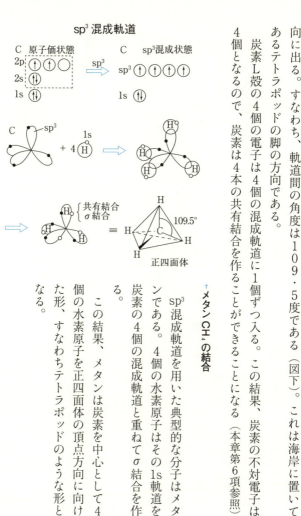

9 sp^2混成軌道

有機化合物の性質や反応に大きな影響力を持つのが、sp^2混成軌道である。

混成軌道とp軌道

sp^2混成軌道は、1個の2s軌道と2個の2p軌道を原料として作った軌道だ。したがって、混成軌道に関与しないp軌道が1個残る（図左上）。これが重要な働きをすることになる。

それはさておいて、前項①にしたがって混成軌道は3個できるが、これらは同一平面上に互いに120度の角度で配置される（図右上）。問題は混成しなかったp軌道である。これは、混成軌道の乗る平面を原子核の位置で垂直に刺し貫くように配置される。炭素L殻の4個の電子は、3個の混成軌道と1個のp軌道に1個ずつ入る。

エチレン $H_2C=CH_2$ の結合

sp^2混成軌道を用いた典型的な分子は**エチレン**である。2個の炭素原子と4個の水素原子は図（中央）のように同一平面上に配置され、互いの軌道を重ねてσ結合を作る。これを

sp^2 混成軌道

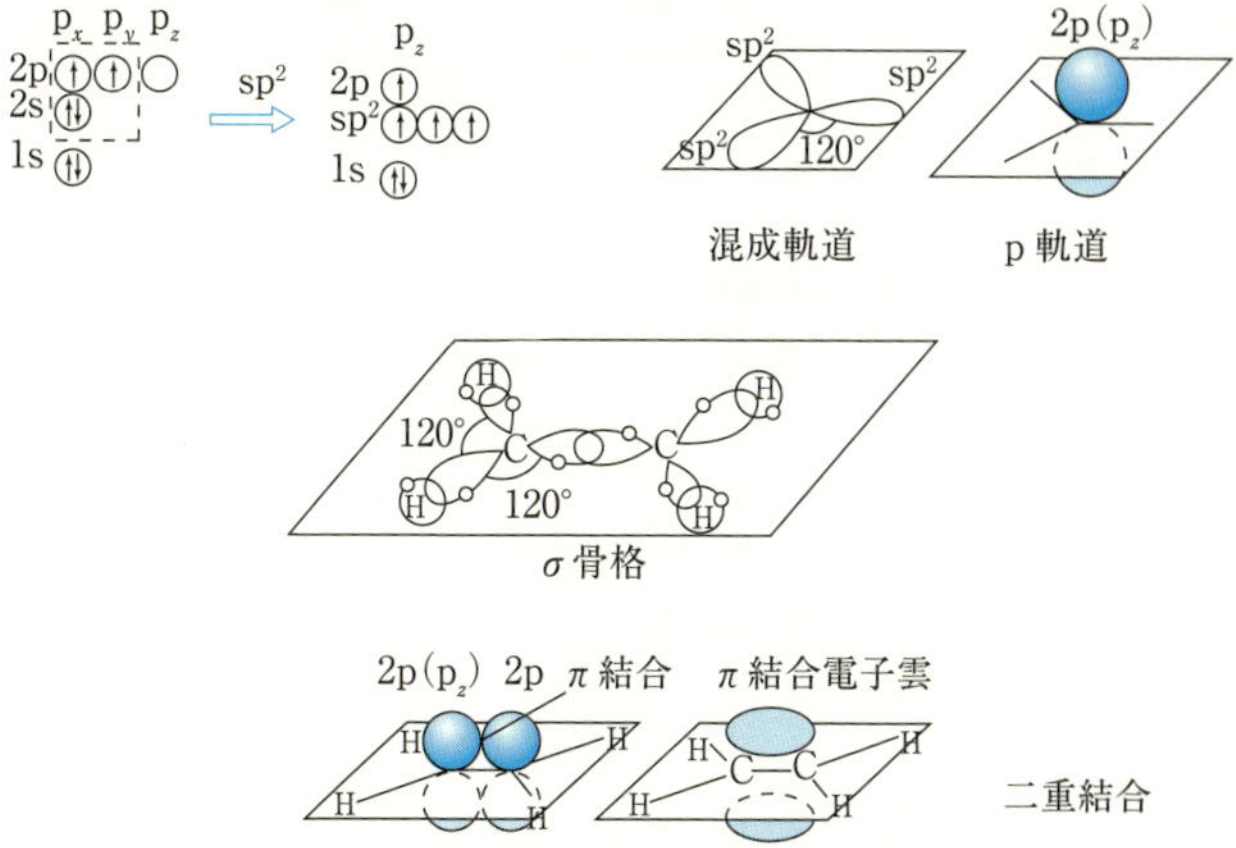

特に**分子のσ骨格**ということがある。この結果、エチレンは6個の原子が同一平面に乗った平面状となり、結合角度は120度となる。

†二重結合

問題は、両方の炭素上に残ったp軌道である。これは先に見たπ結合を作るのに絶好の位置関係にある。この結果、エチレンの炭素はσ結合とπ結合とによって二重に結合されることになる。したがって、C-C間の結合電子雲は、結合軸上に存在する紡錘形のσ結合電子雲と、結合軸の上下に分かれて存在するπ結合電子雲ということになる（図下）。このような結合を**二重結合**というのである。

π結合は回転できない。したがって、π結合を含む二重結合も回転できない。

10 共役二重結合

ブタジエンC_4H_6の炭素間結合のように、二重結合と一重結合が交互に並んだ結合を特に**共役《きょうやく》二重結合**という。

ブタジエンの結合

ブタジエンは図(左上)のような分子である。C_1-C_2、C_3-C_4間は二重結合で、C_2-C_3間が一重結合である。前項で見たように、二重結合を構成する炭素はsp^2混成なので、ブタジエンの4個の炭素原子は全てsp^2混成である。

この結果、10個の原子は全て同一平面上に配置されてσ結合で結合されるので、この分子は長いけれども平面状分子である。問題は各炭素上にある合計4個のp軌道と、それが作るπ結合である。

非局在π結合

図(右上)は、ブタジエンの炭素部分だけを書き出したものである。4個の炭素上のp

共役二重結合

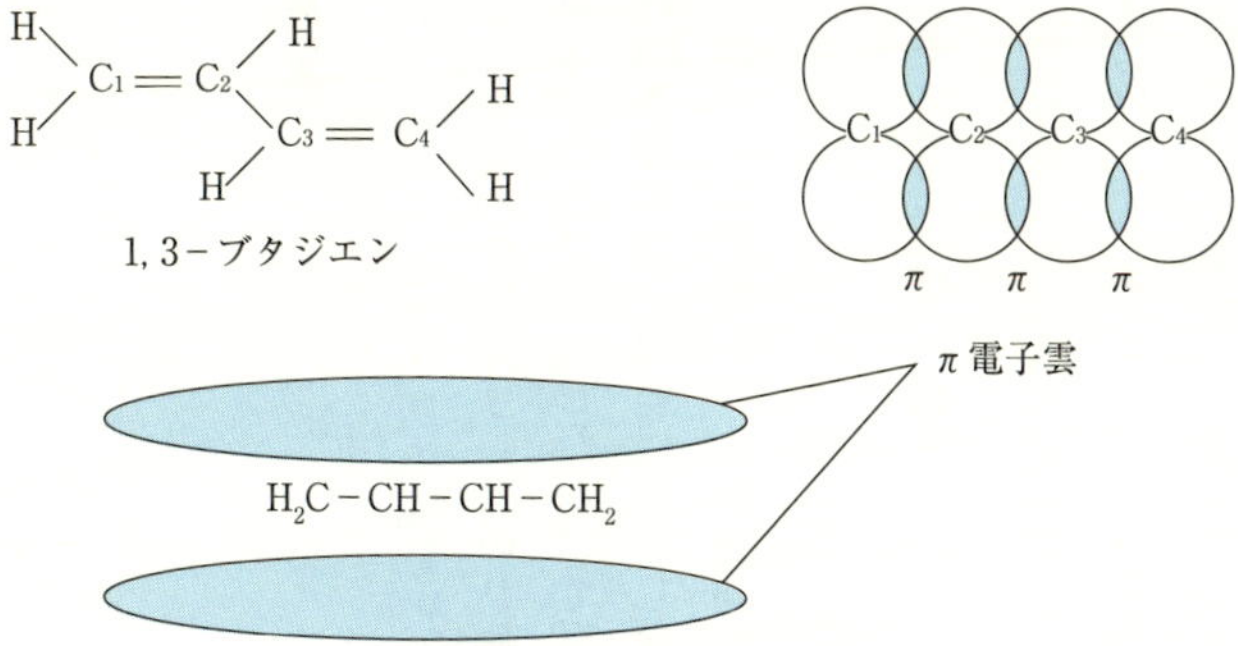

軌道は全て平行に並び、間隔は全て等しい。これは4本のみたらし団子がお皿の上に並んだ状態に似ている。4本のみたらし団子は、全て横っ腹を接してくっついている。

これは4個のp軌道全ての間にπ結合ができていることを意味する。すなわち、C_1－C_2、C_3－C_4の間に広がるπ結合電子雲ができるのである。このように広い領域をカバーするπ結合（π電子雲）を特に**非局在《ひきょくざい》π結合**という。それに対してエチレンのπ結合のように2個の炭素の間に限定されたものを**局在π結合**という。

ブタジエンのC_1に刺激が与えられると、その刺激はπ電子雲を伝播して全ての炭素（C_2～C_4）に伝わる。

このように、非局在π電子雲で覆われた炭素骨格、すなわち共役二重結合で結ばれた炭素骨格はあたかも生命体のように刺激に対して全体で反応する。これが有機化合物の特殊性であり、有機化学の面白い所である。

11　sp混成軌道

混成軌道

sp混成軌道は、1個の2s軌道と1個の2p軌道を原料として作った軌道である。したがって、混成軌道に関与しないp軌道が2個残る。

第8項の約束①にしたがって混成軌道は2個できるが、これは互いに180度の角度で反対向きになる。問題は混成しなかった2個のp軌道である。これは混成軌道をx軸に重ねれば、それぞれy、z軸方向に出る。炭素L殻の4個の電子は、2個の混成軌道と2個のp軌道に1個ずつ入る（図上）。

アセチレン HC≡CH の結合

sp混成軌道を用いた典型的な分子は**アセチレン**である。2個の炭素原子と2個の水素原子は図（下）のように一直線状に配置され、それぞれの軌道を重ねてσ結合を作る。問題は、両方の炭素上に残ったそれぞれ2個ずつのp軌道である。これらは互いにy方向軌

sp 混成軌道

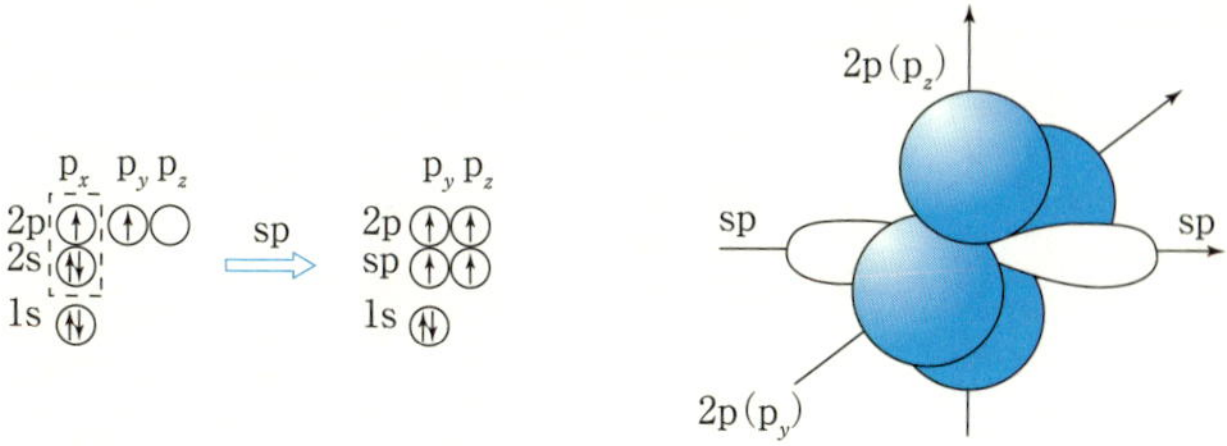

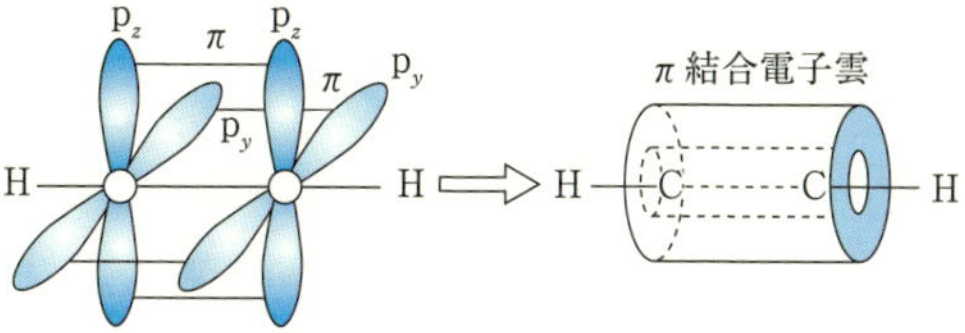

道、z方向軌道が重なってπ結合を作る。

この結果、アセチレンのC-Cσ結合電子雲の周りには、互いに90度の角度を持って二組のπ電子雲が存在する。つまり、アセチレンの炭素は1本のσ結合と2本のπ結合とによって三重に結合されることになる。このような結合を**三重結合**という。

しかし、合計4本のπ電子雲は互いに流れ寄って円筒状の電子雲を作るといわれている。

アセチレンは可燃性、爆発性の気体である。酸素と混ぜて燃焼させた酸素アセチレン炎は4000℃ほどの高温になるので、鉄の溶接などに用いられる。アセチレンは炭化カルシウム（カーバイド）CaC_2を水中に投じるだけで簡単に発生するので、非常時の照明などにも用いられる。

12 アンモニアと水の結合

結合に際して混成軌道を使うのは炭素だけではない。

†アンモニア NH_3 の結合

アンモニアの窒素原子は sp^3 混成状態である。しかし、窒素はL殻に5個の電子を持っている。したがって、1個の混成軌道には2個の電子が入って電子対とならざるを得ない（図上、電子配置）。このような電子対は**非共有電子対**といわれ、次項で見るように反応性に大きく影響する。

†アンモニア分子の形

この結果、窒素の結合することのできる混成軌道は3個だけとなる。アンモニアでは、この3個の sp^3 混成軌道に3個の水素原子が結合する。したがってアンモニア分子の結合角度HNHは基本的に sp^3 混成軌道の角度109・5度であるが、実際には107度であり、分子の形は三角錐形である（図二段目）。

水 H_2O の結合

水の酸素原子も sp^3 混成状態である。酸素はL殻に6個の電子を持っている。したがって、2個の混成軌道には2個の電子が入って電子対とならざるを得ない。つまり、水の酸素は非共有電子対を2個持っているのである。

水分子の形

酸素の結合することのできる混成軌道は2個だけとなる。水では、この2個の sp^3 混成軌道に2個の水素原子が結合する。したがって水はくの字形に曲がった分子となる。実際の結合角は104度ほどである（図下）。

アンモニア（上）と水（下）の結合

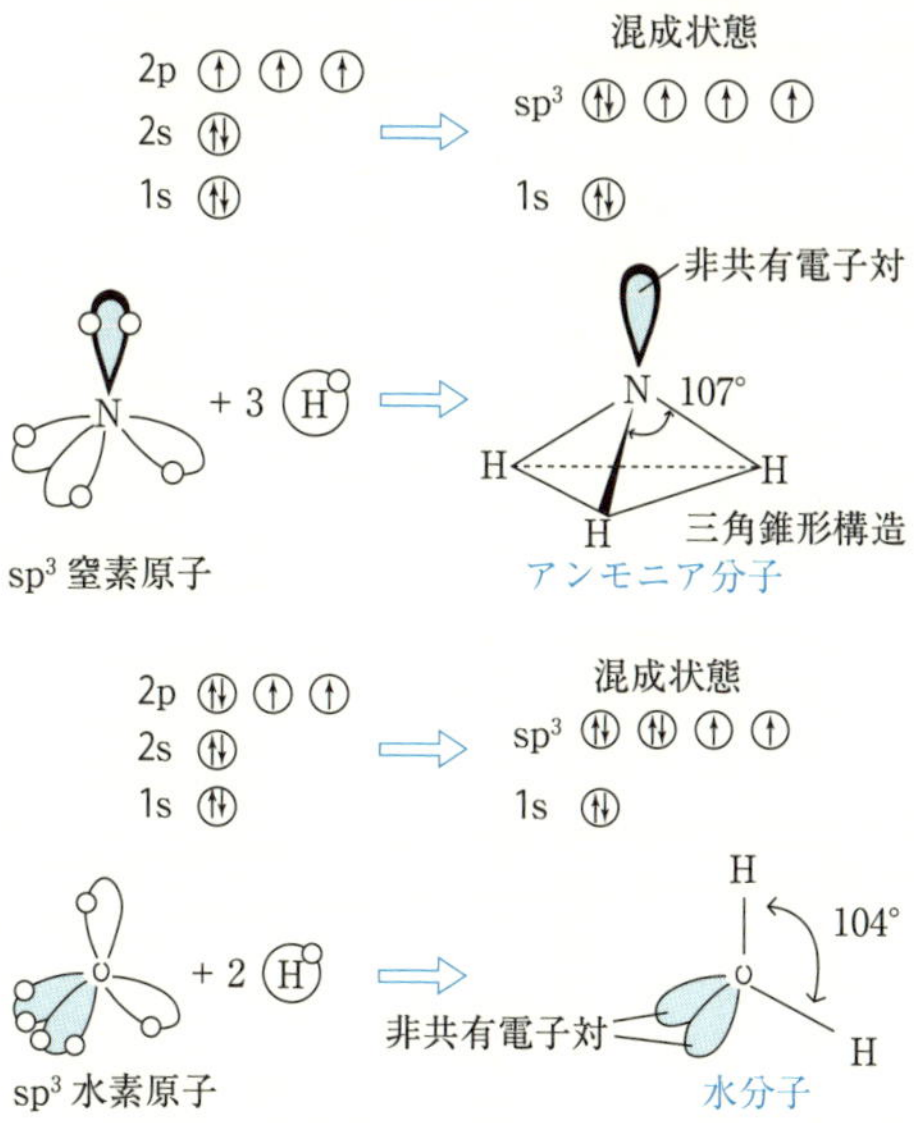

13 アンモニウムイオンとヒドロニウムイオン

アンモニアと水は、水素イオンH^+と結合して陽イオンを作る。

アンモニウムイオン

アンモニアNH_3に水素イオンH^+が結合したイオンNH_4^+を**アンモニウムイオン**という。水素イオンは電子を持っていないので、s軌道は空っぽである。このような軌道を一般に**空《くう》軌《き》道《どう》**といい、点線で表すことがある（図上）。

このH$^+$がアンモニアの窒素上の非共有電子対に結合したのがアンモニウムイオンである。この結果、イオンの電子状態はメタンと同じになるので、イオンの形はメタンと同じく、正四面体形となる（図中央）。

なお、この新しいN-H結合を形成する2個の結合電子は2個とも窒素の電子である。これは「結合する2個の原子が電子を出し合ってそれを共有する」という共有結合の定義に一致しない。そこでこのような結合を特に**配位結合**と呼ぶ。

アンモニウムイオン（上）とヒドロニウムイオン（下）

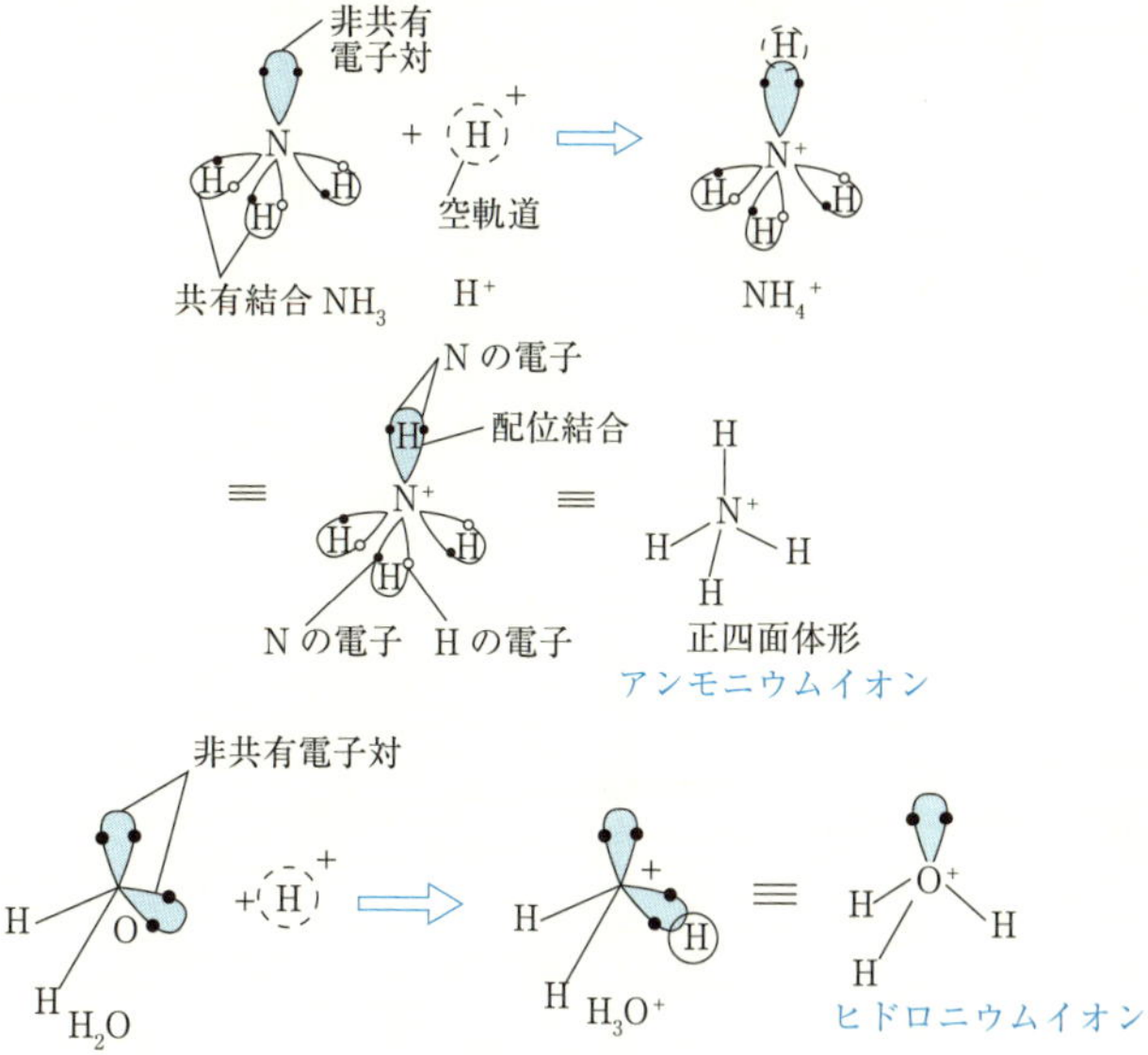

†ヒドロニウムイオン

水の非共有電子対にもH^+が結合することができる。このようにしてできたイオンH_3O^+を**ヒドロニウムイオン**という。ヒドロニウムイオンの電子状態はアンモニアと同じである。この結果、ヒドロニウムイオンの形は三角錐《さんかくすい》となる。

第6章で詳しく見ることになるが、**塩基**とはH^+を受け取る能力のある分子のことをいう。右で見た反応のため、アンモニアは塩基である。一方、中性であるはずの水にも塩基としての資格があることになる。

14 結合のイオン性と水素結合

結合のイオン性

図(上)は、2個の原子からできた分子のσ結合電子雲を模式的に描いたものである。H_2とF_2の電子雲は左右対称である。ところが、HFの電子雲は極端にFの側に偏っている。この結果、Hは電子が足りなくなってプラスに荷電し、反対にFは電子過剰になってマイナスに荷電している。このような状態を**結合分極**という。このような状態を表す記号としてδ(デルタの小文字)を用いる。これは部分電荷すなわち、幾分プラス、幾分マイナスを表す記号である。

結合分極が現れるのは、原子の電気陰性度が異なり、電子を引き付ける力に差が出たからだ。Hの電気陰性度は2・1とごく小さく、反対にFは4・0と全原子中で最大である。

共有結合とイオン結合

このように、電気陰性度の異なる原子が結合すれば常に片方はプラス、片方はマイナス

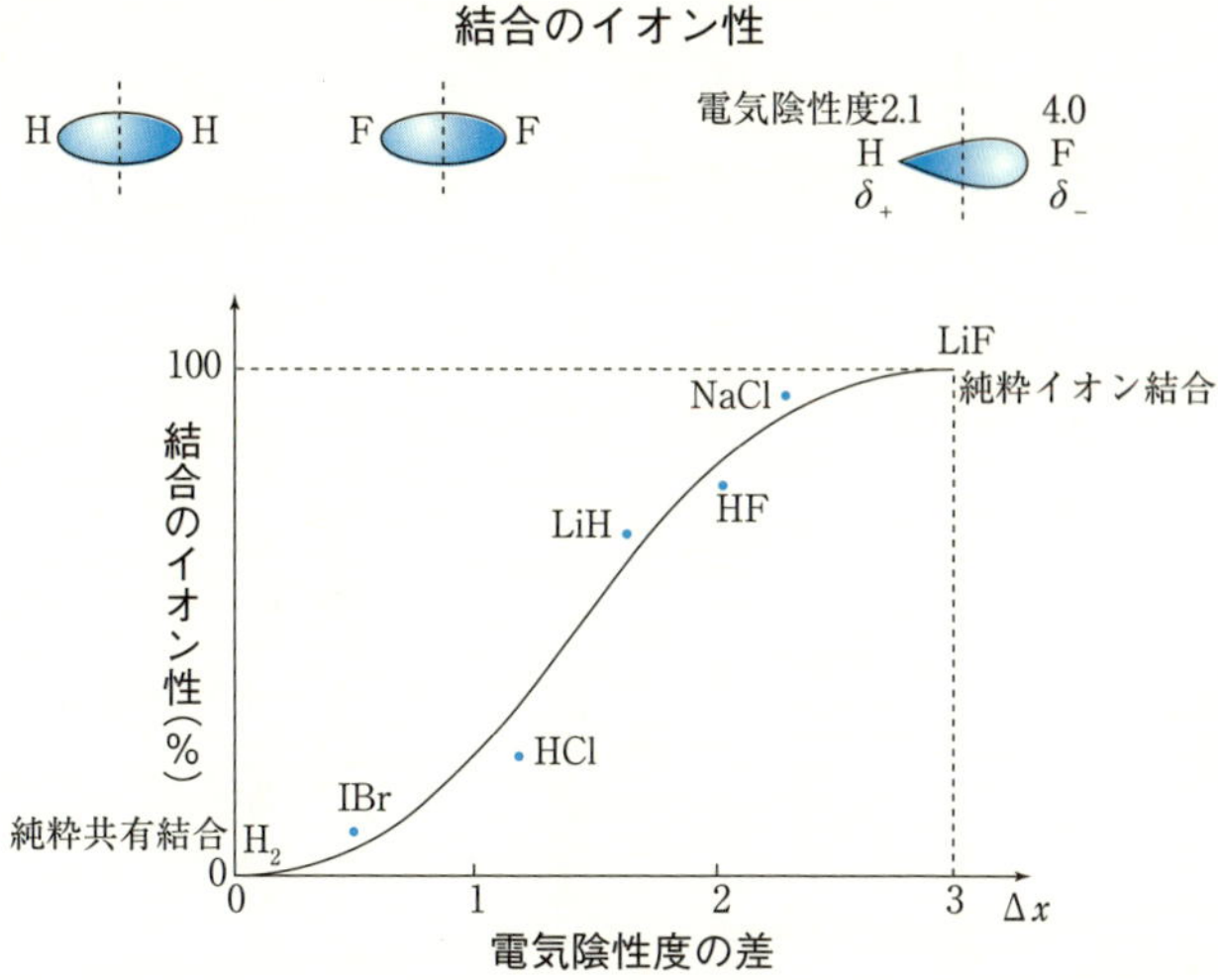

に荷電する。これは共有結合にイオン結合性が加味されたことを意味する。図は結合する2原子の間の電気陰性度の差と、結合のイオン性の程度を表したものである。

イオン性0%の結合が純粋共有結合であり、イオン性100%なら純粋イオン結合である。図からわかるように、どちらにしろ、純粋な結合は稀有《けう》であることがわかる。

このように、化学には白、黒と決めつけることのできない現象がたくさんある。それが数学や物理と違うところである。そのためだろうか、化学者、特に有機化学者では、理詰めで考えるタイプより、感性やひらめきに優れた芸術家タイプが多いような気がする。

15　分子間力

分子間に働いて分子を引き付ける力がある。これは原子を結合する化学結合に比べて弱い力なので、一般に**分子間力**と呼ばれる。

水素結合

分子間力の中で最も強いのが**水素結合**である。これは水分子の間に働く力である。水はH-O-Hであり、Hの電気陰性度は2・1であるが、Oは3・5である。したがって、Hはプラスに荷電し、Oはマイナスに荷電する。この結果、2個の水分子の間でHとOの間に静電引力が発生する。これを水素結合という（図上）。液体状態の水分子は、水素結合によって多くの分子が互いに引き合っている。このような状態を一般に**クラスター**という。

水は小さい分子なのに沸点が100℃と異常に高いのは、水素結合のおかげである。

ファンデルワールス力

水素結合は分子内のプラスの部分とマイナスの部分に働く引力である。しかし、分子全

水素結合・ファンデルワールス力

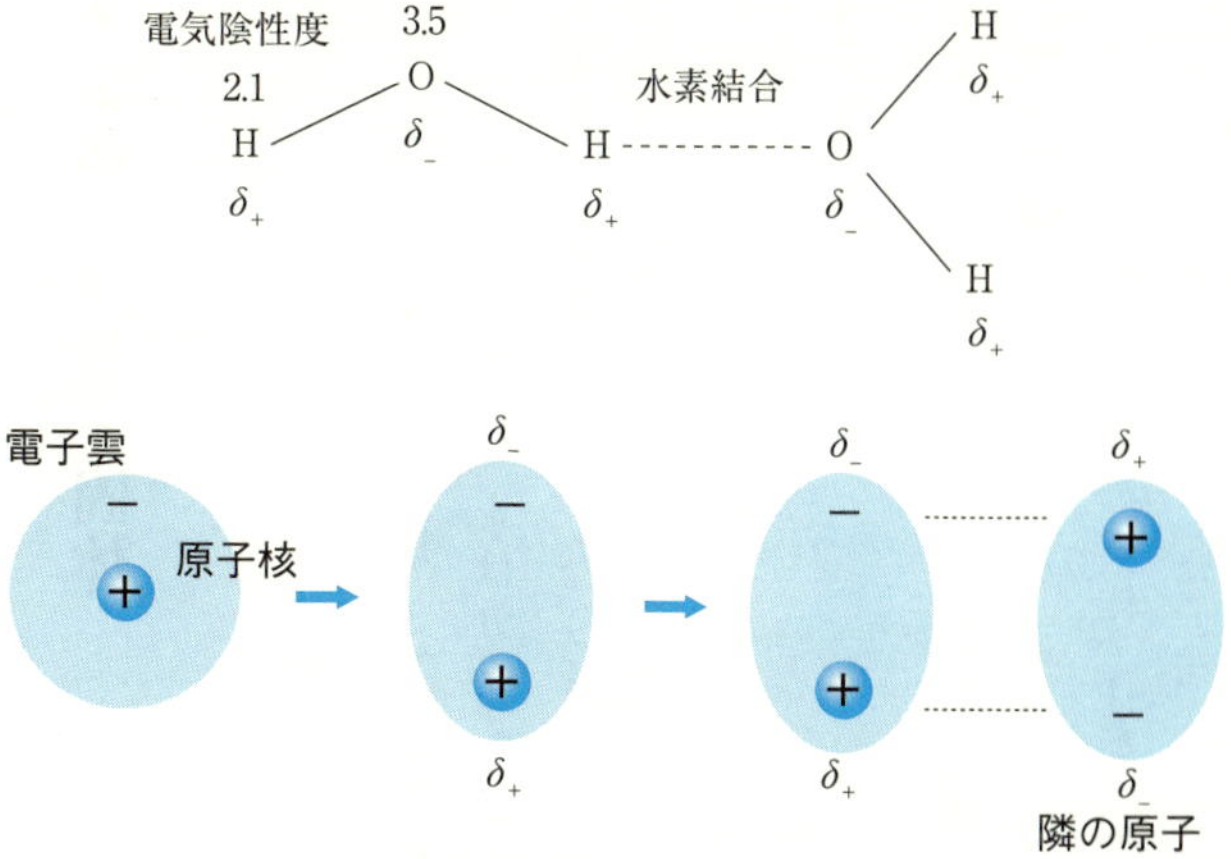

体にわたって電気的に中性な分子の間に働く力がファンデルワールス力である。

この力の主な原因は電子雲の揺らぎである。電子雲は、まさしく雲のようにフワフワしている。ちょっとしたことが原因となって変形する。原子核が電子雲の中心にあれば、原子は全ての部分で電気的に中性である。しかし、中心からずれたら、一時的にプラスの部分とマイナスの部分が生じる。すると、その電荷の影響を受けて近くの原子の電子雲が変形し、ここでも一時的な電荷が発生する。

この結果、一時的な電荷同士の間で静電引力が生じる（図下）。これがファンデルワールス力である。

第4章

気体・液体・固体

1 物質の三態

分子を構成する原子の種類とその個数を表すのが分子式であり、その原子の結合順序を表すのが構造式である。水は分子式でH_2Oであり、構造式でH-O-Hである。しかし、これで何が分かるというのだろう? 水は液体だ、と思うが冷やせば氷に、加熱すれば気体の水蒸気になる。氷、水(液体)、水蒸気、これが全てH_2Oという簡単な記号でひとまとめに片づけられてよいのだろうか? というのが、本章の問題提起である。

物質の状態

水H_2Oは1気圧の下では、室温で**液体**、0℃以下で**固体**(結晶)の氷であり、100℃以上では**気体**の水蒸気である。氷、水、目に見えない気体の水蒸気(念のためいうなら、ヤカンの口から立ち上る白い気体?は水蒸気ではない。液体の水の細かい水滴であり、雲と同じようなものである)は、全て分子式でいえばH_2Oの水である。

氷、水、水蒸気、これらは分子式、構造式で見たら全て同じものである。ところが、氷、水、水蒸気では性質に大きな違いがある。これは、水の性質に、原子のつながり方で見た分子構造では解き明かせないものがあることを表すものである。

†状態変化

物質は圧力、温度によって異なる形態をとる。この形態を**状態**という。状態の中で固体、液体、気体を標準的なものとしてあげ、これらを特に**物質の三態**という。

物質の三態

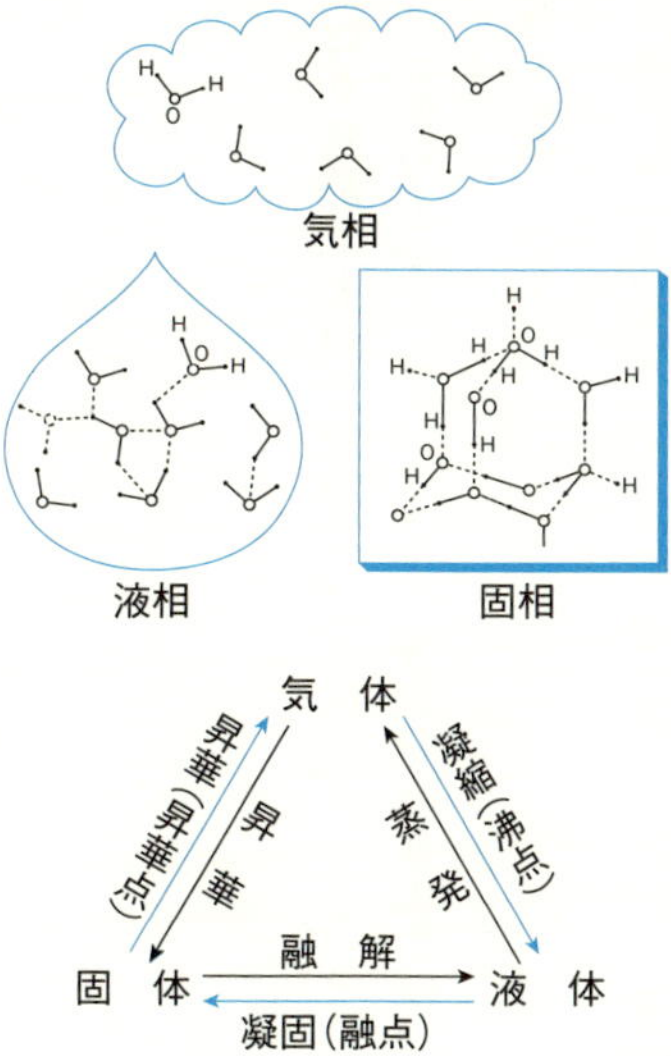

氷を温めれば融ける（融解）ように、三態は温度、圧力によって変化する。それぞれの状態変化には固有の名前が付いており、その変化が起こる温度にも固有の名前が付いている。一般的でないのは**昇華**であろうか？　しかしこれはドライアイスでおなじみの現象である。

2 三態における分子の状態

物質の三態とは固体、液体、気体のことを指す。そして一般的に、特に高校化学では「固体＝結晶」という認識で話を進めている。そこで、本書でも、可能な限り、この認識で話を進めてゆくことにする。各状態の基本的構造は図中の表に示した通りである。

†固体＝結晶

結晶状態では、先に金属結晶で見たように、構成粒子（原子、分子）は、三次元にわたって所定の場所で整然と積み上げられている。

そして、形態（方向性）を持った分子では、各分子は所定の方向（配向）を向いている。これを**位置の規則性**と**配向の規則性**を持った状態と表現する。

†液体

ところが、液体状態になると、これらの規則性、すなわち、位置の規則性、配向の規則性全てがなくなり、その上、粒子は流動性を獲得して自由な移動を始める。

状態と分子配列

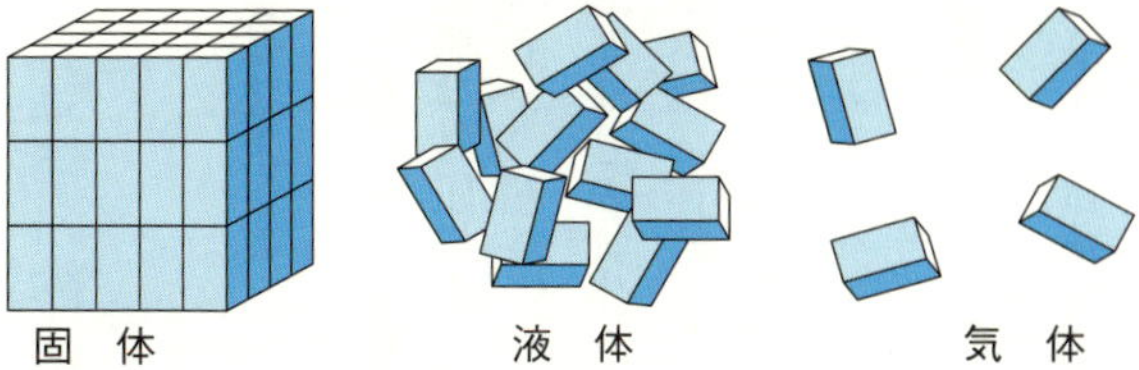

状態		結晶	液体	気体
規則性	位置	○	×	×
	配向	○	×	×
配列模式図		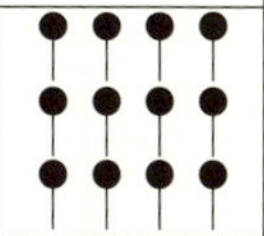	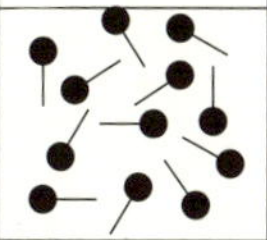	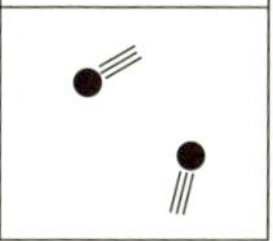

しかし、粒子間には結晶の場合と同じ分子間力が働いているため、粒子間の距離は結晶の場合とあまり違わない。そのため、**液体の密度（比重）は結晶と大きくは変わらない。**

†気体

気体の特色は、粒子間に働く分子間力がなくなるということである。そのため、粒子は勝手気ままな方向に勝手気ままな速度で飛行する。とはいっても、その速度は温度、圧力、分子の分子量などによって支配される。

粒子の飛行速度は、温度、分子量などによって変化するが、窒素分子の場合、1気圧20℃で時速2000kmほどとなる。これが圧力の原因である。

3　気体の体積

気体体積の定義

気体分子を風船に入れると、分子は風船の壁（ゴム）に衝突して風船を広げる。一方、風船は外圧によって広がるのを抑えられる。広げる力と縮める力が釣り合った時の風船の体積が、その気体の体積である。1モル（18g、0・018ℓ）の水は1気圧100℃で31ℓほどの気体（水蒸気）になる。これは、気体の体積といわれるものの実態はほとんどが真空の体積であることを意味する。

すなわち、気体の体積は分子の体積とは無関係なのである。これから「全て」の気体の1モルの体積は標準状態（0℃・1気圧）で22・4ℓという、重要な事実が出てくる。

状態方程式

気体の体積V、圧力P、絶対温度Tの間には**状態方程式**と呼ばれる式が成立する。ここでRは**気体定数**と呼ばれる比例定数である。この式は、気体の体積は絶対温度に比例し、

状態方程式

$PV=nRT$

P：圧力，V：体積
n：モル数，T：絶対温度
R：気体定数（$R=8.31$ J/（K・mol））

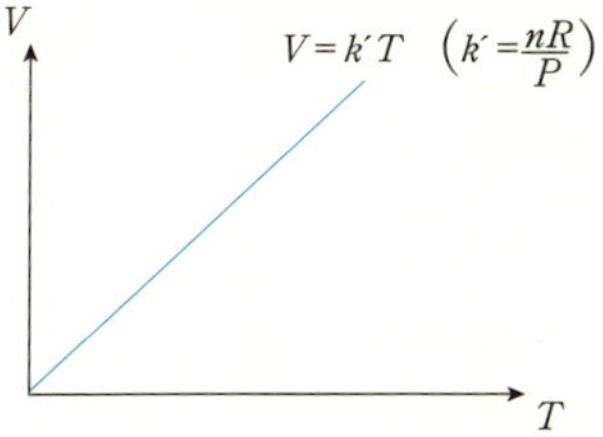

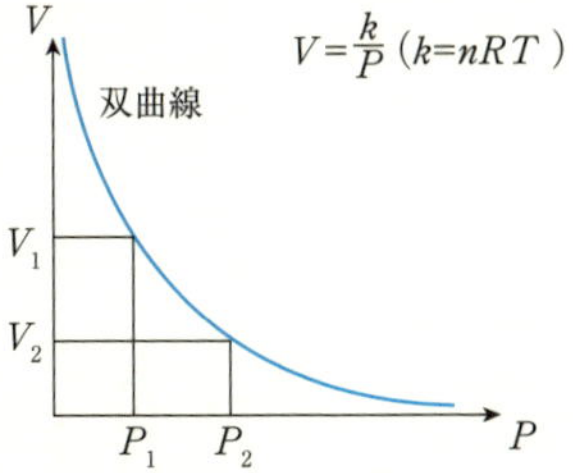

圧力に反比例することを示している。

シリンダーに空気を入れて10気圧で抑えれば、空気の体積は$\frac{1}{10}$に圧縮される。しかしシリンダーの留め金を押さえれば空気は元の体積に戻る。この時の力で弾丸を飛ばすのがエアガンである。特定地域の空気が太陽熱で暖められれば、空気は膨張する。したがって密度が小さくなり、地表を押す力が弱くなる。これが低気圧の原因である。

しかし、実際の気体は状態方程式に完全には従わない。それは、状態方程式が想定している気体分子が、体積も分子間力も持たない理想気体だからである。実際の気体、実在気体は、少ないとはいえ体積を持ち、分子間力を持っている。そこで、実在の気体に合う**実在気体方程式**というものが考案されている。

4 状態図

物質の状態と温度、圧力の関係を表したグラフを**状態図**という。図は水の状態図である。

状態図の見方

3本の線分によって3つの領域に分けられている。状態図の見方は次のようである。圧力P、温度Tに対応する点（P、T）が領域Ⅰに入っていたら、その圧力、温度において水は氷となっている、というものである。領域Ⅲなら水蒸気である。

点（P、T）が線分上にあったときは、その線分の両側にある状態が共存する。すなわち線分ａｂ上に乗っていたら、液体の水と水蒸気が共存する状態、すなわち沸騰状態である。線分ａｂと1気圧の線の交点は温度１００℃に一致する。これは1気圧での水の沸点が１００℃であることを示すものである。

温度と圧力の影響

圧力を1気圧以下にすると沸点は１００℃以下になる。これは高山では水は例えば80℃

水の状態図

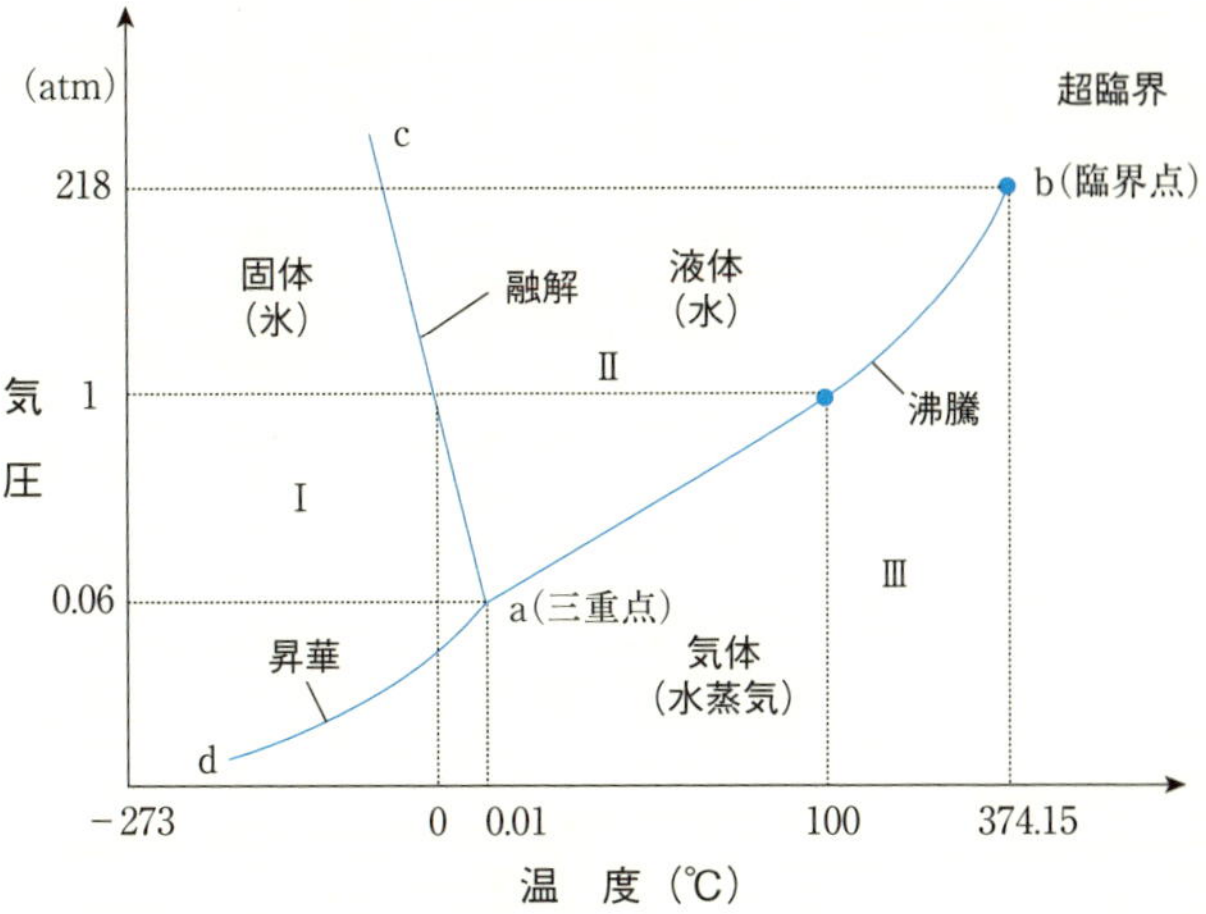

で沸騰することを意味する。この状態で水に熱を加えても、その熱は水が沸騰するエネルギーとして使われ、水の温度は80℃のままである。これではコメはいつまで経っても生煮えのままである。

1気圧での氷の融点は0℃である。圧力を高めると融点は下がる。スケートリンクにスケートで立つと、エッジの下の氷には数気圧の圧力が掛かる。例えば融点がマイナス5℃になったとしたら、水は0℃では凍らず、水のままである。反対に0℃の氷は融けて水になる。

つまり、エッジの下の氷は融けて水になる。これがエッジと氷の間の潤滑剤となってスケートが滑る、ということになる。

5 超臨界状態

前項の水の状態図には特別の意味を持つ点が2個ある。点aと点bである。

†三重点

点aは3本の線分が集まった点であり、**三重点**といわれる。点（P、T）がこの点に重なったらどうなるだろう。線分に重なったときの類推からいったら、「点aに接する3つの状態が共存する」ということになりそうである。

実際にそうである。氷、水、水蒸気が共存するのである。要するに氷水が沸騰するのである。しかし、この状態が現れるためには気圧が0・06気圧という真空に近い状態でなければならない。日常生活で遭遇することはありえない。

†超臨界状態

線分ac、adは絶対温度が0度になるまで伸びてゆく。それではabはどうなるのか？　温度に上限はないのだから、無限に伸び続けるのか？　そうではない。線分abは

特別な状態

a点の状態
(三相共存状態)

高温高圧〝キケン〟!

点bで終わりである。つまり、点bを超えた状態では、沸騰という状態は起きないのである。

点aを**臨界点**、それを超えた高温高圧状態を**超臨界状態**という。つまり超臨界状態では水は沸騰という状態を経由しないで水蒸気になる。簡単にいうと、この状態は液体と気体の区別のない状態、液体と気体の中間状態なのである。

超臨界の水は特殊な性質を持つ。それは液体の粘度と気体の激しい分子運動である。この結果超臨界水は有機物をも溶かすことができる。この性質を利用すると、有機物の反応を水中で行うことができることになる。これは有機物の廃棄物の少ない環境に優しい反応である。

また、酸化作用を持つ。これを利用して公害物質のPCBの分解を効率的に行うことができる。超臨界水は「これからの水」である。

6　三態以外の状態

物質の状態には固体（結晶）、液体、気体という三態があることを先に見た。しかし、物質にはこれら以外の状態もある。それらには液晶、柔軟性結晶、非晶性固体（アモルファス）などがある。

✝液晶・柔軟性結晶

液晶テレビ、パソコンモニター、ケータイの画面などとして液晶はなくてはならないものだが、この「液晶」という名前は決して特別な「分子の名前」などではない。結晶、液体などと同じように、ある「状態の名前」なのだ。

本章第2項の表で結晶、液体、気体における分子の配列を模式的に表した。この表には、隠れた部分がある。左の表は、その隠れた部分を明らかにしたものである。結晶は、位置の規則性、配向の規則性、両方を持った状態である。一方、液体は両方を失った状態である。当然、中間の状態が二つあるはずで、それが液晶と柔軟性結晶なのである。

4つの状態

状態		結晶	柔軟性結晶	液晶	液体
規則性	位置	○	○	×	×
	配向	○	×	○	×
配列模式図		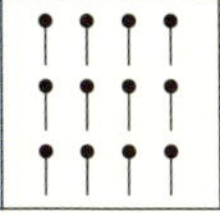	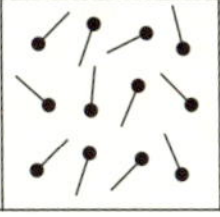	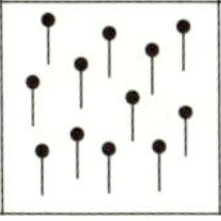	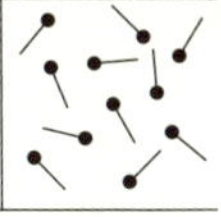

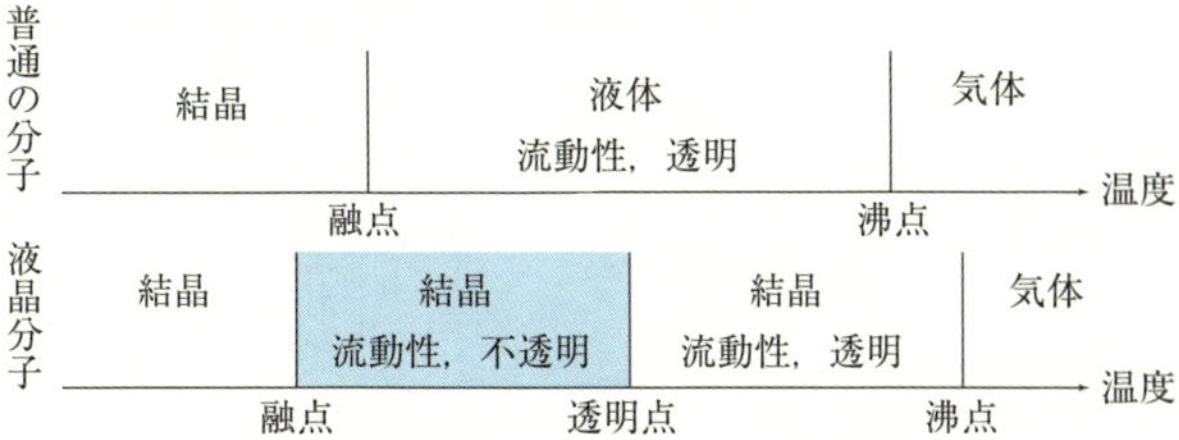

†風見鶏とメダカ

柔軟性結晶は、位置は決まっているが方向が決まっていない状態で、風見鶏にたとえられる。それに対して**液晶**は方向は決まっているが、位置の決まらない状態で、メダカにたとえると分かりやすい。力の弱いメダカは、小川に置かれると、流されまいとして常に上流に向かう。しかし、エサを取るために、位置は移動する。

柔軟性結晶と液晶の間に本質的な差はないように思える。ところが、実用的な差は大きい。柔軟性結晶といっても、皆さんが名前を聞いたのも、多分今回が初めてだろう。しかし、いつ、柔軟性結晶にスポットライトが当たるかは分からない。

7 液晶の性質

「液晶」は状態の名前である。特殊な分子は結晶、液体という状態の他に「液晶」という特殊な状態を取るのである。「液晶状態」が最初に発見されたのはコレステロールである。コレステロールは定温で結晶になり、暖めると液体になるが、その中間温度で「変な挙動」を示したのである。当然、発見者は生物学者である。

†液晶の温度範囲

普通の結晶は加熱すれば融点で融けて、流動性のある透明な液体になる。しかし、コレステロールは融点になっても、流動性は出るが透明にはならなかった。さらに加熱して、透明点という温度になって初めて透明になり、液体になったのである。

つまり、この融点から透明点になるまでの状態が液晶状態であり、それ以下でも、それ以上でも、コレステロールは普通の結晶、液体なのである。

†液晶の配向制御

液晶の最大の特徴は、分子が同じ方向を向くということである。これは簡単な性質である。一定方向に擦り傷を付けた2枚のガラス板の間に液晶状態の分子（液晶分子）を入れると、全ての分子は擦り傷の方向を向く。意地悪をして、2枚のガラス板を捩ると、液晶分子も方向を変え、あたかもらせん階段のように徐々に方向を変える（図上）。

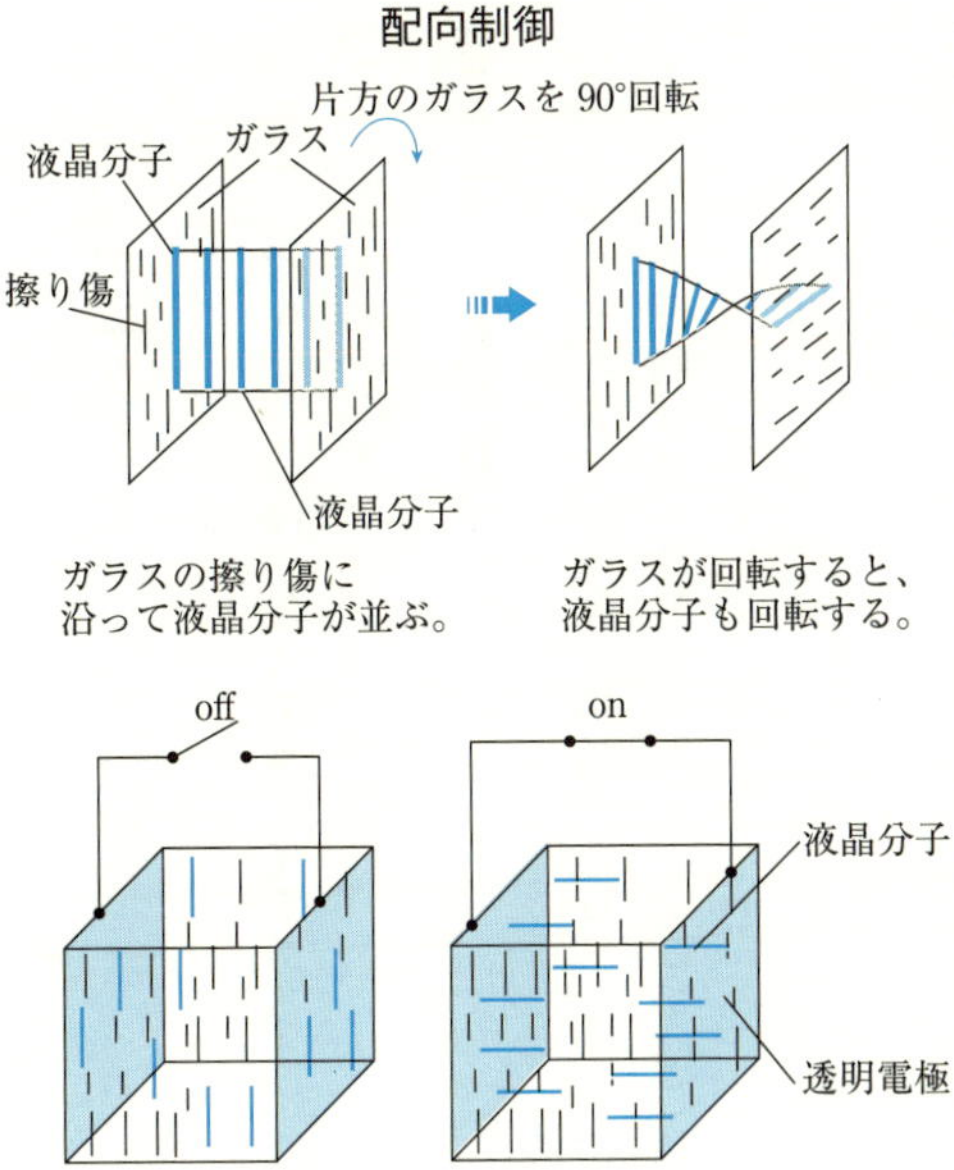

ガラスの擦り傷に
沿って液晶分子が並ぶ。
ガラスが回転すると、
液晶分子も回転する。

もっとすごいのは、図（下）のように傷のついたガラス板と透明電極でできた容器の中に液晶分子を入れた時である。液晶分子はガラス板の傷の方向に整列する。ところが透明電極に通電すると、液晶分子は90度方向転換して電流の方向に向きを変えるのである。電流を切ればまた90度方向転換して傷の方向に整列する、この可逆変化を飽きることなく延々と続けるのである。

8 液晶モニターの原理

液晶モニターは、液晶の最大の利用先であろう。液晶モニターはどのような原理で絵や文字を表示するのだろうか。

†液晶モニターは影絵の原理

実際の液晶モニターは複雑な構造である。しかし、複雑なのは技術的な要請に従ったからであり、原理的には至極簡単である。ここではこれ以上ないほどに単純化して紹介しよう。

液晶モニターの原理は、むかし障子の前で手の形を変えて、ハトや犬の形を影で表した影絵の原理である。

液晶モニターは常に光を出し続ける**発光パネル**と、その前（視聴者側）にあって光を遮る**液晶パネル**という、2枚のパネルからできている。もちろん、液晶パネルには液晶分子が入っている。簡単にするため、液晶分子を短冊形としよう。

液晶モニター

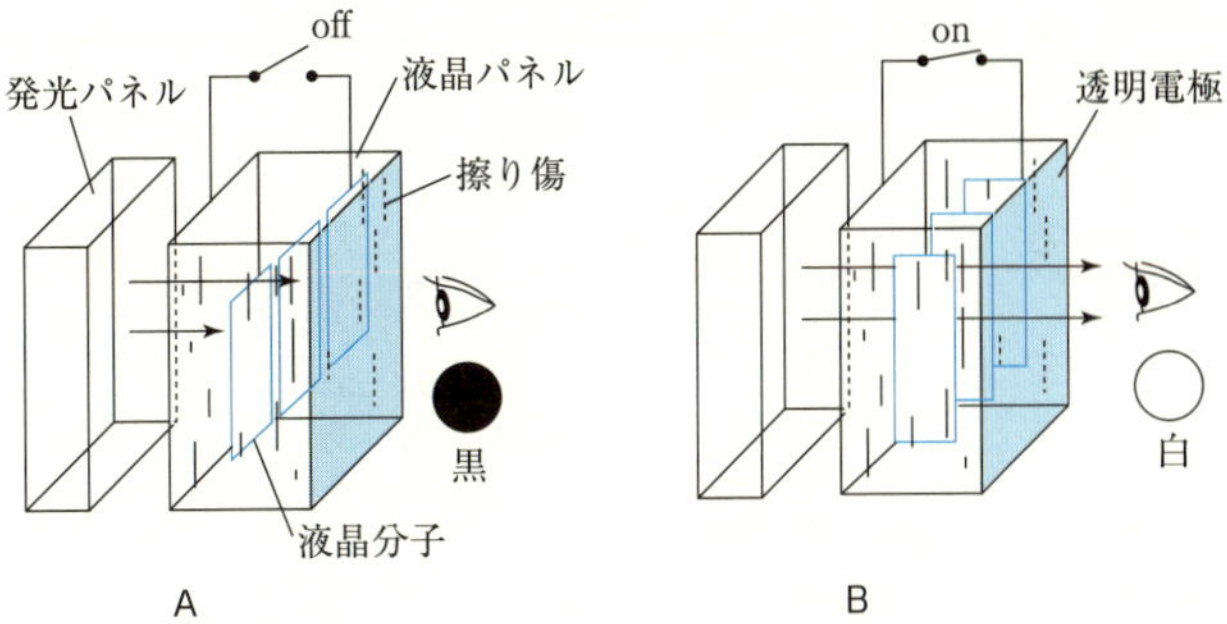

光の透過と遮断

前項で見た透明電極に通電しない状態では、短冊は擦り傷の方向に並んで、図Aのようになっている。この状態では、発光パネルの光は短冊に遮られて視聴者に届かない。すなわち、画面は真っ暗（黒）である。

ところが、通電すると短冊は向きを変えて図Bのようになる。光は短冊をすり抜けて視聴者に届く。すなわち画面は明るく（白）なる。このようにして、白い画面と黒い画面を作ることができた。後は、画面を細分化して、それぞれの画面を独立に動かすだけである。

簡単にいうが、100万個もの画面を独立に動かす、すなわち精密制御するなどということは、化学者には「悪魔の仕業？」としか思えない。しかし、電子関係の方にとっては当たり前のことなのであろう。「餅は餅屋」というのは、いつの世でも当てはまることなのであろう。

9 アモルファスの性質と利用

本章の第2項で、「固体を結晶として扱う」などと思わせぶりなことをいった。それは本項を意識したからである。固体は結晶だけではないのである。問題はガラスである。ガラスを液体という一般人はいないだろう。ところが、専門家の中にはそのようにいう人がいるのである。

結晶

氷は融点0℃になると融けて液体になる。結晶はたとえれば、教室できちんと座って先生の話を聞いている小学生の集団である。授業終了のベルが鳴れば、騒ぎまわって液体状態になる。しかし、授業開始のベルが鳴ればサッと椅子に戻って元の結晶状態になる。

しかし、二酸化ケイ素SiO_2（水晶）は違う。加熱して融点（1600℃）に達すると融けて液体になる。ところが、これを冷やしても、なかなか元の席に戻って結晶（水晶）になることができない。モタモタしている間に温度が下がり、運動エネルギーを失って遭難してしまう。

†アモルファス

これがガラスである。つまり、液体状態で分子運動を喪失した状態なのである。この状態を**非晶質固体**、あるいは**アモルファス**という。ガラスが水晶とは異なった性質を持ち、大変に有用なように、金属のアモルファスも有用なことが分かっている。

結晶とアモルファス

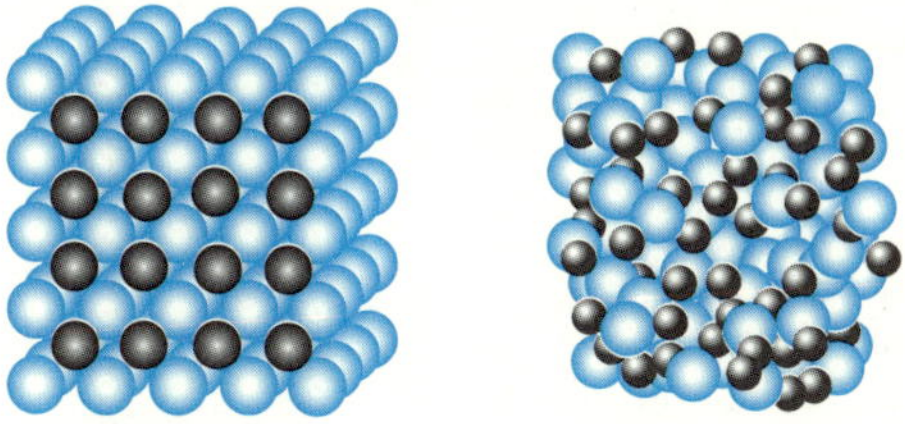

結　晶　　　アモルファス

†アモルファス金属

アモルファス金属は普通の結晶性金属とは異なり、耐熱性、耐薬品性、強度、靭性など各種の面で優れ、なおかつ磁性が現れたりすることがある。このようなことから、アモルファス金属はレアメタル、レアアースに代わる金属となる可能性があるとして注目されている。

アモルファス金属の塊（バルク）を作るのは困難であるが、最近は可能になりつつあり、将来が期待されている。

第5章 溶解度と溶液の性質

1 溶解と溶媒和

溶液とは液性の混合物である。溶かす液体を**溶媒**《ようばい》、溶かされるものを**溶質**という。砂糖水なら水が溶媒、砂糖が溶質である。溶質は固体とは限らない。炭酸水なら二酸化炭素が溶質であり、酒類ならエタノールが溶質である。

溶液においては溶質は1分子ずつバラバラになり、周囲をたくさんの溶媒分子によって取り囲まれている。この状態を一般に**溶媒和**と呼び、溶媒が水の場合には特に**水和**と呼ぶ(図)。溶質と溶媒は分子間力で結合している。

一般には「小麦粉が水に溶ける」というが、化学的に見れば、これは溶けたことにはならない。小麦粉は1分子ずつになってはいないし、水和もしていない。これは単なる混合物である。

溶液中における溶質の量を表す指標を**濃度**という。濃度の表現は、たくさんある。代表的なものを見てみよう。

溶媒和

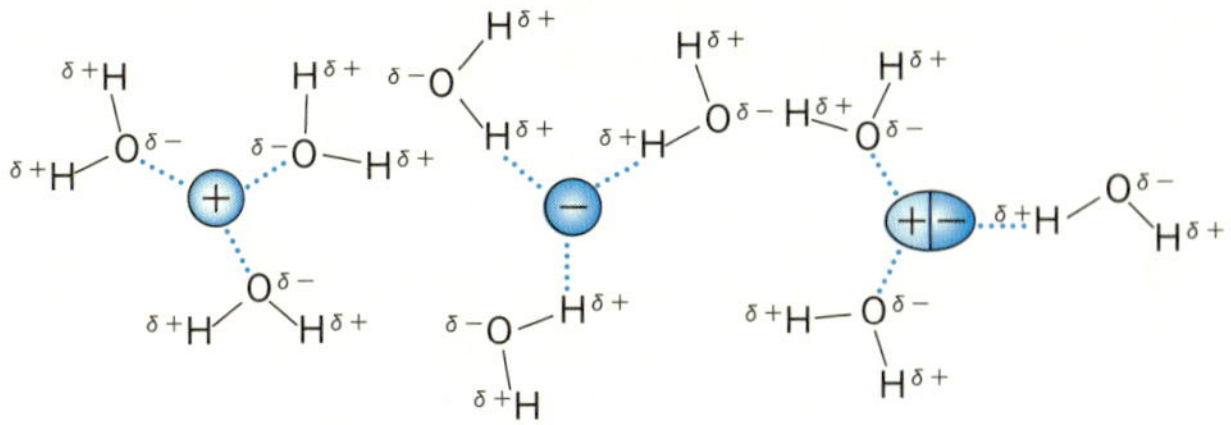

質量パーセント濃度：一般によく用いられる濃度である。溶液に含まれる溶質の質量（重量）を溶液の質量で割って100を掛けたものである。

体積パーセント濃度：酒類の濃度に用いられる濃度である。溶質の体積を溶液の体積で割って100を掛けたものである。酒類の場合にはこの数値を度数で表す。すなわち15度とは体積パーセントが15%であることを表す。

モル濃度：化学研究で標準的に用いられる濃度である。これは溶液1ℓ中に含まれる溶質のモル数をいう。1モル濃度の食塩（塩化ナトリウム）水を作るには容器に塩化ナトリウム1モル（58・5g）を入れ、ここに水を入れて全体の量を1ℓにする。もし1ℓの水を加えたら、全体の量は1ℓを超えてしまう。注意が必要である。

2 似たものは似たものを溶かす

塩(シオ、塩化ナトリウム)や砂糖は水に溶けるが、バターは水に溶けない。一般に「似たものは似たものを溶かす」といわれる。塩や砂糖は水に似ているのだろうか?

塩や砂糖が水に溶ける理由

塩化ナトリウムはイオン結合でできた化合物であり、ナトリウムイオンNa^+と塩化物イオンCl^-からできている。一方、水は先に見たように水素Hがプラスに、酸素Oがマイナスに荷電した極性(イオン性)化合物である。この意味で両者は似ているのである。

砂糖は有機物である。しかし、その分子構造を見ると、一分子内にOH原子団(ヒドロキシ基)が8個も付いている。水はH-OHであり、OHそのもののような分子である。したがってこの両者も似ているのである。それに対してバターはイオン性でもないし、ヒドロキシ基も持っていない。そのため溶けないのである。

金が水銀に溶ける理由

一般に金は何物にも溶けないといわれる。そんなことはないのであって、金もいろいろなものに溶ける。まず、似たものに溶ける。金と似たものといえば金属であり、溶媒になれる金属といったら液体の水銀である。すなわち、**金は水銀に溶ける**のである。これを**金アマルガム**という。

金メッキ

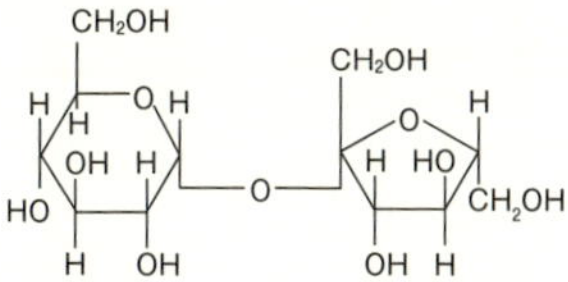

金アマルガムを銅像に塗り、その後加熱すると、水銀は沸点が低い（357℃）ので蒸発して金だけが残る。昔はこのようにして金メッキした。奈良の大仏の金メッキには9トンの金と50トンの水銀を用いたという。ということは、それだけの水銀が蒸気となって奈良盆地に立ち込めたわけであり、水銀公害があったものと推察される。

平城京が80年ほどしか持たなかったのは、そのような理由もあったのではないかといわれる。

3 溶解度

溶質が溶媒にどの程度溶けるかを表した指標を**溶解度**という。

†固体の溶解度

図（上）は、１００ｇの水に個体物質がどの程度溶けるかを表したものである。一般に温度が高くなると溶解度は大きくなるが、塩化ナトリウム NaCl のようにあまり温度に依存しないものもある。

溶質が限度いっぱいに溶けた溶液を**飽和溶液**という。図によれば、硝酸カリウム KNO_3 の80℃における飽和溶液には１２０ｇほどの硝酸カリウムが溶けている。しかし20℃では25ｇほどである。ということは80℃の飽和溶液を放冷して20℃にすると、溶けきれなくなった95ｇの硝酸カリウムが結晶として析出することになる。これを利用して不純物を含む結晶から不純物を除いて純粋にすることができる。この操作を**再結晶**という。

†気体の溶解度

図（下）は気体の溶解度である。一般に気体の溶解度は温度が上がると低くなる。金魚鉢の金魚が夏になると水面に口を出してパクパクするのは、水中の溶存酸素が少なくなったから空気中の酸素を吸っているのである。

溶解度の温度変化

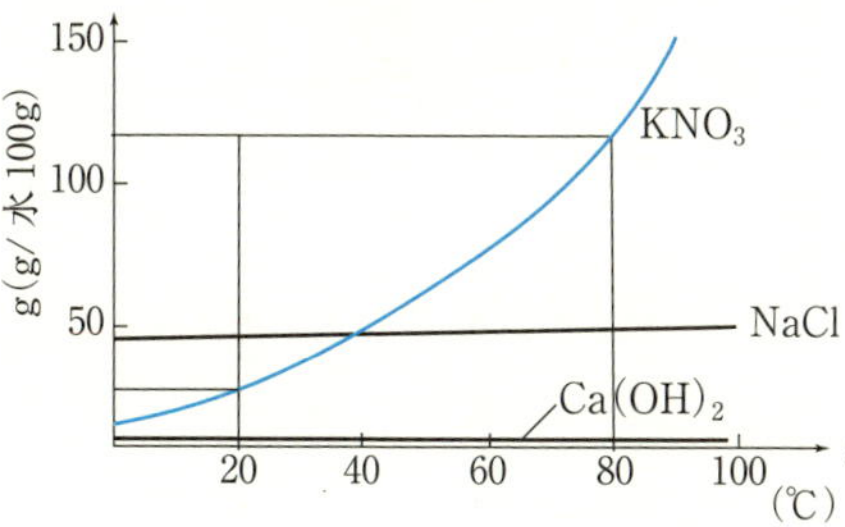

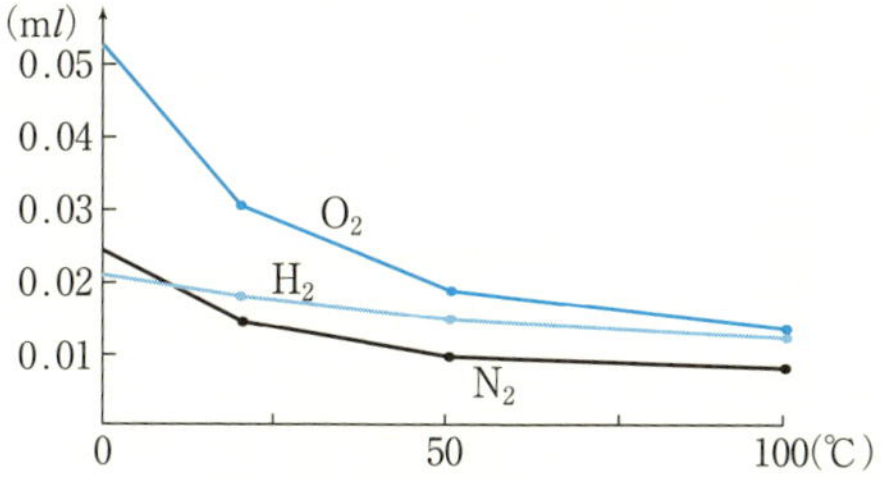

1気圧で水1mlに溶ける気体の体積（標準状態）

「溶媒に溶ける気体の質量は圧力に比例する」。これを**ヘンリーの法則**という。瓶に入った炭酸飲料の栓を抜くと泡が出るのは、圧力が下がったため、溶けきれなくなった炭酸ガス（二酸化炭素）CO_2が析出したためである。

しかし、気体の状態方程式によって、気体の体積は圧力に反比例する。したがってヘンリーの法則は「溶媒に溶ける気体の体積は圧力に無関係である」ということもできる。

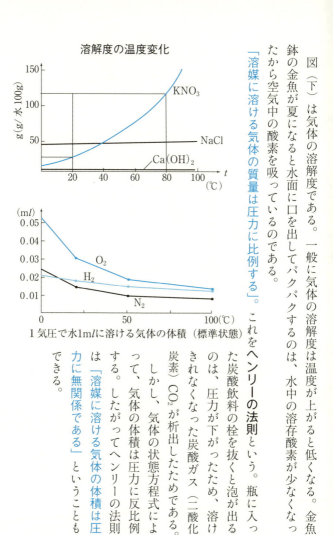

4 蒸気圧

液体の表面はなかなかにダイナミックである。液体分子は互いに分子間力で引き合っている。同時に分子は温度に見合ったエネルギーで振動や流動を行っている。たまたま表面の分子にエネルギーが集中すると、その分子は分子間力を断ち切って空中に飛び出す。

この分子はまた、液体の表面に戻って液体中に飛び込む。このように液体表面は飛び出す分子と飛び込む分子でごった返している。しかし、飛び出す分子と飛び込む分子の個数が等しいときには、見た目には何も起こっていないのと同じである。このように、変化は起きているのであるが、表面上何も起こっていないように見える状態を**平衡**という。

空中に飛び出した分子が示す圧力を**蒸気圧**という。図（下）のように蒸気圧は温度とともに上昇する。そして蒸気圧が大気圧（760㎜Hg）に等しくなった温度をその液体の**沸点**という。2種類の液体AとBの混合溶液を考える時、その蒸気圧P_{AB}を**全圧**、Aの示す圧力P_AとBの示す圧力P_Bをそれぞれの**分圧**という。このとき、全圧は分圧の和となる。これを**ダルトンの法則**という。

しかし、気体の状態方程式が、理想気体には合うが実在気体には合わなかったのと同様に、全圧と分圧の関係も理論通りにはゆかないことが多い。図（上）はアセトン（CH_3）$_2C{=}O$ とクロロホルム $CHCl_3$ の混合溶液の蒸気圧だ。点線が理論値、実線が実測値である。

両者の間に齟齬が見える。これは、アセトン分子とクロロホルム分子の間に強い分子間力が働いた結果である。一方、ベンゼン C_6H_6 とトルエン $C_6H_5CH_3$ の溶液は理論値に従う。このような溶液を**理想溶液**という。

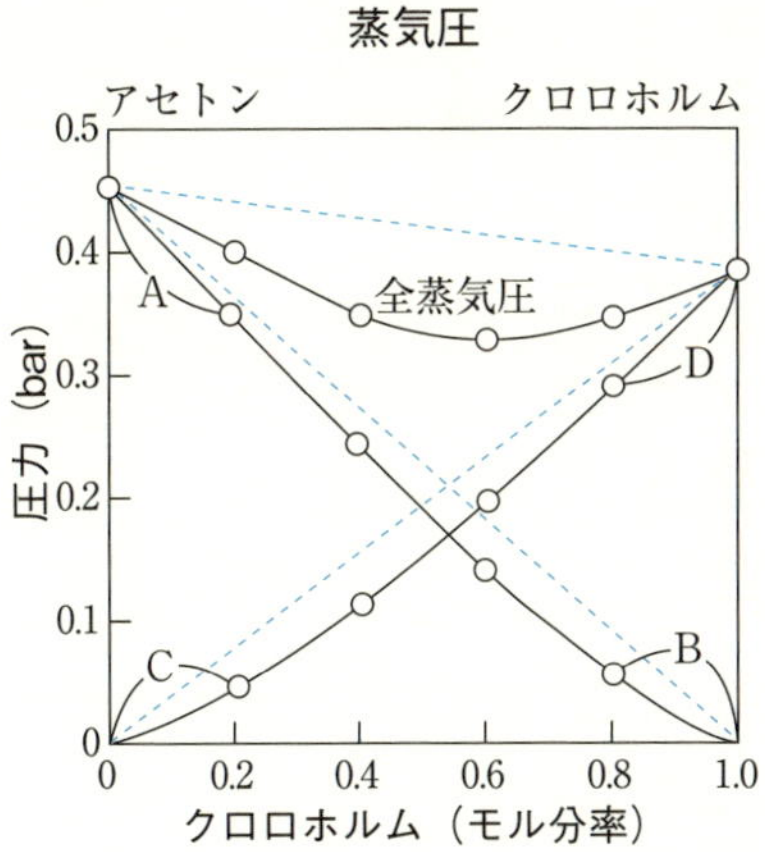

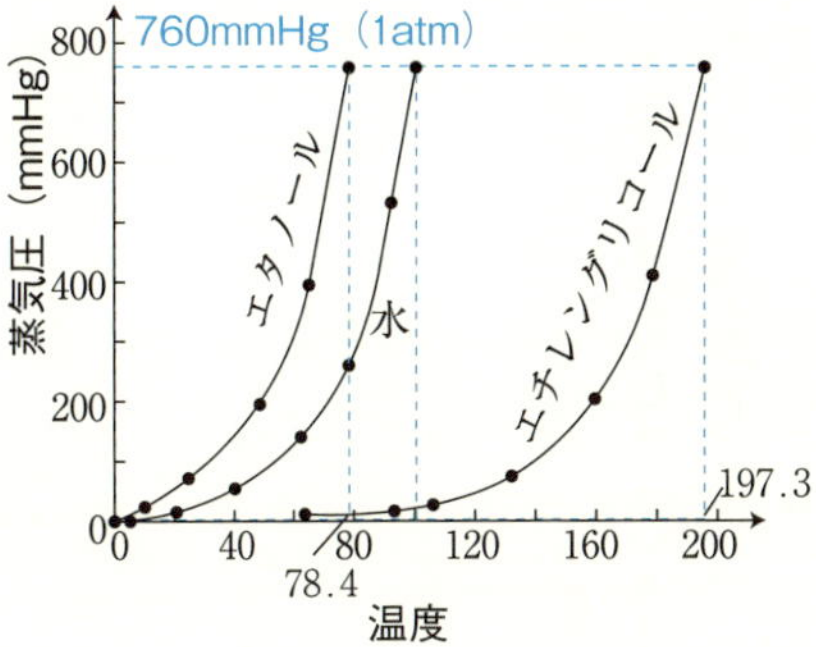

5 沸点上昇と融点降下

水は0℃で凍るのに、海水は凍らない。これは何故だろうか？ 溶液には融点降下と沸点上昇という性質があり、溶液の融点は純粋溶媒の融点より低く、沸点は高い。

†融点降下

海水は水に塩化ナトリウムなどの溶けた溶液である。したがって融点は純粋な水の融点である0℃より低くなる。ということで、海水はマイナス何度というような低温でないと凍らないのである。**融点降下**の度合いは溶質のモル数に比例する。

これは簡単にいうと、ミカンとリンゴの原理である。純粋な水はミカンをきちんと積み上げた山である。少々振動したくらいでは崩れない（融けない）。ところがミカンとリンゴ（不純物）の混じった山は不安定で、簡単に崩れてしまう、という話である。このため、溶液は凍らない。すなわち融点が低いのである。海水が0℃で凍らないのはこの理由によるものである。

しかし、液体は融点になっても凍らないことがしばしばある。このような融点以下の液

融点降下

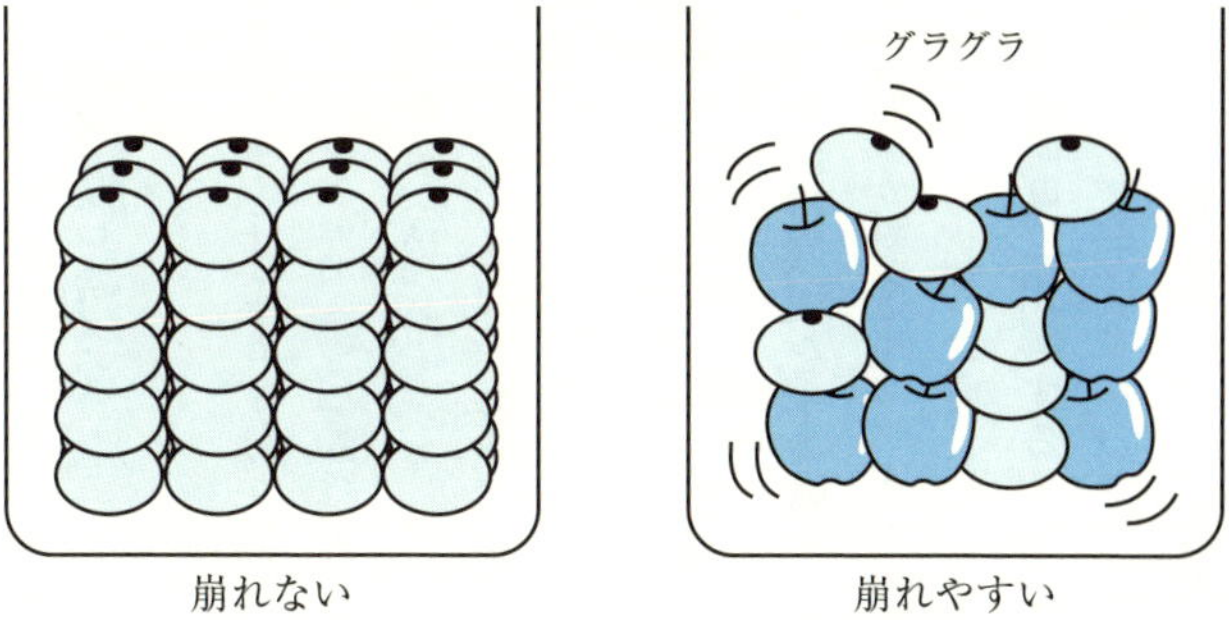

体を**過冷却**という。過冷却状態の液体に振動などの刺激を与えたり、ゴミが落ちたりすると、一気に結晶が析《せき》出《しゅつ》する。

沸点上昇

不揮発性の溶質を含んだ溶液の沸点は、純粋溶媒の沸点より高くなる。これを**沸点上昇**という。「味噌汁で火傷すると重傷になる」というのは、このことをいったものと思われる。塩化ナトリウム NaCl が溶けたことによって沸点上昇が起き、温度が100℃以上になるので火傷も重くなるのである。

これは、溶液表面にある不揮発性溶質の分子に妨げられて溶媒分子が気化しにくいせいである。

そのため、溶媒分子の蒸気圧が大気圧に等しくなるためには大きなエネルギー、すなわち高温が必要なのである。沸点上昇の程度も溶質のモル数に比例する。

6 半透膜と浸透圧

青菜に塩をすると水分が抜け出てしんなりする。これは青菜の細胞膜が水は通すが、塩化ナトリウムなどの塩類は通さない仕組みになっているからである。このような膜を一般に**半透膜**という。

濃度の異なる溶液を半透膜で仕切ると、高濃度の溶液からは溶質が低濃度側に移動し、低濃度の溶液からは溶媒が高濃度側に移動し、最終的に両方の濃度が等しくなる。

†浸透圧

ピストンの底面を半透膜とし、内部に適当な濃度の溶液を入れて全体を水槽に漬ける(図)。時間が経つとピストン内に水が侵入してピストンの蓋が持ち上がる。この蓋に圧力をかけて元の高さに戻したとき、蓋に掛けた圧力を**浸透圧**《しんとうあつ》（π）という。浸透圧は、初めの溶液の濃度に比例する。

魚は水中で生活するので、浸透圧の影響をもろに受ける。淡水魚は自身の塩分濃度が外部の水より高いので、水が体内に侵入してくる。これでは全ての淡水魚は膨らんでフグ状

浸透圧

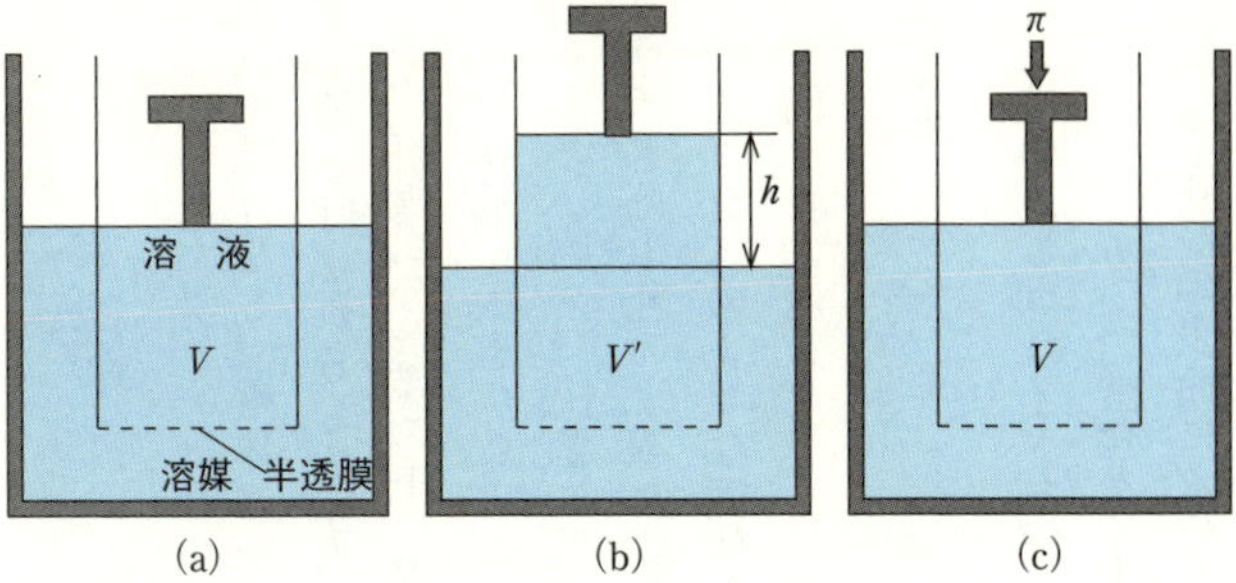

態となる。そこで腎臓がせっせと余分な水を体外に排出する。

反対に海水魚は体内の水分が海水中に出るので、そのままでは干物状態になる。そこでせっせと海水を飲んで、不要な塩分を鰓で除いているのである。

人工透析

半透膜が活躍するのは人工透析である。人工透析では患者の血液を体外の半透膜でできた管に誘導し、この管を患者に必要なイオン類を溶かした溶液に漬ける。すると、**血液中の老廃物は半透膜を通って溶液側に浸出し、反対にイオンは半透膜を通って血液内に浸入する。**

このようなことが起こるのは、半透膜を境にして血液側と溶液側に老廃物、必要イオン、それぞれの濃度に差があるからである。

7 コロイド溶液

血液や乳汁など、生体は多くの種類の溶液から成り立つが、これらの溶液は一般に**コロイド溶液**と呼ばれるものが多い。コロイド溶液とは**コロイド粒子**と呼ばれる溶質（分散質）が、溶媒（分散媒）中に浮遊したものである。コロイド粒子は一般に分子の集合体であり、体積的に大きいことが特徴である。すなわち、直径は10^{-6}〜10^{-9}mほどであり、分子数で10^3から多い物では10^9個に達する。

コロイドは牛乳のような流動性のある液体ばかりとは限らない。霧のような気体もあるし、着色ガラスのような固体もある。分散質と分散媒の組み合わせはいろいろある。いくつかの例を表に示した。

†ゾルとゲル

流動性のあるコロイドを**ゾル**、流動性のない物を**ゲル**という。乾燥剤に使われるシリカゲルは、シリカ（二酸化ケイ素）の固体の中に空気が微小な泡として分散したものである。この泡（小孔）の表面に水分を吸着させるのである。生卵を茹でると固まり、ゼラチン溶液を冷やすと固まるのは、ゾルがゲル化したものである。

コロイド粒子のように大きな粒子が沈殿せずに溶液中を漂うのは、互いの粒子が反発し合って凝集しないからである。そのためには、粒子が同じ電荷に荷電している（疎水《そすい》コロイド）とか、粒子の表面が水分子で覆われている（親水コロイド）ことが必要である。

コロイドの種類

分散媒	コロイド粒子	名称	例
気体	液体	液体エアロゾル	霧，スプレー 
	固体	固体エアロゾル	煙，ほこり
液体	気体	泡	泡
	液体	乳濁液（エマルション）	牛乳，マヨネーズ  
	固体	懸濁液（サスペンション）	ペンキ，シリカゾル 
固体	気体	固体泡	スポンジ，シリカゲル，軽石，パン 
	液体	固体エマルション	バター，マーガリン  
	固体	固体サスペンション	着色プラスチック，色ガラス

このため、コロイドは一般に不安定である。疎水コロイドに、塩などイオン性の化合物を加えると電荷が中和されてコロイド粒子が凝集して沈殿し、分散質の塊部分と分散媒の溶液部分に分離する。この現象を一般に**凝析**《ぎょうせき》という。

親水コロイドでも大量のイオン性化合物を加えると凝析する。この現象をとくに**塩析**という。豆乳は親水コロイドであり、そこにニガリ（塩化マグネシウム $MgCl_2$）を加えて塩析したものが豆腐である。

8 コロイド溶液の性質

コロイドには特有の性質がある。空気は、微小な水滴や埃を漂わせたコロイドである。そのため、日常的な現象にはコロイドに基づくものがある。そのような例を見てみよう。

ブラウン運動・チンダル現象

コロイド粒子には分散媒が衝突するため、コロイド粒子は不規則に移動し続ける。**ブラウン運動**といわれるこの発見は、溶液を構成するものが粒子である可能性を示唆し、後の原子、分子の発見につながった。

雲の間から差し込む太陽光が筋状に見えることがある。天使の階段と呼ばれるこの現象は、光がコロイド粒子で散乱されることから起こるものであり、**チンダル現象**と呼ばれる。

青い空

青空が青いのもコロイドの性質である。すなわち、空気は気体分子からできているが、分子程度の大きさの粒子は光を**レイリー散乱**する。光がレイリー散乱される程度は波長の

4乗に反比例する。そのため、波長の短い青い光が散乱されやすい。この結果、空中には散乱された青い光が多くなり、それが目に入るので、空は青く見える。

空が青く見えるしくみ

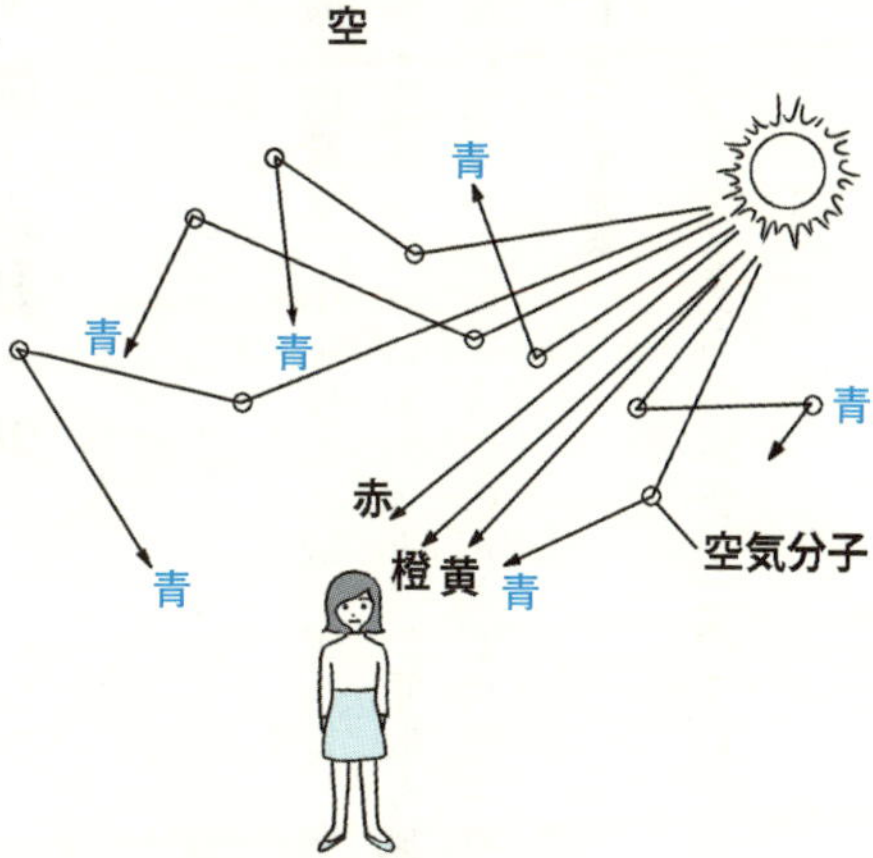

†白い雲

それに対してコロイド粒子が大きくなると**ミー散乱**になる。これは波長に関係なく全ての光が同じ程度で散乱される。そのため、雲は白く見える。

†赤い夕空

夕空が赤いのは、太陽高度が低くなるため、太陽光が観察者に達するまでに空気中で長い光路を辿るからである。この過程で全ての青い光成分が散乱で失われ、残った赤い光成分だけが観察者に届くため赤く見える。

第6章
酸・塩基・pH

1 酸・塩基とは①——アレニウスの定義

酸・塩基を、小学校では酸・アルカリと習った。塩基とアルカリは同じものなのか？

酸・塩基は化学において非常に重要な概念である。そのため、化学のどの領域においても使われるように、3つの定義が用意されている。そのうち、代表的な2つを見ておこう。

アレニウスの定義

スウェーデンの科学者**アレニウス**によって定義されたもので、酸・塩基を水素イオンH^+と水酸化物イオンOH^-を用いて定義する。小学校の頃から馴染んできた定義である。

酸：水に溶けてH^+を出すもの

例 $HCl \rightleftarrows H^+ + Cl^-$

塩基：水に溶けてOH^-を出すもの

例 $NaOH \rightleftarrows Na^+ + OH^-$

水は特殊な化合物であり、次式のように分解（電離）してH^+とOH^-の両方を出す。そのため、両性物質として扱われる。

$$H_2O \rightarrow H^+ + OH^-$$

塩基とアルカリ

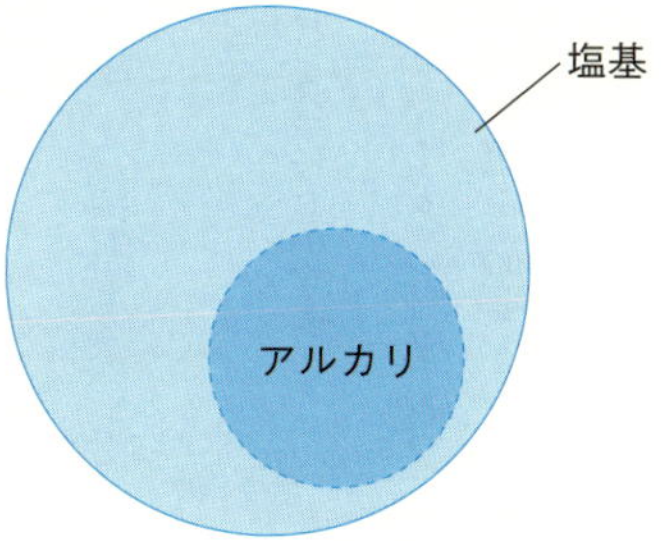

†アルカリ

アルカリという言葉はアラビア語に由来するものであり、現在では意味が明確でなくなっている。一説ではアルカリ金属に由来する塩基（NaOHなど）を指すというし、他の説では自分の中にOH^-となることのできる原子団を持つ塩基（NH_3はアルカリではない？）を指すという。

いずれにしろ、アルカリは塩基の部分群であるがその領域が明確でない。そのため、現在では「塩基（Base）」が化学用語として使われている。

2 酸・塩基とは②——ブレンステッドの定義

†ブレンステッドの定義

デンマークの科学者**ブレンステッド**による定義で、酸、塩基をH^+だけで定義する。この定義では水を必要としないので、有機化学で使うのに便利である。

酸：H^+を出すもの

例 $HCl \rightleftarrows H^+ + Cl^-$

塩基：H^+を受け取るもの

例 $NH_3 + H^+ \rightleftarrows NH_4^+$

アンモニアNH_3がH^+を受け取ることができるのは第3章第12項で見たように、窒素上の非共有電子対がH^+と配位結合をしてアンモニウムイオンNH_4^+を生成するからである。

一般に非共有電子対を持つ分子、アミン、アルコールなどは塩基として作用する。

水

すると、非共有電子対を2個持ち、H^+と結合してヒドロニウムイオンH_3O^+を生成する水も塩基ではないのか？　その通り。ブレンステッドの定義によれば、水は塩基である。

しかしまた水は、前項の反応式で見るようにH^+を出すことができるので酸でもある。このように**水は酸でもあり、塩基でもあるので結局両性物質**ということになる。

共役酸と共役塩基

$$H_2O \rightleftharpoons H^+ + OH^- \quad \text{水は酸}$$

$$H_2O + H^+ \rightleftharpoons H_3O^+ \quad \text{水は塩基}$$

$$HCl \rightleftharpoons H^+ + Cl^-$$

HCl：Cl^-の共役酸　／　Cl^-：HClの共役塩基

共役関係

共役酸・共役塩基

塩酸HClはH^+を出すから酸である。しかし、HClから発生したCl^-はH^+と反応してHClになることができるから塩基である。この時、Cl^-をHClの**共役塩基**、HClをCl^-の**共役酸**という。そして**両者を互いに共役の関係にあるという。**

3　酸・塩基の種類

実際の酸、塩基を見ておこう。酸、塩基の分類の仕方はいろいろある。表に示したのは1分子の酸、塩基が出す、それぞれH^+とOH^-の個数による分類である。1個のH^+を出すものを一塩基酸、2個のH^+を出すものを二塩基酸などと呼ぶ。酢酸《さくさん》CH_3COOHは、分子内に4個のHがあるが、H^+となることのできるHは1個だけなので一塩基酸である。塩基に対しても同じである。

酢酸やメチルアミンCH_3NH_2などのように有機物の酸、塩基をそれぞれ**有機酸**、**有機塩基**と呼ぶこともある。それに対してHClや$NaOH$等のように無機物の酸、塩基を**無機酸**、**無機塩基**と呼ぶ。無機酸は**鉱酸**と呼ばれることもある。いくつかの例を表にまとめた。

酸化ナトリウムNa_2Oは、水に溶けると塩基の水酸化ナトリウム$NaOH$となる。このように水に溶けると塩基になる酸化物を**塩基性酸化物**という。一般に、金属の酸化物は塩基性酸化物である。それに対して亜硫酸ガスSO_2は、水に溶けると亜硫酸H_2SO_3という酸になる。このようなものを**酸性酸化物**という。一般に、非金属の酸化物は酸性酸化物が多い。

酸と塩基

		名称	化学式	構造式	反応
酸	一塩基酸	塩　酸	HCl		$HCl \rightarrow H^+ + Cl^-$
		硝　酸	HNO_3	$H-O-N^+(=O)-O^-$	$HNO_3 \rightarrow H^+ + NO_3^-$
		酢　酸	CH_3COOH	$CH_3-C(=O)-O-H$	$CH_3COOH \rightarrow H^+ + CH_3COO^-$
	二塩基酸	炭　酸	H_2CO_3	$O=C(-O-H)(-O-H)$	$H_2CO_3 \rightarrow H^+ + HCO_3^-$ $HCO_3^- \rightarrow H^+ + CO_3^{2-}$
		硫　酸	H_2SO_4	$(H-O)_2S(=O)_2$	$H_2SO_4 \rightarrow H^+ + HSO_4^-$ $HSO_4^- \rightarrow H^+ + SO_4^{2-}$
		亜硫酸	H_2SO_3	$(H-O)_2S=O$	$H_2SO_3 \rightarrow H^+ + HSO_3^-$ $HSO_3^- \rightarrow H^+ + SO_3^{2-}$
	三塩基酸	リン酸	H_3PO_4	H ｜ O ｜ H−O−P=O−H ‖ O	$H_3PO_4 \rightarrow H^+ + H_2PO_4^-$ $H_2PO_4^- \rightarrow H^+ + HPO_4^{2-}$ $HPO_4^{2-} \rightarrow H^+ + PO_4^{3-}$
塩基	一酸塩基	アンモニア	NH_3	H−N−H ｜ H	$NH_4OH \rightarrow NH_4^+ + OH^-$
		水酸化ナトリウム	$NaOH$		$NaOH \rightarrow Na^+ + OH^-$
	二酸塩基	水酸化カルシウム	$Ca(OH)_2$		$Ca(OH)_2 \rightarrow Ca^{2+} + 2OH^-$

$$Na_2O + H_2O \rightarrow 2NaOH$$

$$SO_2 + H_2O \rightarrow H_2SO_3$$

4 酸性・塩基性

酸性・塩基性

1分子の水は、電離すると1個ずつのH^+とOH^-を出す。それぞれの濃度を［H^+］、［OH^-］と表すと、その積K_Wは左図の式①のようになる。この積を**水のイオン積**といい、温度が一定ならば常に一定である。

純粋の水ならば［H^+］、［OH^-］は等しい。その濃度は式②で与えられる。

このように［H^+］と［OH^-］が等しい状態を**中性**という。それに対して［H^+］が［OH^-］より高い状態を**酸性**、反対に［OH^-］が［H^+］より高い状態を**塩基性**という。

水素イオン濃度指数pH

ある溶液の性質が酸性か、塩基性かを調査するには［H^+］と［OH^-］を計ればよい。しかし、水のイオン積によって両者の積は一定なのだから、どちらかを計れば他方は分かることになる。そこで、［H^+］を計ることにした。

pH と酸性・塩基性

$$K_W = [H^+][OH^-] = 10^{-14}\ (mol/\ell)^2 \quad ①$$

$$[H^+] = [OH^-] = \sqrt{10^{-14}}\ (mol/\ell) = 10^{-7}\ mol/\ell \quad ②$$

$$pH = -\log[H^+] \quad ③$$

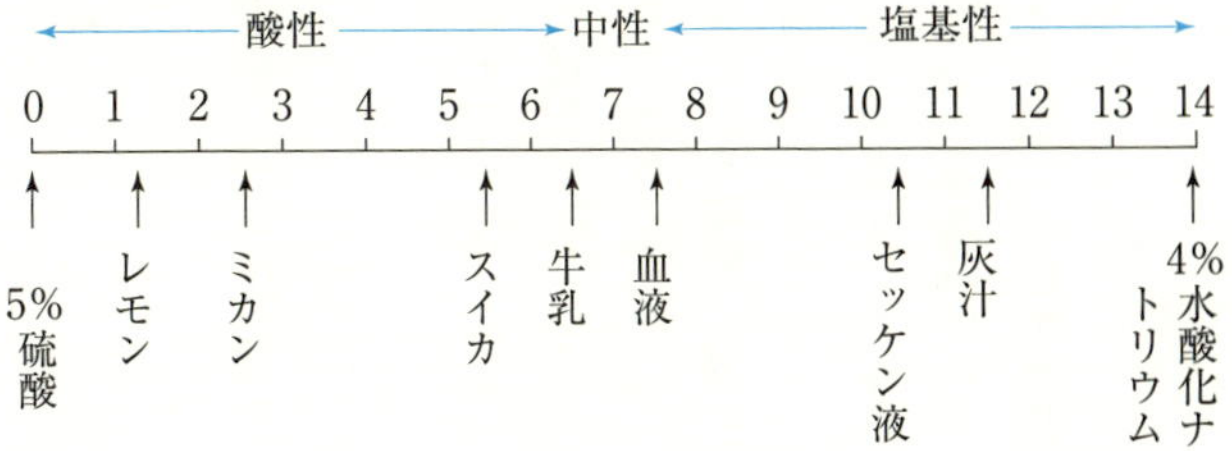

ところで〔H^+〕の濃度は通常、非常に小さい。〔H^+〕=0.00000001mol/ℓ などである。これでは0の個数を数え間違える。このような場合には対数を用いるのが便利である。すると log〔H^+〕= -8 となって分かりやすい。しかし、濃度が低いのだから、-8のように数値にマイナスの符号が付くに決まっている。邪魔である。これを消すにはマイナスをかければよい。ということで**水素イオン濃度指数pH（ピーエイチ、「ペーハー」とも）**は、上図の式③のように決まったのである。

pHに関して注意すべきことは以下である。

①pHは対数であるから、数値が1変わると濃度は10倍変わる。

②数値にマイナスがかけてあるので、数値が小さいほうが、H^+は高濃度（酸として強い）である。

5 酸・塩基の強弱

注意すべきことは、溶液が酸性か？　塩基性か？　あるいはどの程度酸性か？　ということが全て水素イオンH^+の濃度で決まるということである。決して酸の濃度ではないのである。

酸HAがH^+を出す力が弱ければ、たとえHAの濃度は高くてもH^+の濃度は低く、酸性度は弱い。それに対してH^+を出す力が強ければ、HAの濃度は低くても、H^+の濃度は高くなり、溶液の酸性度は高くなる。

H^+を出す力の強い酸を**強酸**、弱い酸を**弱酸**という。塩酸HCl、硝酸HNO_3、硫酸H_2SO_4などの無機酸は強酸の代表であり、酢酸CH_3COOHや炭酸H_2CO_3などの有機酸は弱酸の代表である。また、水酸化ナトリウムNaOHや水酸化カリウムKOHは、水酸化物イオンOH^-を出す力の強い**強塩基**であり、アンモニアNH_3などは**弱塩基**である。

酸の強弱を表す指標には**酸解離指数**pK_aがあり、塩基の強弱に対しては**塩基解離指数**pK_bがある。どちらもpHと同じように、数値の小さいほうが強いことを表す。

酸・塩基の強弱

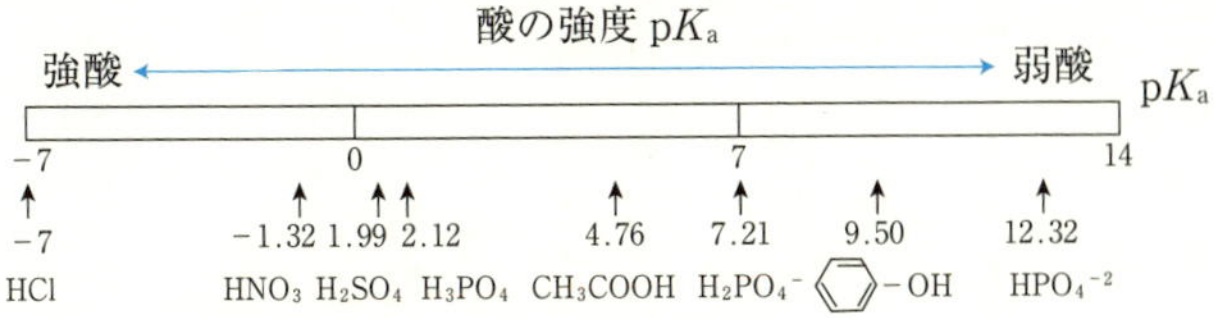

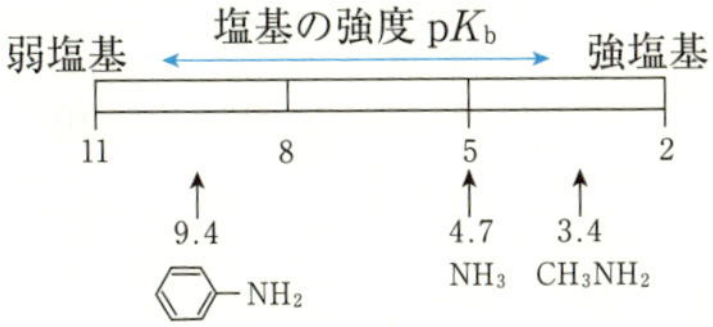

コラム　灰汁はなぜ塩基性なのか？

前項のpHの図で塩基の例として灰汁《あく》が出ていた。灰汁は植物を燃やした灰を水に溶いたものである。なぜこれが塩基性なのだろう？

植物の大部分はセルロースなどの有機物であり、これは燃えれば二酸化炭素と水になって揮発してしまう。しかし植物は少量のミネラル（金属分）を含んでいる。灰はこれらのミネラル分の酸化物なのである。すなわち、先に見た塩基性酸化物である。したがって灰汁は塩基性なのであり、灰汁抜きは、植物の有害成分を塩基性加水分解によって無毒化する高度な化学的操作なのである。おばあちゃんの知恵をバカにしてはいけない。

6 中和反応と塩

酸と塩基の間の反応を**中和**（反応）という。中和反応で生じる水以外の生成物を**塩**《えん》という。中和反応は一般に発熱を伴う激しい反応なので、行うときには注意を要する。

酸 HA と塩基 BOH を反応させると、水 H_2O と共に塩 AB を生成する。食塩（塩化ナトリウム）NaCl、重曹（炭酸水素ナトリウム）$NaHCO_3$、ニガリ（塩化マグネシウム）$MgCl_2$ など、塩は我々の生活に入り込んでいる。

塩は一般に水によく溶け、その水溶液は酸性になったり塩基性になったりする。塩が酸性か塩基性かは、その塩を生成した中和反応を見ればわかる。すなわち、強酸と強塩基の間でできた塩や、弱酸と弱塩基の間でできた塩は中性である（反応式①）。しかし、酸か塩基どちらかだけが強いときには、塩は強い方の性質を帯びる（反応式②、③）。

†塩化ナトリウム（食塩）

中性の塩であり、電気分解すると塩素 Cl_2 とナトリウム Na を発生する（反応式④）。塩素はポリ塩化ビニルなどの原料として重要である。

†炭酸水素ナトリウム（重曹）

炭酸水素ナトリウムは、炭酸 H_2CO_3 と水酸化ナトリウム NaOH の塩である。昔は重炭酸ソーダといったので、今でも**重曹**と呼ばれることがある。熱分解すると二酸化炭素 CO_2 を発生する（反応式⑤）ので、菓子やパンを作るときの膨張剤（イーストの代用）ベーキングパウダーとして使われる。塩基性なので汚れを加水分解して落ちやすくするので、洗剤として用いられる。酸と反応すると二酸化炭素を発生する（反応式⑥）ので、瓶の中などで混ぜると瓶が破裂して事故になる可能性がある。

中和反応

$HCl + NaOH$ 強酸　強塩基	$\longrightarrow$	$NaCl + H_2O$ 中性	①
$H_2CO_3 + NaOH$ 弱酸　強塩基	$\longrightarrow$	$NaHCO_3 + H_2O$ 塩基性	②
$HCl + NH_3$ 強酸　弱塩基	$\longrightarrow$	NH_4Cl 酸性	③
$2NaCl$	電気分解 $\longrightarrow$	$2Na + Cl_2$	④
$2NaHCO_3$	加熱 $\longrightarrow$	$Na_2O + H_2O + CO_2$	⑤
$NaHCO_3 + HCl$	$\longrightarrow$	$NaCl + H_2O + CO_2$	⑥

†石膏（硫酸カルシウム水和物）

石膏《せっこう》は、硫酸 H_2SO_4 と水酸化カルシウム $Ca(OH)_2$ からできた塩である。彫像や石膏ボードとして建材に用いられる。

7 緩衝溶液

生体に含まれる液体を**体液**という。体液の酸性度はほぼ中性となっていることが多い。しかしその特徴は何といっても、酸を加えても、塩基を加えてもpHがほとんど変化しないということである。

生体は外的な刺激を加えられても容易なことでは影響されない。これを**生体恒常性**（**ホメオスタシス**）という。酸・塩基に対する耐久性はホメオスタシスの典型的な例である。酸を加えられても塩基を加えられてもpHの変化しない溶液を**緩衝**《かんしょう》**溶液**という。なぜそのような溶液ができるのだろう？

緩衝溶液の組成

緩衝溶液は、大量の弱酸とその塩からなる溶液である。弱酸は先に見たようになかなか電離してH^+を出そうとしない。一方、塩は解離してその成分の酸と塩基を発生する。

弱酸である酢酸と、酢酸と水酸化ナトリウムの塩である酢酸ナトリウムからできた緩衝溶液を見てみよう。

酢酸はほとんど電離しないので、溶液中には大量の酢酸が存在する（反応式①）。一方、酢酸ナトリウムは解離するので溶液中には大量の酢酸イオンが存在する（反応式②）。

†緩衝溶液の作用

ここに酸（H^+）を加えると、酢酸イオンが直ちにH^+と反応して酢酸になる（反応式③）。酢酸は弱酸なので、解離してH^+を出すことはない。すなわち、加えられたH^+は消費されてしまって、系の酸性度に影響することはないわけである。

一方、塩基（OH^-）を加えると、酢酸が反応して酢酸イオンと水になる（反応式④）。すなわちこの場合もOH^-は消費され、系の酸性度に影響することはない。

このような巧みな仕組みによって、生体の恒常性が保たれているのである。

緩衝溶液

$$CH_3COOH \rightleftharpoons CH_3COO^- + H^+ \quad ①$$
酢酸　→　酢酸イオン

$$CH_3COONa \rightleftharpoons CH_3COO^- + Na^+ \quad ②$$
酢酸ナトリウム

$$H^+ + CH_3COO^- \rightarrow CH_3COOH \quad ③$$

$$OH^- + CH_2COOH \rightarrow CH_3COO^- + H_2O \quad ④$$

8 酸性食品と塩基性食品

一時、**酸性食品**、**塩基性食品**という言葉がマスコミをにぎわした。いわく酸性食品を食べると血液が酸性になり、塩基性食品を食べると血液が塩基性になる……。先に見たように、生物の体は緩衝性を持っており、野菜を食べたから、肉を食べたからといってpHが変化することはないのだが、気にする向きは気にしたようである。

ところで、酸性食品、塩基性食品とは何だろう？　ウメボシやレモンが酸性なのは誰でも知っている。しかし、塩基性なのはセッケンや灰汁であり、まさかこれらを食品とはいわないだろう。ということで、健康志向の人々は考えてしまう。

†酸性・塩基性の意味

しかし、酸性食品、塩基性食品とはそのようなことをいうのではない。食品が体内で代謝された後に残る老廃物のpHのことをいうのである。代謝とは化学でいえば酸化である。要するに、食品を酸化して後に何が残るか？　である。

先のコラムで見たように、植物が燃えれば塩基性酸化物の灰が残る。したがってウメボシもレモンも塩基性食品なのである。一方、肉や魚はタンパク質であり、窒素Nや硫黄Sなどの非金属元素を含み、燃えればNO_xやSO_x等の酸性酸化物となる。したがって酸性食品とされる。

レモン・ウメボシは塩基性食品

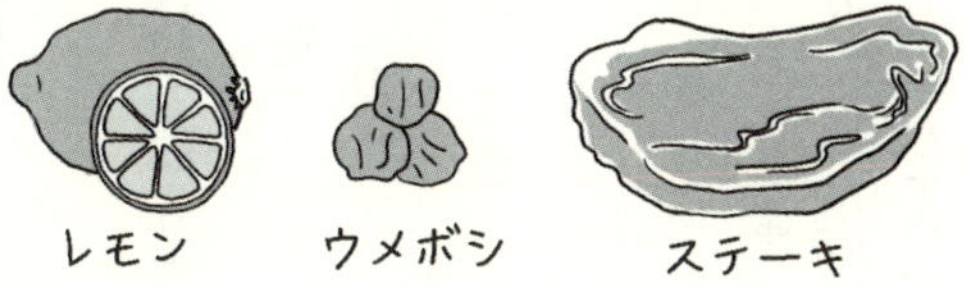

生体と緩衝系

しかし、繰り返すが、生体は緩衝系である。少々の野菜を食べたから、肉を食べたからといって体のpHが一々変化していたのでは生きていけない。生体はそれほどヤワではない。そのせいか、さすがに最近は酸性食品、塩基性食品という言葉を聞かなくなった。

どうも、一般の方にとって化学は縁が薄いようである。そのため、化学的な言葉が出ると、批評力が弱まるところがある。環境ホルモン、ダイオキシン、いずれもご自分でしっかり調べてから対応を決めるべきである。本書がそのお役に立ったら嬉しいことである。

第7章　酸化・還元と電池

1　酸化・還元と日本語

酸化・還元は非常に重要で、しかも単純な概念である。ところが教科書、解説書の酸化・還元の項を見ると、何やら「ん？　ん？」と思うことがある。その原因は日本語にある。

†酸化・還元と日本語

「鉄が酸化して錆びた」「酸素が酸化して錆びさせた」。このような表現が一緒に使われる状況では、酸化・還元の説明は不可能である。前者では「酸化する」という動詞が自動詞として使われて、後者では他動詞として使われている。前者では錆びたのは鉄であるが、後者では何が錆びたのかは分からない。

これらの文章では、鉄、酸素という具体名が出ているので、何となく意味が通じる。しかし「Aが酸化した」といわれた時はどうなるだろうか？　Aは酸化されて錆びたのか？　それともAは何かを酸化して錆びさせたのか？　これが分からなければ、その先の話は進まない。

「Aの酸化反応」という表現も同様である。この反応はAが「酸化される」反応なのか？　それとも「Aが（何かを）酸化する」反応なのか？　これがまったく不明である。

そこで、日本語の文章として洗練されないことは百も承知のうえでこのように約束する。すなわち、「酸化する」という動詞を他動詞としてのみ使用するのである。

酸化する？　酸化される？

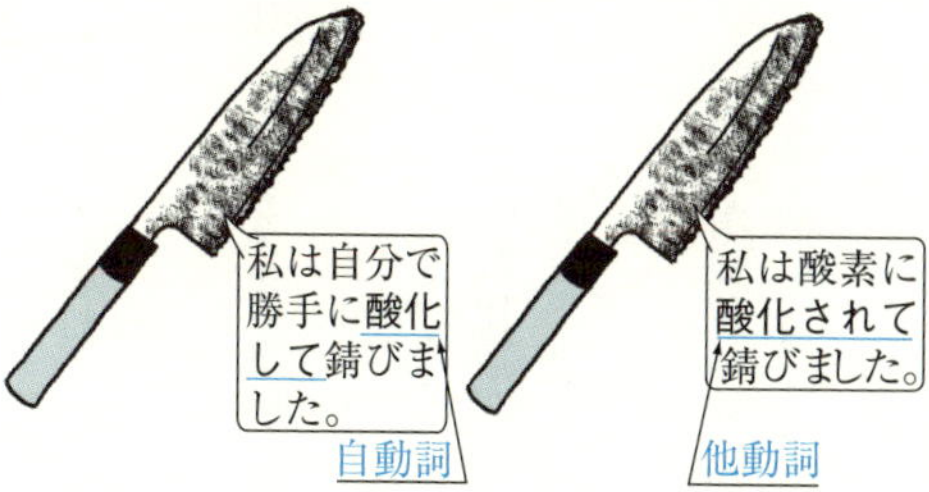
私は酸素に酸化されて錆びました。
他動詞
私は自分で勝手に酸化して錆びました。
自動詞

間違いのない表現

このようにすると、「鉄が酸化されて錆びた」ということになり、化学的に間違いのない表現になる。同様に「Aの酸化反応」は「Aが酸化される反応」と「Aが酸化する反応」になりそうである。しかし、「酸化する」が他動詞としてのみ使われるという約束を知らない人は「Aが酸化する反応」を二通りの意味でとるかもしれない。誤解を避けるためには「Aが酸化剤として働く反応」としなければならないことになる。日本語は曖昧である。

2 酸化数の計算法

酸化・還元を考える時に便利な指標がある。**酸化数**である。酸化数はイオンの価数に似ているが、違う点もある。酸化数の決め方を見てみよう。

① 単体を構成する原子の酸化数＝0

例：H_2（Hの酸化数＝0）、O_2（O＝0）、O_3（O＝0）

② イオンの酸化数＝その価数

例：H^+（H＝1）、Fe^{2+}（Fe＝2）、Fe^{3+}（Fe＝3）、Cl^-（Cl＝−1）

1つの原子が複数の酸化数を取ることがある。

③ 共有結合でできた化合物の場合には、2個の結合電子は電気陰性度の大きいほうの原子に属するものとしたうえで、②にしたがって酸化数を決める。

例：HCl：電気陰性度はClのほうが大きいので、Clが2個の電子を取る。するとClは原子状態より電子が1個多くなるのでCl^-となる。したがってClの酸化数＝−1。一方、水素は原子状態より電子が1個少なくなるのでH^+となり、酸化数＝1となる。

④ 例外を除いて分子中の水素の酸化数＝1、酸素の酸化数＝−2

例：H_2O（H＝1、O＝−2）

⑤ 中性の分子を構成する全原子の酸化数の総和＝0

例：CO_2のCの酸化数をxとすると、x+(−2)×2＝0　∴x＝4

　　HNO_3のNの酸化数をxとすると、1+x+(−2)×3＝0　∴x＝5

というように、酸化数が未知の原子の酸化数を求めることができる。

†酸化数と酸化・還元

酸化数を導入すると、酸化・還元は簡単に考えることができる。

① ある原子の酸化数が増えたとき、その原子は酸化された。

② ある原子の酸化数が減少したとき、その原子は還元された。

たとえば、水素原子Hが水素イオンH^+になったとすれば、その酸化数はH＝0からH^+＝1に増加している。したがって、この反応でHは酸化されたことになる。反対に酸素Oが酸素イオンO^{2-}になったとすれば、O＝0からO^{2-}＝−2に減少している。したがってOは還元されたことになる。

3　酸化と還元

前項で、酸化数を求めればその原子が酸化されたのか還元されたのかが直ちにわかることを見た。それでは具体的にどのような反応で酸化され、還元されるのだろうか？

†電子授受

酸化還元反応は、原理的には電子の授受反応である。原子が電子を受け取ったらその原子は還元されたのであり、電子を失ったら酸化されたのである。

$$Na \rightarrow e^- + Na^+ \quad ①$$

$$Cl + e^- \rightarrow Cl^- \quad ②$$

右の反応①でナトリウムNaは電子（e^-）を放出して陽イオンNa^+になっている。酸化数は単体（原子）時の0から1に増加している。したがってNaは酸化された。反対にClは電子を受け入れて陰イオンになったことにより、酸化数は0から−1に減少した。したがって還元されたことになる。

$$Na^+Cl^- \rightarrow Na^+ + Cl^- \quad ③$$

右の反応③は反応①と②が同時に起こったものであり、電子がNaからClに移動した反応である。ここでは、Naは酸化され、Clは還元されている。すなわち、化学反応においては、酸化と還元は同時に起こるのである。同じ反応の裏表の関係である。

†酸素の授受

Aが酸素と反応してAOとなったら、Aの酸化数は0から2に増加している。すなわち、Aは酸化されたことになる。このように、酸素と反応することは酸化されることと同義である。

反対にAOが酸素を失ったら酸化数は2から0に減少する。これはAが還元されたことを意味する。このように、酸化・還元は酸素の授受によって考えてもよいことになる。

しかし注意しなければならないのは、酸化・還元は酸素が関与する反応だけではないということである。

4　酸化剤と還元剤

相手を酸化するもの、要するに相手の酸化数を増加させる物を**酸化剤**という。反対に相手を還元するもの、すなわち相手の酸化数を減少させる物を**還元剤**という。

†電子授受と酸化還元

一般に相手Aから電子を奪えばAの酸化数は増えてAは酸化されるのだから、電子を引きつける力が強い原子は相手を酸化する能力がある。要するに酸化剤となる能力があることになる。電気陰性度の大きい原子、つまりハロゲン原子は酸化剤として働く。

反対に相手Aに電子を与えれば、Aの酸化数は減少して、Aは還元される。したがって電子を放出しやすい原子、たとえばアルカリ金属は還元能力の強い原子ということになる。

酸素と反応（結合）した原子は、酸化数が増えて酸化されるのだから、酸素は酸化剤だ。同様に、水素と結合した原子は酸化数が減少して還元されるのだから、水素は還元剤である。

酸素の授受

還元剤：酸素を奪っている
　　　　酸化されている

酸化剤：酸素を与えている
　　　　還元されている

分子の酸化剤と還元剤

分子AOが分子Bに酸素を与えたとしよう。この結果、AOはAとなり、BはBOとなる。

$$AO+B \rightarrow A+BO$$

この反応においてAOはBを酸化したのだから酸化剤として働いている。一方、BはAOを還元しているのだから還元剤として働いている。Aの酸化数はAO時の2からAの0に減少し、Aは還元されているのに対して、Bは0から2に増加している。

このように、現象としては酸素OがAOからBに移動しただけなのだが、そこに酸化・還元、酸化剤・還元剤という術語が絡むのが酸化・還元の悩ましい所である。

5　イオン化傾向

金属を酸に入れると溶ける。これは金属がイオン化したのであり、酸化還元反応である。そしてこの現象が電池の基本原理になっているのである。

金属の溶解

硫酸H_2SO_4の水溶液（希硫酸）に亜鉛Znの板を入れると、亜鉛は熱を出して溶け、亜鉛の表面から水素ガスの泡が出る。この反応は亜鉛が電子を放出して亜鉛イオンZn^{2+}となることに端を発したものである。亜鉛から出た2個の電子e^-は、希硫酸から発生した水素イオンH^+が受け取って水素原子Hとなり、それが結合して水素分子となったのである。

つまり、この反応でZnは電子を失って酸化されており、反対にH^+は電子を受け入れて還元されているのである。

金属の溶解と析出

硫酸銅$CuSO_4$の青い水溶液に亜鉛板Znを入れると、亜鉛は溶けだし、時間が経つと溶

金属のイオン化

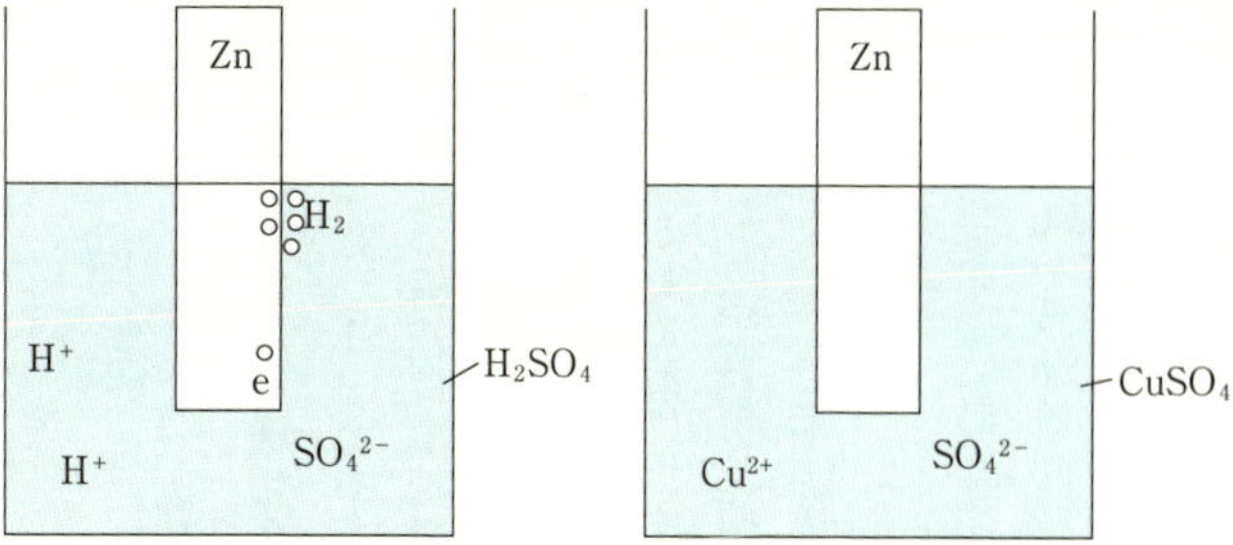

$Zn \longrightarrow Zn^{2+}+2e^-$
$2e^-+2H^+ \longrightarrow H_2$

$Zn \longrightarrow Zn^{2+}+2e^-$
$Cu^{2+}+2e^- \longrightarrow Cu$

K>Ca>Na>Mg>Al>Zn>Fe>Ni>Sn>Pb>H>Cu>Hg>Ag>Pt>Au

液の青い色が薄くなり、代わって亜鉛の表面が赤くなってくる。

　色が薄くなったのは青い銅イオン Cu^{2+} が減ったのであり、亜鉛板の表面が赤くなったのは金属銅Cuが析出したのである。つまり金属の亜鉛がイオンになり、イオンだった銅が金属になったのである。これは、亜鉛と銅を比べると亜鉛のほうがイオンになりやすいことを意味する。イオンになる傾向を**イオン化傾向**という。

　このような実験をいろいろな金属の組み合わせで行うと、金属の間でのイオン化傾向の大小を比較することができる。いろいろな金属をイオン化傾向の順に並べたものを**イオン化列**という。水素は金属ではないが基準として入れてある。

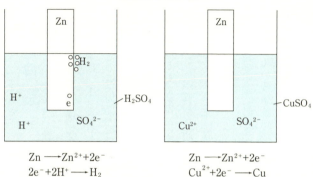

6 化学電池

電池にはいろいろな種類があるが、化学反応を利用した電池を特に**化学電池**という。化学電池の典型は、1800年にイタリアの科学者ボルタの発明した**ボルタ電池**であろう。

ボルタ電池の構造は単純である。希硫酸に亜鉛板Znと銅板Cuを入れ、両者を導線で結んだだけである。すると、亜鉛板が溶けだし、銅板の表面から水素の泡が出る。導線に豆電球をつなぐと、短時間とはいえ、輝く。この電池で起こる反応は次の通りである。

① ZnがZn^{2+}として溶け出す。
② Znから出た$2e^-$が導線を通ってCuに移動する。
③ 溶液中のH^+がe^-を受け取って水素ガスとなる。

電流とは電子の移動である。この電池ではZnからCuに向かって電子が移動している（図左）。つまりCuからZnに向かって電流が流れているのである。導線の途中に小型モーターをつなげばモーターは回転する。すなわち、この単純な装置は電池として稼働しているのである。

化学電池のしくみ

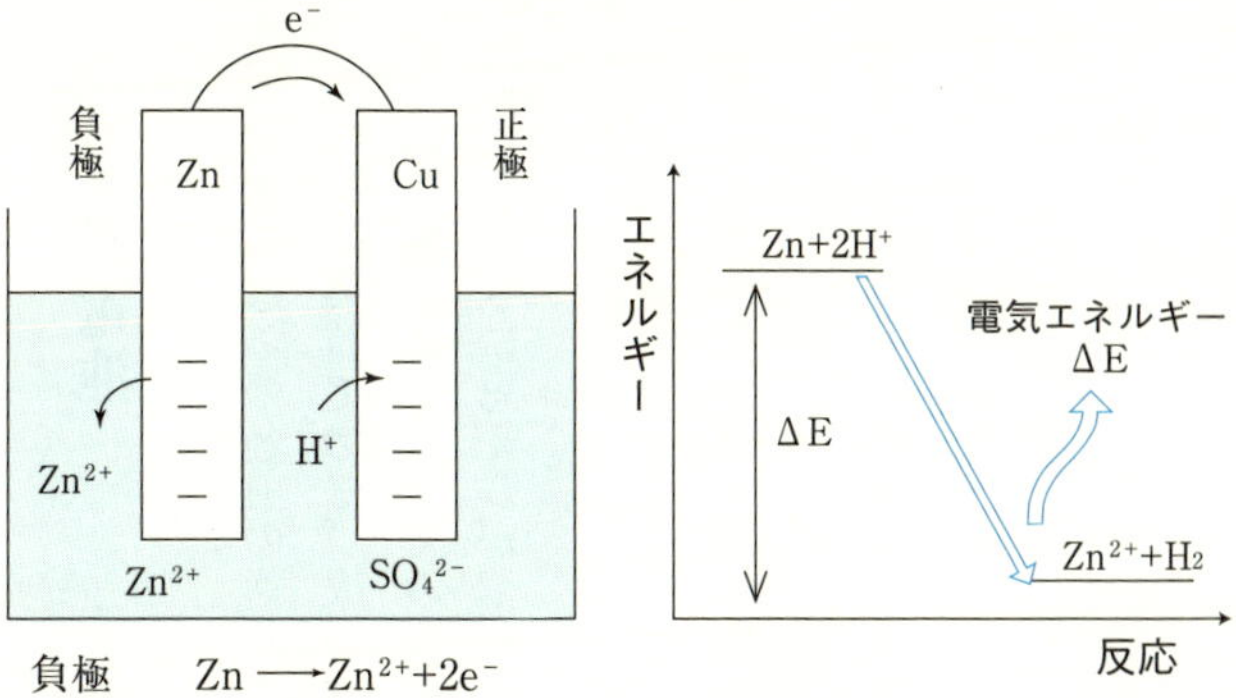

負極　$Zn \longrightarrow Zn^{2+}+2e^-$
正極　$2H^++2e^- \longrightarrow H_2$

私は高校時代、この話がよく呑み込めなかった。電子が移動して電流が流れるのはよい。しかし、電球が点灯し、モーターが回転するためにはエネルギーが必要である。そのエネルギーはどこから来るのか？　当時の教科書にエネルギーのことは書いていなかった。

本書でも、エネルギーについては次章で述べるが、先取りして見ておこう。ボルタ電池の反応は

$$Zn+2H^+ \rightarrow Zn^{2+}+H_2$$

である。

左辺（上）が出発系であり、右辺（下）が生成系である。両者のエネルギーを比べると、生成系のほうが低エネルギーである、したがって反応が進むと両者の間のエネルギー差ΔEが放出される（図右）。それが電気エネルギーになるのである。

7 水素燃料電池

水素燃料電池はその名前の通り、水素を燃料として燃やし、そのエネルギーを電気エネルギーに換える装置である。火力発電所は石油などの燃料を燃やし、それを電気エネルギーに換える装置である。してみると水素燃料電池は電池というよりは携帯型発電所といったほうがよいように思えるが、それは名前だけの話である。

構造と原理

水素燃料電池の構造は、模式図の通りである。ここで重要なのは電極に使われているプラチナ（白金）Ptであり、これが触媒として働く。したがって白金がないと動かない。

発電原理は次のようである。負極に吹き込まれた水素ガスH_2が、白金の力によって水素イオンH^+と電子e^-に分解する。e^-は外部回路を通って正極に移動する。これが電流である。

一方H^+は電池内の電解液を通って正極に移動する。

e^-とH^+はここで吹き込まれた酸素ガスO_2と反応して水になる、というものである。

水素燃料電池のしくみ

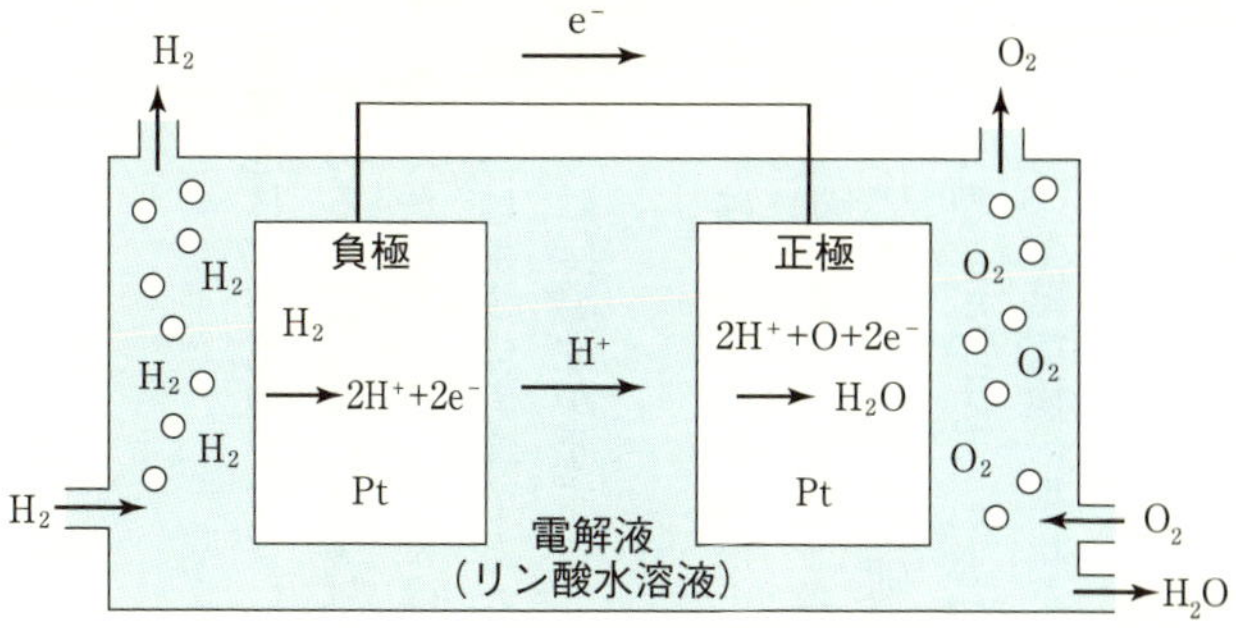

問題点

生成するものは水だけであるから、クリーンであることはお墨付きであろう。しかし、水素は天然には存在しない。人工的に作らなければならない。そのためにはエネルギーが必要である。つまり、水を電気分解するのは一方である。しかし、水素と酸素を反応して水にすることによって発生するエネルギーは、水を電気分解して水素と酸素にするのに要するエネルギーと同じなのである。

つまり、水素燃料電池は新たにエネルギーを生産する手段ではなく、他の手段で生産したエネルギーを使いまわしているのである。すると、他の所で発生した廃棄物を、「関係ない」としてよいのか？　という問題が出る。また、水素ガスは爆発性であり、保管運搬には万全の注意が必要という問題もある。

8 太陽電池

太陽電池は化学電池ではない。太陽電池の特徴は可動部分も消耗品も廃棄物もないということである。たとえれば金属板のようなものである。これに太陽光が当たると電気が発生するのだから不思議といえば不思議である。

太陽電池は半導体の塊である。半導体といえばシリコン（ケイ素）Siであるが、ケイ素そのものでは伝導性が悪すぎて太陽電池に使えない。そこで不純物を加えて不純物半導体とする。

シリコンは14族元素で価電子を4個持っている。ここに13族元素で価電子数3個のホウ素Bを少量加えると、価電子数がシリコンより少ない半導体ができる。これをp型（positive）半導体という。反対に価電子数が5個の15族元素であるリンPを加えると、価電子数の多いn型（negative）半導体ができる。

太陽電池は金属電極に重ねたp型半導体の上に極薄のn型半導体を接合し、その上に透明電極を載せたものである。太陽光は透明電極と極薄のn型半導体を透過して接合面に達する。するとここで電子が太陽光のエネルギーを受け取って運動エネルギーとして動き出

太陽電池のしくみ

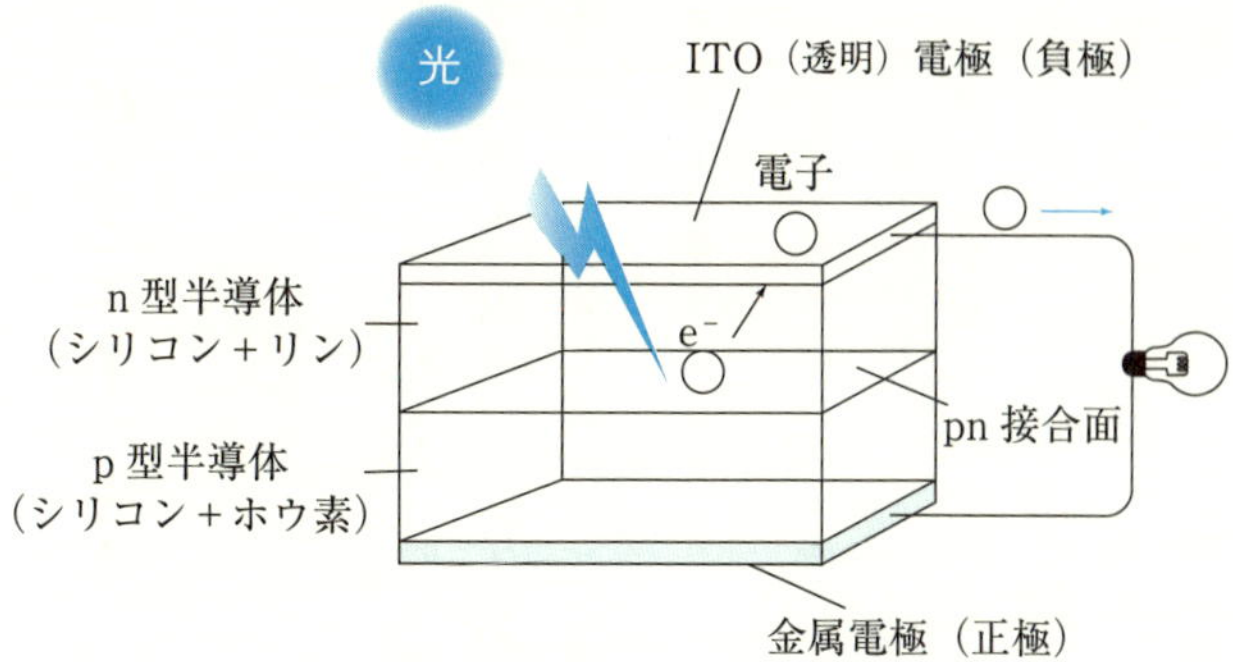

す。電子はn型半導体を通過し、負極の透明電極から外部回路を通って金属電極の正極に達し、p型半導体を通って元に戻る。

変換効率

太陽電池で重要なのは、光エネルギーの何%を電気エネルギーに変換したかという**変換効率**である。シリコンを用いた**シリコン太陽電池**の変換効率は最大で30%近くになるが、民間で使うものでは20%止まりである。将来的には、現在の太陽電池の改良型を重ねあわせた**タンデム太陽電池**や、まったく新しいコンセプトの**量子ドット太陽電池**が開発され、変換効率60%になるものと期待されている。

また、有機物を用いた**有機太陽電池**も、変換効率は低いものの、軽い、柔軟、安価等の利点を生かして実用化されている。

第8章　反応とエネルギー

1　エネルギーとは

エネルギーは、とても一般的な言葉である。しかし、「エネルギーとは何か？」と聞かれると、答えに困るのではないだろうか？　エネルギーの語源はギリシア語にあり、それはen（内）＋ergon（仕事）であり、物質の内部に秘められた仕事をする能力を表す。

†エネルギーと仕事

エネルギーが高ければ（高エネルギー状態）、たくさんの仕事をする能力があるのであり、エネルギーが低ければ（低エネルギー状態）、仕事をする能力が少ないことになる。

エネルギーが分かりにくいのは、エネルギーがたくさんの姿を持っているからである。簡単に考えるなら、日常語で使う〝力〟をエネルギーと考えればよい。電力、風力、火力、これらは全てエネルギーである。電力を電気エネルギーというのに風力を風エネルギーといわないのは単なる習慣に過ぎない。

エネルギーの変換

光エネルギー、位置エネルギー、化学エネルギー等々とエネルギーの付く言葉もたくさんあるが、その〝エネルギー〟を〝力〟といい換えても意味は変わらない。

エネルギーには互換性がある。太陽電池は光エネルギーを電気エネルギーに換える装置であり、水力発電所は位置エネルギーを電気エネルギーに換える装置である。

ホイッスル付のヤカンは、お湯が沸くと注ぎ口がピーと鳴って沸いたことを知らせてくれる。これは「火による熱量Q」が液体の水を気体の水蒸気に換える「蒸発エネルギーE」となり、その気体の体積膨張によってホイッスルが「音を出すという仕事W」をしたことを意味する。つまり、熱量Q、エネルギーE、仕事Wには互換性があり、結局は同じものであることを示すのである。

熱、仕事、エネルギー

2 熱力学第一法則

物理学で、熱やエネルギーを扱う分野を熱力学という。化学にも熱やエネルギーを扱う分野があり、それを熱力学と呼んでいたが、物理の熱力学とは扱う分野が異なるので、最近は特に**化学熱力学**と呼ぶようになってきた。

とにかく、どちらの熱力学にしろ、基本概念は同じであり、その基本を支える法則が**「熱力学第一法則」**である。これは**「質量不滅の法則」**という名前で通っているものであり、「孤立系では質量は不滅である」というものである。孤立系というのは他と物質やエネルギーのやり取りがないという系である。

ところが、**アインシュタイン**の発見によって、質量mとエネルギーEは次の簡単な式によって互換性があることが発見され、原子核反応によってそれが実証された。

$$E = mc^2 \quad (c: 光高速)$$

熱力学第一法則

質量（エネルギー）の総和は不変である

仕事とエネルギー

この結果、質量不滅の法則が支配するのは質量だけではなく、その変化体であるエネルギーも含めての話であることが分かった。そのため、この法則は範囲を広げて**「エネルギー不滅の法則」**と呼ばれるようなった。

質量とエネルギーは同じなのだから、「質量不滅」「エネルギー不滅」どちらで呼ぼうと同じことであるが、この法則はエネルギーを扱う分野では絶対的な法則である。

化学で扱うエネルギーの量は小さい。したがって、化学反応に範囲を絞る限り、実際問題として質量はエネルギーに変化することは考えなくてよい。それだけに、化学反応の前後でエネルギーの総量が変化していないことは絶対条件である。

3 分子の持つエネルギー

先に電子がエネルギーを持つことを見た。分子は電子を持っている。してみれば、分子がエネルギーを持つことは当然である。それどころか、分子はエネルギーの塊のようなものである。

内部エネルギー

分子は移動する。質量を持った分子が移動すれば、並進の運動エネルギーが生じる。分子は原子が結合したものである。結合距離が伸縮すれば、伸縮振動エネルギーが発生する。そもそも結合には結合エネルギーが付随する。さらに、分子を構成する原子は、原子核エネルギーを持っている。原子核を構成する素粒子はまたそれなりのエネルギーを持っているということで、分子の持つエネルギーの内訳は、科学の発展とともに増大し、その総量を知ることは困難である（図）。

とにかく、分子の持つ総エネルギー量のうち、重心の移動に伴うエネルギーを除いた残りのエネルギーを分子の**内部エネルギー**という。もちろん、内部エネルギーの総量を知る

分子の持つエネルギー

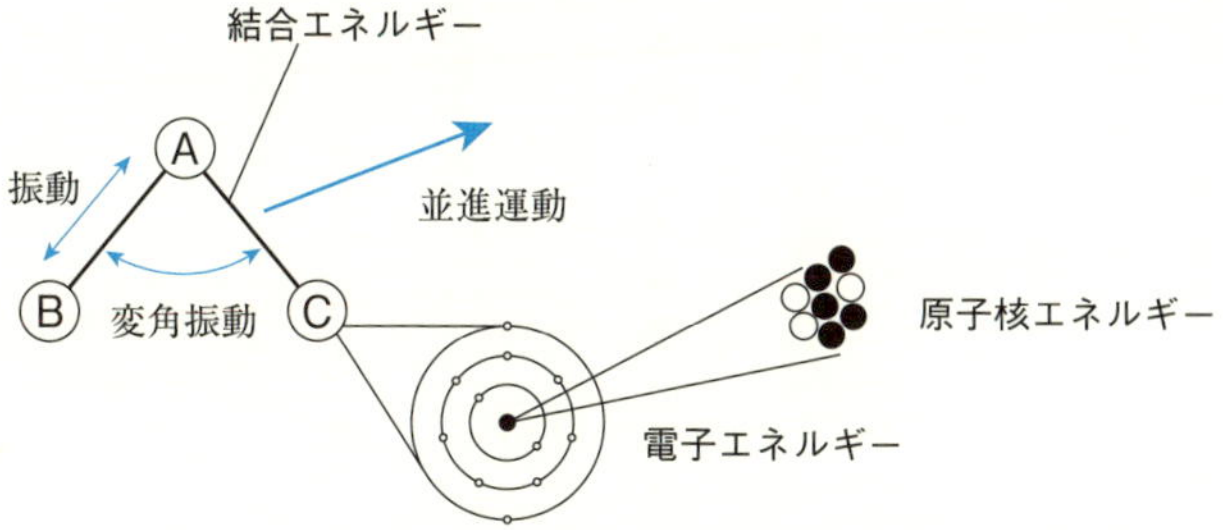

ことは不可能である。しかし、それでも構わない。化学にとって必要なのはその内部エネルギーの変化量ΔEなのである。

†物質変化とエネルギー変化

化学反応は分子Aが分子Bに変化するものである。この反応では、固有の構造を持った分子Aが別の固有の構造を持った分子Bに変化するという、構造変化が起こっている。しかし、それだけではない。分子Aの内部エネルギーと分子Bの内部エネルギーは異なっている。つまり、エネルギー変化が起こっているのである。

このように、化学反応には構造変化という側面と、エネルギー変化という側面があるのである。高校化学でエネルギー変化の側面を扱わないのは、もったいない気がする。

4 反応と反応エネルギー

化学反応が起これば、出発系の分子（群）は生成系の分子（群）に変化する。出発系の分子と生成系の分子は異なっている。

分子構造の変化

分子の識別は、普通その**分子構造**によって行う。分子構造というのは分子を構成する原子の種類、その個数、その結合の順序および結合の種類をいう。

しかし、分子の違いはそのような構造的な面に留まらない。構造が異なれば当然結合順序と結合の種類が異なり、それに伴って結合エネルギーや振動、回転エネルギーが異なってくる。すなわち、分子の内部エネルギーが異なってくる。

つまり、化学反応が起こればほとんど必ず、出発系の内部エネルギーと生成系の内部エネルギーは異なってくるのである。そのエネルギー差ΔEはどうなるのか？　ここで先ほど見た熱力学第一法則が顔を出す。つまり、ΔEは消滅することはないのである。反応を通じて必ず顔を出すのである。それを一般に**反応エネルギー**という。

発熱反応と吸熱反応

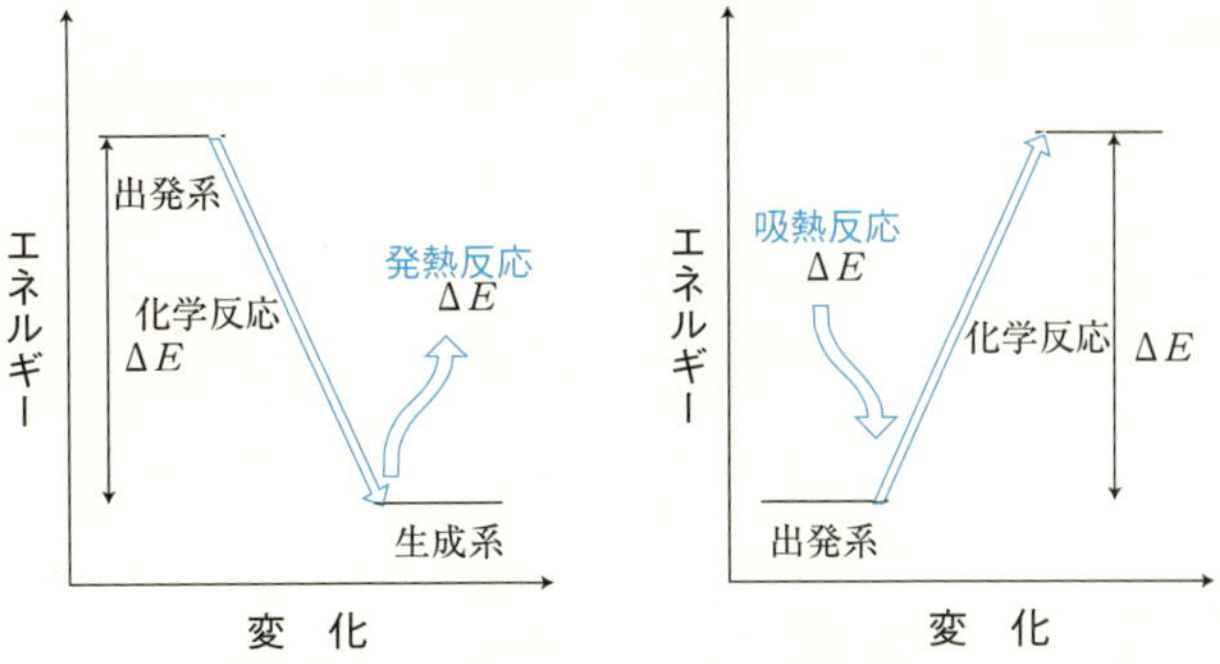

発熱反応

出発系が生成系より高エネルギーの場合、反応が進行するとそのエネルギー差ΔEが外部に放出される。それは熱として現れることが多い。このような反応を**発熱反応**といい、放出されるエネルギーを反応エネルギーという（図左）。燃焼に伴って放出される**燃焼熱**はその典型的なものである。

吸熱反応

出発系が生成系より低エネルギーの場合には、反応が進行するためにはそのエネルギー差ΔEを外部から吸収しなければならない。つまり、外界の熱を奪うため、外界を冷やす。このような反応を**吸熱反応**という（図右）。吸収されるエネルギーはやはり反応エネルギーと呼ばれる。

5 化学現象とエネルギー

ほとんど全ての化学現象にはエネルギー変化が伴う。いくつかの例を見てみよう。

†結合エネルギー

出発系は2つの原子A＋Bであり、生成系は分子ABである。結合生成は系が安定化する反応であり、生成系（分子）は常に出発系より低エネルギーである。したがって、反応は発熱反応である。この際放出されるエネルギーを**結合エネルギー**と呼ぶ（図上）。

したがって結合エネルギーの大きい結合ほど、結合する前より低エネルギーとなっている。水素結合などの分子間力も結合の一種であり、生成すれば、系のエネルギーは低下する。

†溶解エネルギー

物質には、溶解するときに発熱するもの（水酸化ナトリウムNaOHなど）と吸熱するもの（硝酸カリウムKNO_3など）がある。

結晶の溶解は2段階で進行する。①結晶の破壊と、②水和に伴う分子間力の生成である（図下）。

①は分子間力を切る反応であり、系を不安定化する吸熱反応である。それに対して②は分子間力を形成する反応であり、系を安定化する発熱反応である。

したがって、**溶解のエネルギー関係は①と②のエネルギーの大小関係によって発熱になったり吸熱になったりする。**

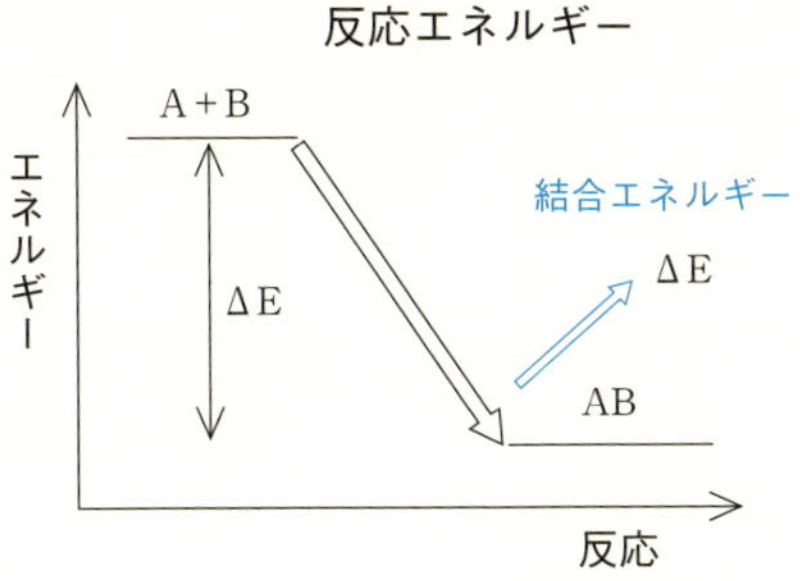

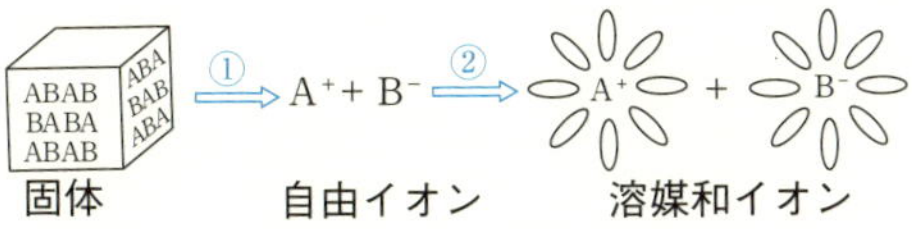

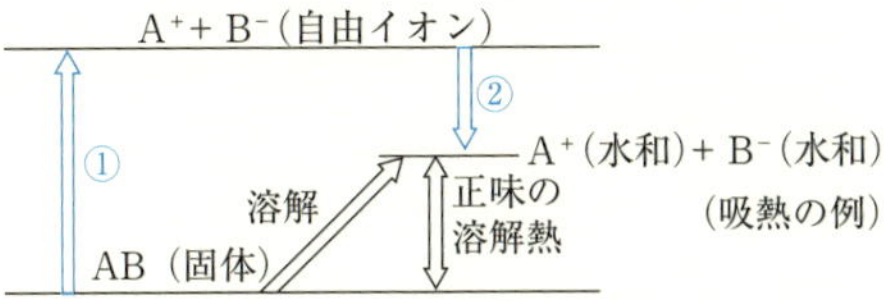

6 原子と光エネルギー

原子は光と相互作用する。すなわち、原子は光を吸収し、そのエネルギーを使って反応する。一方、高エネルギー分子は余分なエネルギーを光として放出する。

光エネルギー

光は電磁波の一種であり、振動数ν《ニュー》と波長λ《ラムダ》を持つ。光のエネルギーは振動数に比例し、波長に反比例する。図(上)は電磁波を波長によって分類したものである。波長400〜800nmが可視光であり、波長が長いと赤、短いと紫に見える。

波長が可視光より短いと紫外線、X線、γ線などと高エネルギーになる。一方、波長が長いと赤外線、電波という順に低エネルギーになる。

原子の発光

原子に適当なエネルギーを与えると、原子はそのエネルギーを吸収して高エネルギー状態になる。これを**励起状態**という。励起状態は不安定なので、原子は余分なエネルギーを

光とエネルギー

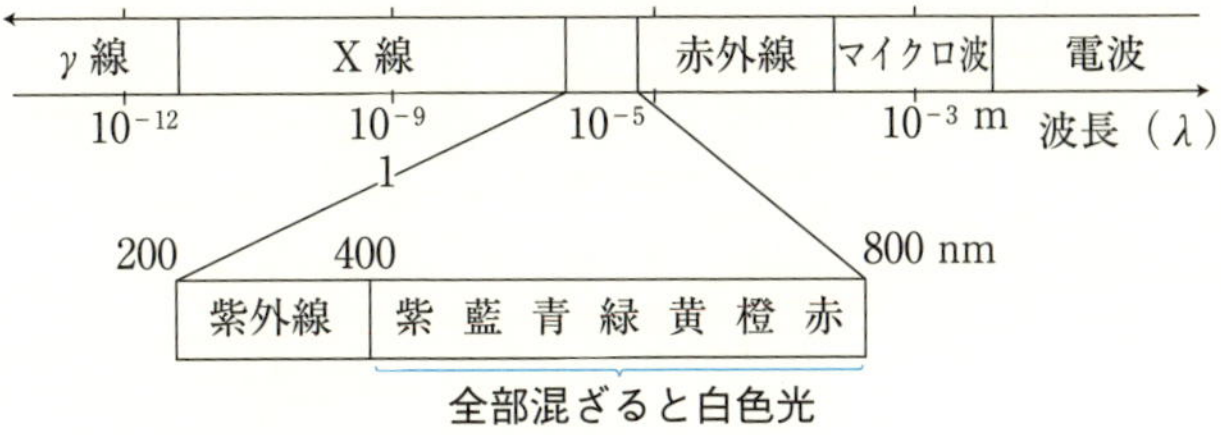

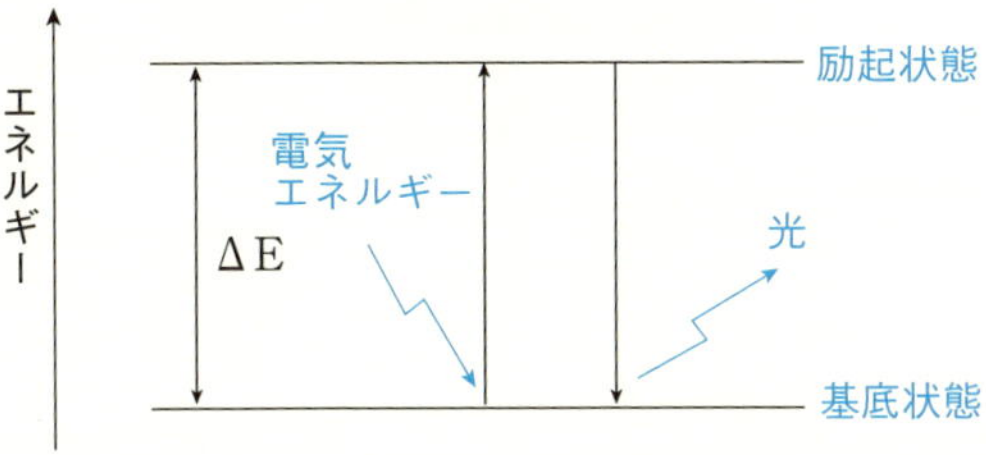

放出して元の低エネルギー状態、**基底状態**に戻ろうとする。この時、余分なエネルギーΔEを光として放出するのが**発光**である（図下）。

†ネオンサイン

ネオンサインや水銀灯が輝くのは上の原理によるものである。すなわち、原子にスパークによって電気エネルギーを与えて励起状態にし、それが基底状態に落ちる時の発光を利用するのである。

ΔEが小さければ、光はエネルギーの少ない赤色となり、ΔEが大きければ青、さらには紫外線となる。ネオンサインが赤いのはネオンNeが放出するΔEが小さいからであり、水銀灯が青白いのはΔEが大きいからである。

7 分子と光エネルギー

分子も光と相互作用する。分子は光を吸収もするし、発光もする。また、光エネルギーを利用して特有の化学反応も起こす。

分子の発光

蛍光灯は水銀灯のガラス管の内側に蛍光剤を塗ったものである。水銀灯が出す光には紫外線が混じっており、目によくないし、一方紫外線は目に見えないから、光として無駄になる。蛍光剤は、紫外線などのエネルギーを小さくして可視光にするためのものである。

蛍光剤は紫外線のエネルギーΔEを吸収して励起状態になる。分子は振動、回転などの運動を行うので、ΔEの一部を運動エネルギー（熱エネルギー）として消費し、その分、励起状態のエネルギーは低下する。蛍光剤はこの状態で発光するのでΔEより小さいΔE′を発光する。

すなわち、波長の長い可視光線を発光するのである（図上）。

蛍光部分の発光原理

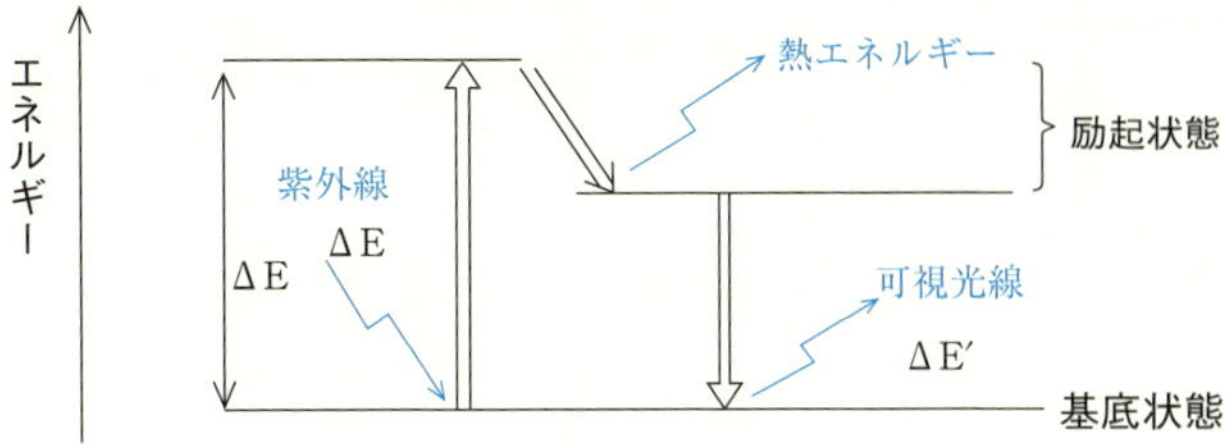

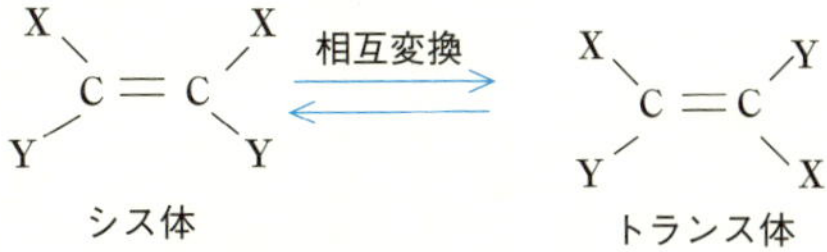

熱化学反応：不可能
光化学反応：可能

光化学反応

分子が光エネルギーによって起こす反応を**光化学反応**という。それに対して熱エネルギーで起こす反応を**熱化学反応**という。光化学反応は熱化学反応では起きない反応を起こす。

そのような反応でよく知られたのが**シス・トランス異性化反応**である（図下）。先に見たように二重結合は回転できないので、図の二つの化合物、シス体とトランス体は相互変化ができず、まったく別の性質を持った別の化合物である。ところが、これに紫外線を照射すると二重結合の回転が起こり、両者は相互変換が可能となる。これは、紫外線のエネルギーによって二重結合を構成するπ結合が切断されたからである。

8 ヘスの法則

物質の温度は物質のその時の状態によって決定されるもので、物質の過去には関係しない。このような量を**状態量**という。それに対して仕事量は異なる。同じ高さの山に登るのでも、整備された登山道を行くのと崖道をよじ登るのでは費やす仕事が異なる。反応に伴って出入りする反応熱は、状態量であり、反応の経路によって変化しない。これを発見者の名前をとって「**ヘスの法則**」という。

ヘスの法則を用いれば、反応エネルギーはただの数値と同様に足し算引き算ができることになる。これは、実験的に求めることが困難、あるいは不可能な仮想的な反応の反応エネルギーを求めることができることを意味する。

ダイヤモンドとグラファイト（黒鉛）はどちらも炭素であり、互いに同素体である。グラファイトをダイヤモンドに変化させるための反応エネルギーを求めてみよう。

†ヘスの法則の応用

ダイヤモンドを作るのは大変だが、ダイヤモンドを燃やすのは、お金を考えなかったら

ヘスの法則

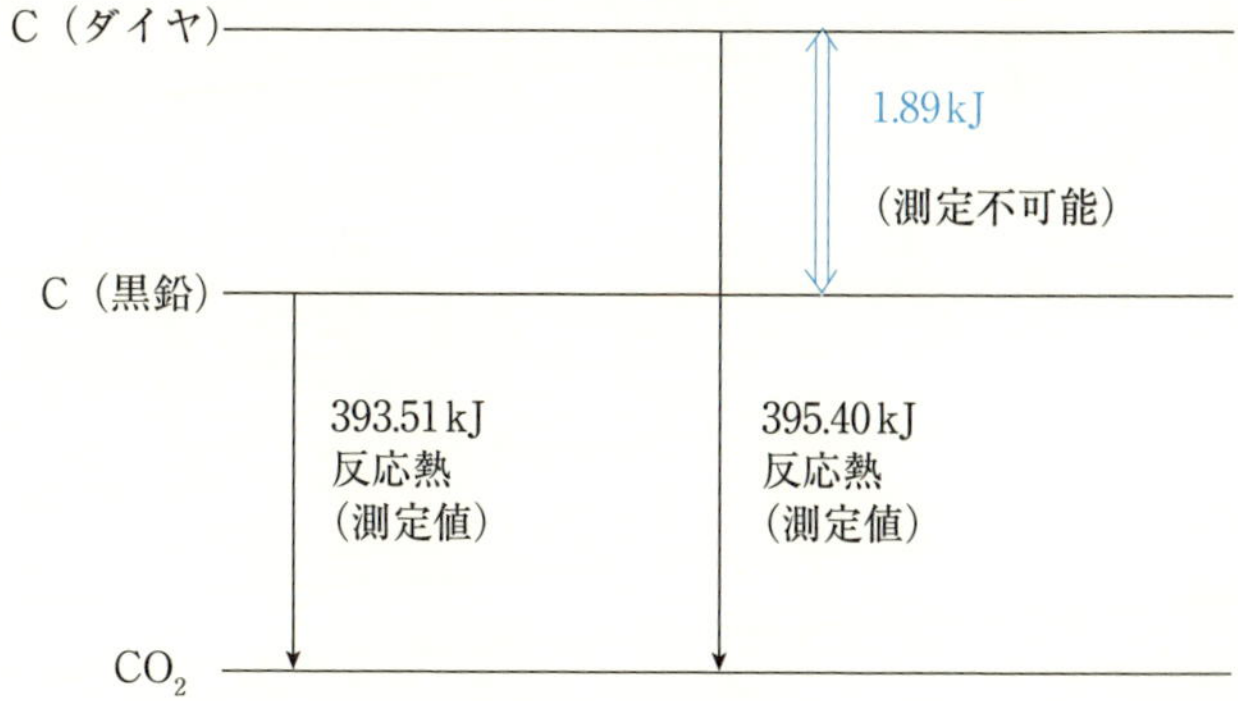

簡単な話である。実際に燃やして燃焼エネルギーを測定したところ395.40kJ/molであった。黒鉛についても同様の実験を行ったところ393.51kJ/molであった。

この2つのエネルギーの関係は図のようなものである。これから、ダイヤモンドと黒鉛のエネルギー差は1.89kJ/molであることが分かる。炭素1モルは12gだから、黒鉛12gに2kJほどのエネルギーを与えれば12gのダイヤができることになる。宝石の重量単位であるカラットは1カラット＝0・2gだから、12gは60カラットである。1億円以上の価値があろう。一方、2kJのエネルギーを都市ガスで得ようとすると、その価格は1円にもならない。

ダイヤ合成の問題点は、エネルギーではなく、反応条件のようである。

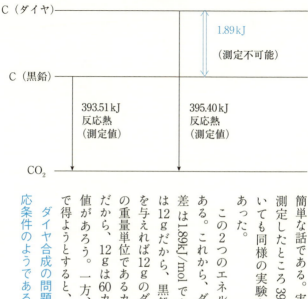

9 エントロピー

反応A→BはなぜAからBに変化するのだろう？　なぜBからAに変化しないのだろう？　これは結構難しい問題である。

反応の方向を決める一つの要素はエネルギーである。川の水が高い所から低い所に流れるように、反応も高エネルギー側から低エネルギー側に流れやすい。しかしそれだけではない。

テーブルに置いたコーヒーの香りは、カップから拡散して部屋に広がる。広がった香りが凝集してカップに戻るような反応は決して起きない。香りがカップに封じられている状態はいわば整然とした状態である。それに対して香りが部屋に広がった状態は乱雑な状態といえる。

熱力学第二法則

このように変化（反応）は乱雑な状態に向かう傾向がある。乱雑さを表す尺度として**エントロピー**Sを定義すると、前文は次のようにいうことができる。「変化はエントロピーが増大する方向に起きる」。これを**熱力学第二法則**という。

エントロピーは化学以外にも使いやすい概念である。鉱山に金が埋もれている状態は、エントロピーの小さい状態である。そこで人間がこれを掘りだして世界中にばら撒く。熱力学に則った行為である。

コーヒーの香りが広がる＝乱雑

しかし、人間は時に余計なこともする。世界中の資材を集めて超高層ビルのような整然としたものを作ってしまう。そこで登場するのが地震のような天災である。乱雑な状態に戻そうという自然の当然な営みである。戦争もそのようなものということができるかもしれない。

そう考えると、治安のよい平和な世界の永続は第二法則に逆らうのかもしれない……。というように、エントロピーには妄想を育む妖しい面がある。コーヒーの香りを嗅いで頭を冷やすのも大切であろう。

10 反応の方向を決めるもの

エントロピーが出たところでついでにいっておくと、純粋な結晶は整然の極みであり、しかも絶対温度0度ではピクリとも動かない。この状態はエントロピーが0である。これを**熱力学第三法則**という。熱力学の法則といわれるものは、この3つだけである。それにしては、第三法則が軽いように思えるがしかたがない。

それはともかくとして、化学反応でエントロピーが増加するものとはどのようなものであろうか？　幾つもあるが、ポイントは系の自由度が増えるものということである。それには

①　分子が分解する：分子数が増えれば散らばる確率も増える。
②　環状分子が開環する：ひも状の分子のほうが形態の自由度が高い。
③　結合が弱まる：構成原子の運動の可能性が高まる。
④　体積が増える：散らばることのできる空間が広がる。
⑤　温度が上がる：分子の運動能力が上がり、散らばりやすくなる。

などである。

エネルギーとエントロピー

さて、ここまでの話で反応の方向は

A　エネルギーΔEが少なくなるように

B　エントロピーΔSが大きくなるように

という2つの、互いに無関係な要素によって決められることが分かる。しかしこれは、2頭の仲のよくない馬に引かれる馬車のようなもので、どちらに行くのか分からない。

しかし、ありがたいことに、この2つの要素を合体した指標がある。それが**自由エネルギー**（ギブズエネルギーG、ヘルムホルツエネルギーA）である。

これを用いると、反応は「自由エネルギーが減少する方向に進行する」ということができる。

11 反応速度と半減期

化学反応には爆発のように瞬時に完結する速い反応もあれば、包丁が錆びるようにゆっくりと進行する遅い反応もある。反応の速さを**反応速度**という。

反応の濃度変化

図は反応A→Bにおける出発物質Aの濃度の時間変化を表したものである。最初100%だったものが、反応終結時には0%になって消失している。Aが速く消失する反応が速い反応である。Aの濃度が最初の半分、すなわち50%になるまでに要する時間 $t_{1/2}$ を**半減期** $t_{1/2}$ といい、反応速度の目安としてよく用いられる。

時間が反応速度の2倍、すなわち $2t_{1/2}$ だけ経過したら、Aの濃度は最初の半分のまた半分になるので1/4になる。消失するのではないことに注意しなければならない。

半減期は放射性元素の安定性の尺度としてよく用いられる。放射性ヨウ素 ^{131}I の半減期は8日である。これは1か月も経てば $(1/2)^4 = 1/16$ に減少する。しかし、放射性元素の中には半減期数万年などというのはザラである。こういうものは、いつまでも危険な放射線

半減期

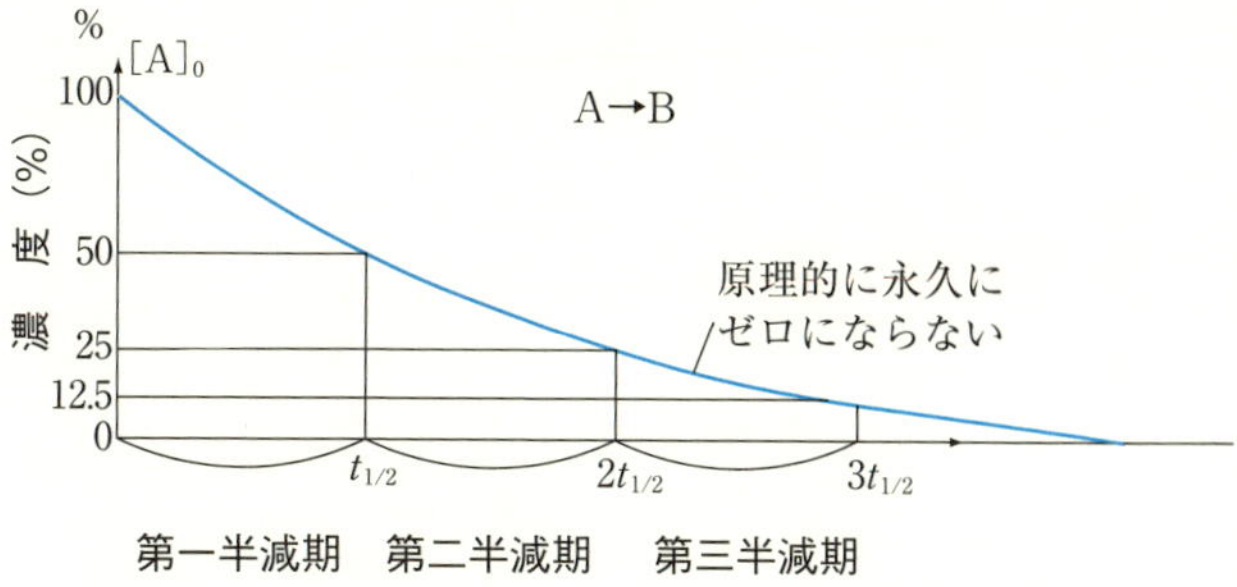

を出し続ける。

†年代測定

炭素の同位体^{14}Cは半減期5730年で^{14}Nに変化する。生育中の植物は空気中のCO_2を吸収するから、植物中の^{14}C濃度は空気と同じである。しかし、伐採されるとそれ以降は新しい炭素は入ってこない。^{14}Cは壊れてゆくだけである。したがって木材中の^{14}C濃度と空気中の^{14}C濃度を比較すれば、伐採されてから何年経ったかが分かる。これを利用して木材の年代測定をすることができる。

†方法論が成立するためには？

もちろんこの方法論が成り立つためには、空気中の^{14}C濃度が一定であることが必要条件である。そしてこの条件は自然界における原子核崩壊反応によって^{14}Cが補充されることによって満足されることが分かっている。

12 可逆反応と平衡状態

化学反応にはA⇄Bのように、反応が右方向にも左方向にも進むことのできるものがある。このような反応を一般に**可逆反応**という。それに対してA→Bのように、一方向にしか進まないものを**不可逆反応**という。可逆反応では、図でいうと一般に右に進むものを**正反応**、左に進むものを**逆反応**という。

平衡状態

図は、反応A⇄BにおけるAとBの濃度変化を表したものである。反応開始時にはAのみである。時間が経つとAは減少し、代わりにBが増えてくる。しかしさらに時間が経つとBの一部はAに戻る。この結果、Aの減少速度は遅くなり、やがてある時間経つとAの濃度は見かけ上変化しなくなる。これはBに対しても同じである。

このように系の成分濃度が見かけ上変化しなくなった状態を**平衡《へいこう》状態**という。そのため、可逆反応を**平衡反応**ということもある。平衡状態では正反応と逆反応の反応速度が同じになっているのである。

平衡状態

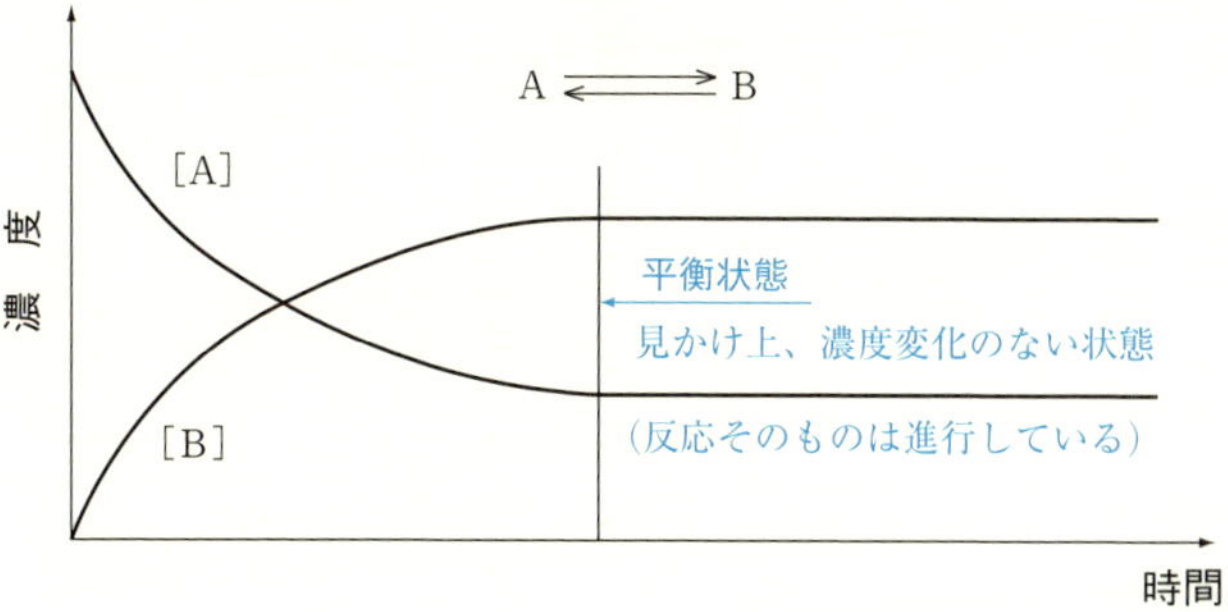

見かけ上だけの変化とは?

平衡状態で大切なことは、反応は起こっているということである。見かけ上の変化がないだけである。このような状態は一般社会でもよくある。源泉かけ流しの温泉の湯浴のお湯の量は一定だが、それは流れ入るお湯の量と流れ出る量が同じだからである。お湯は常に変化している。日本の人口は1・3億ほどで一定しているが、常に何人かは亡くなり、それと同じ人数の赤ちゃんが生まれているのである。

平衡定数

可逆反応A⇄BにおいてAの濃度[A]とBの濃度[B]の比、Kを**平衡定数**という。平衡定数は各可逆反応に固有の値であり、温度が一定ならば常に一定である。

13　逐次反応と律速段階

反応A→B→C→……のように、幾つもの反応が連続する反応を逐次反応《ちくじ》という。有機化学反応にはこのような反応が多い。この場合、生成物Bが欲しいと思っても、時間が経つとBはなくなり、CやDになってしまう。反応をどの時点で停めるかが重要な決断になる。この辺に実験の上手下手の要素の一つがある。

†逐次反応の速度

逐次反応の反応速度は、どのように考えればよいのだろうか？　反応A→B→C→DでA→Bは1分で終わる速い反応であり、B→Cは10時間もかかる遅い反応であり、C→Dは30分で終わったとしよう。全部の反応時間は10時間31分である。

この反応時間のうち、ほとんど全ては反応B→Cに要した時間である。その意味でこの反応は全体の反応速度を決定する段階である。この段階を律速段階《りっそく》という。律速段階は最も遅い速度の反応である。

グループ登山では最も足の遅い人を先頭に立てる。そうしないと遅い人が取り残されて、遭難につながるからである。つまりこの最も足の遅い人がグループの登山速度を決める律速段階である。グループワークの場合、グズがグループの足を引っ張る律速段階なのだ。

反応速度と濃度変化

反応A→B→CにおけるA、B、Cの濃度変化は、各段階の速度の大小によって変化する。反応B→Cが非常に速いと、Bは生成しても直ちにCに変化するので、系に留まることはない。すなわち反応はA→Cとほとんど同じことになる（図左）。

それに対して反応A→Bが速いと、系にはまずBが溜まり、それからゆっくりとCに変化する結果、Bの濃度には極大が発生する（図右）。生成物としてBが欲しい場合には、この極大値の現れる時間に反応を停止することが大切となる。

逐次反応の濃度変化

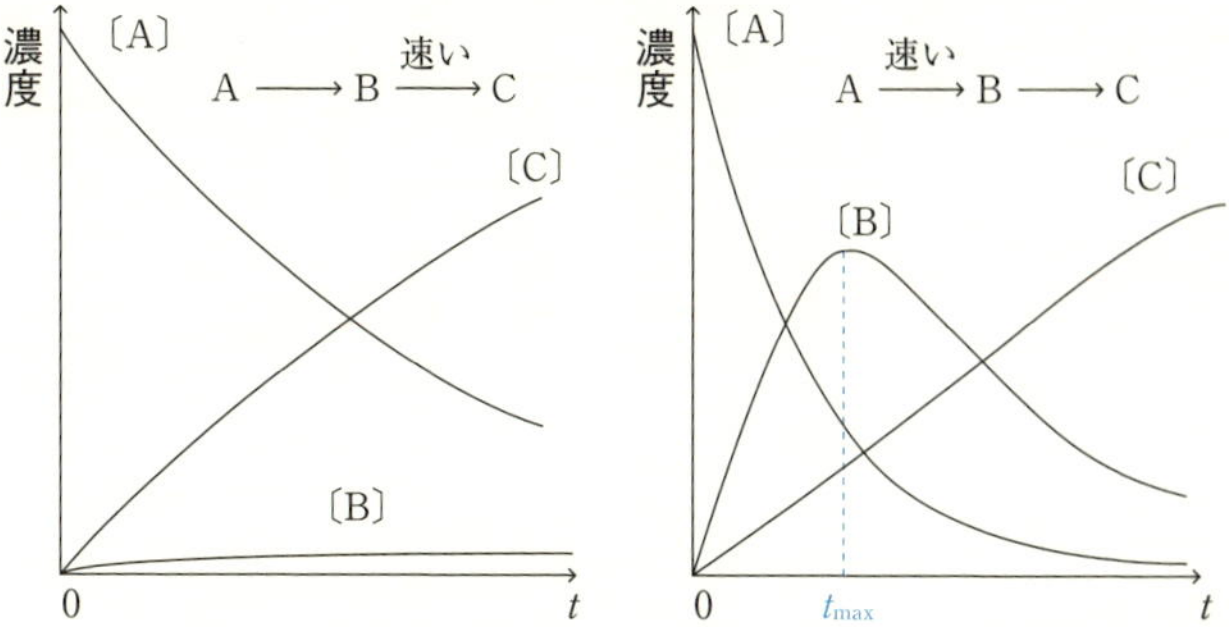

14　遷移状態と活性化エネルギー

炭は燃焼すると熱を発生する。ところが、この炭を燃焼するためにはマッチで火を着けなければならない。すなわち、熱を加えなければならない。進行すれば熱を出す反応を進行させるために熱を加えなければならないというのは、どういうことだろうか？

反応とエネルギー変化

図は炭の燃焼に関するエネルギー変化である。出発系の $C+O_2$ は生成系の CO_2 より高エネルギーである。したがって反応が進行すれば両者の間のエネルギー差ΔEが反応エネルギー、燃焼熱として放出されるのは先に見た通りである。

遷移状態

しかし、この反応は出発系から生成系にまっしぐらに進行する反応ではない。途中でエネルギーの高い状態を経由しなければならない。この状態を**遷移状態**といい、この状態に達するために要するエネルギーを**活性化エネルギー**E_aという。マッチで火を着けたのはこの活性化エネルギーを供給するためだったのである。しかし、一度反応が進行すれば、次の反応の活性化エネルギーは反応エネルギーによって賄うことができる。

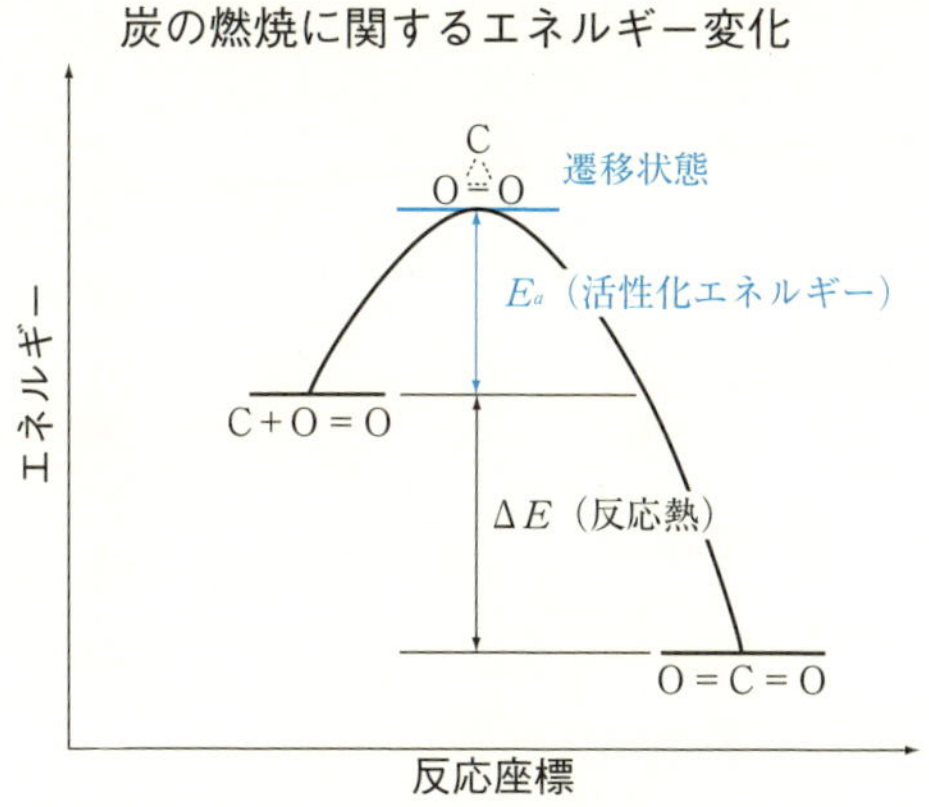

†活性化エネルギー

一般に遷移状態は図に点線で示したように、切れつつある結合と生成しつつある結合とからできた不安定な状態である。そのため、エネルギーが高いのである。一般に活性化エネルギーの大きい反応は進行しにくい反応であり、反応速度も遅い。

遷移状態はエネルギーの極大値にあるため、取り出そうとするとエネルギーの低い出発系か、生成系のどちらかに変化してしまう。そのため、遷移状態を化学的に取り出して研究することは原理的にも実際にも不可能である。遷移状態の研究は理論的研究に俟たなければならない。

第9章
非金属元素の性質

1　水素

水素原子は、原子番号1、原子量1の最も小さい原子である。恒星や太陽は、水素原子が核融合してヘリウムになるときに発生する核融合エネルギーで輝いている。太陽から来る光、熱エネルギーで生命活動をしている地球上の生命体は、水素のおかげで生を得ているといえるかもしれない。また人類は水素の核融合を人為的に起こすことに成功したが、それは水素爆弾という破壊手段であった。核融合炉（図）で電力を作るなど、核融合を平和的に利用しようとの試みも行われているが、実用化まではまだ数十年が必要とされる。

水素分子H_2は分子量2で最も軽い気体である。軽いとはいうものの、水H_2Oの分子量18のうち、2は水素によるものである。すなわち、水の重量の2/18、すなわち1割強は水素の重さなのである。

†水素とエネルギー

水素は軽いので気球などに詰めるが、可燃性で爆発性を有するため、人の乗る飛行船に利用されることはない。爆発性を利用してロケットの液体燃料として用いられることもある。最近は水素燃料電池の燃料として注目されている。しかし、水素ガスは天然には存在しないため、人工的に作らなければならない。その方法としては水の電気分解、石炭と水の反応などがある。

高温に加熱した石炭と水を反応させると水素と一酸化炭素COの混合物である水性ガスが発生する。

$$C+H_2O \rightarrow CO+H_2$$

水素も一酸化炭素も可燃性なので、昔は水性ガスそのものを都市ガスとして各家庭に送っていた。しかし一酸化炭素は猛毒のため、事故や自殺が絶えず、現在は都市ガスはメタンCH_4を主成分とする天然ガスに代わった。

核融合炉（トカマク型）

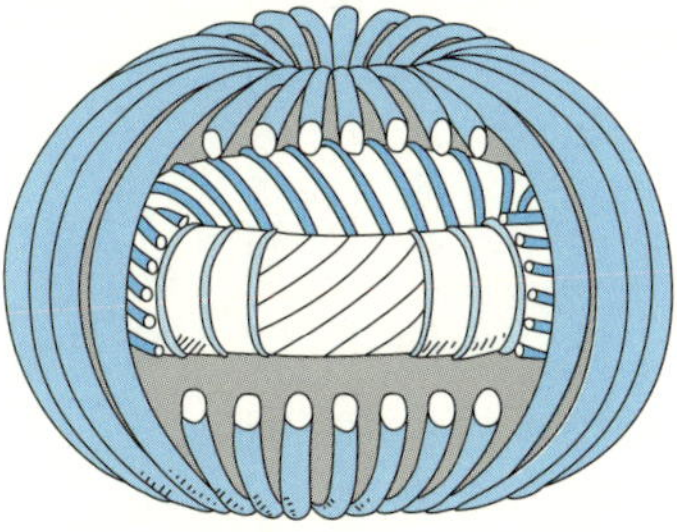

水素は炭素と共に有機物を構成する二大主要元素であり、生命体を作る重要な元素である。

2　ヘリウム

ヘリウムは周期表において**希ガス元素**の最初の元素である。希ガス元素は、昔は貴ガス元素といわれた。希ガス元素は自分自身で変化することなく、他の元素と反応することもなく、常に孤高を貫く気体元素という意味で、まさしくnoble gas「貴ガス」元素といわれるにふさわしい。

ヘリウムはそのような〝高貴?〟な元素の当主ともいうべき元素である。その性質の第一は軽くて安定ということであろう。気体としての重さは水素分子の2（分子量）に対して4（原子量）と少々重いことは確かだが、空気の28・8（平均分子量）に比べれば十分軽く、その安定性を考えれば気球に詰める気体としてこれ以上のものはない。

†液体ヘリウム

産業的な面から見て第一にあげるべき特質は、沸点があらゆる物質の中で最低であるということである。ヘリウムの沸点は絶対温度で4・2K（ケルビン）、マイナス268・9℃である。これは、他の物質を冷やす冷媒として最高の物質であることを意味する。液

ヒンデンブルク号爆発事故

体へリウム以外に物質を４・２Ｋに冷やすことのできるものは世の中に存在しないのである。なぜ、このような冷媒が必要かといえば、それは超伝導のためである。

残念ながら、目下のところ、実用的な超伝導現象、すなわち超伝導磁石を実現するには、電磁石を液体ヘリウム温度近くまで冷やす必要がある。そうしないと脳の断層写真を撮るＭＲＩも、ＪＲのリニア新幹線の車体を浮かすことも、できないのである。

なお、目下ヘリウムをコマーシャルベースで生産する国はアメリカだけである。アメリカがへそを曲げたら、日本にヘリウムは入ってこない。リニア新幹線もＭＲＩも動かないのである。１９３７年にアメリカの海軍飛行場で爆発炎上したドイツの巨大飛行船ヒンデンブルク号の事故の原因は、アメリカがヘリウムを供給せず、水素を使ったためといわれる。

3 窒素

窒素分子N_2は空気の体積の80%を占める気体である。20%を占める酸素O_2がエキセントリックな性質の持ち主であり、なんだかんだと目立ちたがるので、どこかのご主人のように隠れた存在になりがちであるが、実は陰で凄いことをしている。

表の顔はオットリと人畜無害なふりをし、温泉土産のビニールパックなどに入って、品質保持をしている。しかし、大勢の植物にとっては、リンP、カリウムKと並んで三大栄養素の、中でもトップとして絶大な人気を誇っている。

しかし植物は気体状の窒素は利用できない。植物が利用できるためには、少なくとも窒素N_2はアンモニアNH_3に変身する必要がある。これを助けたのが、ドイツの2人の科学者ハーバーとボッシュである。19世紀末のことであった。**ハーバー・ボッシュ法**は、**気体窒素と気体水素を直接反応してアンモニアNH_3を合成する反応**であった。

アンモニアはその後酸化されて硝酸HNO_3に換えられ、さらにアンモニアと反応して硝酸アンモニウム（一般名：硝安〔ショウアン〕）NH_4NO_3になり、**化学肥料**となった。この小さい地球上に約70億の人間の大半が一応飢えもしないで存在できるのは、化学肥料のおかげである。ハーバー、ボッシュと化学は感謝されてしかるべきである。

爆薬と窒素

しかし、糾《あざな》える縄《なわ》は中国だけでなくドイツ、いや世界中にあった。アンモニアから誘導された硝酸は**爆薬**の決定的な原料だったのである。爆弾の爆薬としてあまりに有名なトリニトロトルエン（TNT）、ダイナマイトの原料であるニトログリセリンなどの「ニトロ」は原子団NO_2のことであり、硝酸を原料として作られる。

ニトロ基を持った爆発性分子

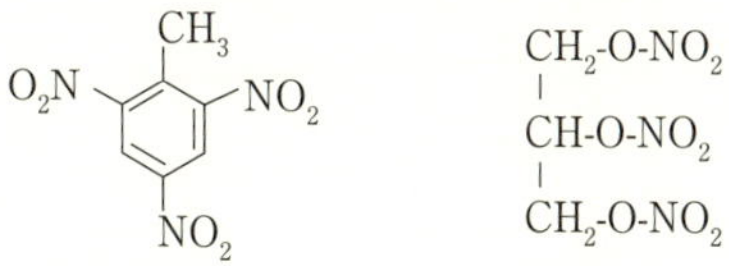

トリニトロトルエン（TNT）　ニトログリセリン

現代社会で戦争が絶えず、しかもそれが大規模化、長期化するのは爆薬があるからであり、それはハーバー・ボッシュ法でアンモニアが無尽蔵に作られるからだという説がある。そして、ハーバー・ボッシュ法は水素を必要とする。それは水を電気分解して得られる。なんだかんだで、世界中でハーバー・ボッシュ法関係で使われる電力は原子炉50基分に相当するとの試算もある。

現代社会は構造的な問題を抱えているのである。

4 酸素

地球は直径1・3万kmの球である。その外側30km(0・003万km)を地殻という。要するに土と岩石である。ここに最も多く存在する元素は何だろう? なんと**酸素**O_2なのである。多そうに見えるケイ素Siは実は2番目である。3番目が意外(?)にもアルミニウムAlであり、4番目が鉄Feである。

気体の酸素がなぜ地殻中に存在するのだ? などと思ってはいけない。元素は反応するのである。反応は変装や変貌どころではない。とんでもないものに変化してしまう。酸素の最大の特質は、反応性が激しいということである。どんな相手とでも反応してしまう。ということで、地殻を構成する土や岩石のほとんどが酸素との化合物なのである。砂は二酸化ケイ素SiO_2であり、その重量の47%は酸素の重量である。

酸素は呼吸の中枢元素である。いうまでもなく我々人間は、酸素がなければ15分も生きていられないだろう。我々は食物を体内で酸化し、その反応エネルギーで生命活動を行っているのである。酸素がなければ、酸化が起きるはずがない。

しかし、反応エネルギーを生産する化学反応は酸化反応に限らない。そのような反応によるエネルギーを利用しても生体は存在できるはずである。ということで、現在の地球上にも酸素を必要としない生体はたくさんいる。時折重大な食中毒事件の原因となるボツリヌス菌のような嫌気性細菌は、その例である。

†オゾンの働き

酸素原子が3個結合すると**オゾン**O_3になる。オゾンに高エネルギーで有害な紫外線が衝突すると、オゾンはそのエネルギーを吸収して酸素分子に分解する。すなわち、紫外線のエネルギーを吸収して無害化するのである。オゾンは、大気圏の中で高度30kmほどの層に**オゾン層**として存在する。

ところが**フロン**（炭素C、フッ素F、塩素Clの化合物：一例、CF_3Cl）がこのオゾンを壊してしまうというのである。これが**オゾンホール**の問題である（詳しくは第13章第3項参照）。しかし、フロンの製造、使用は制限されている。早晩、問題は解決されるものと期待される。

オゾンホール問題のしくみ

5 リン・イオウ

リン・イオウは共に生体構成元素として重要であり、多くの同素体を持っている。

†リンP

リンには白リン、赤リン、紫リン、黒リンの同素体がある。白リンは猛毒である。黄リンは猛毒で知られたが、これは白リンと赤リンの混合物であることが明らかとなった。

リンは遺伝を司る化合物であるＤＮＡの主要構成元素であり、また、生体においてエネルギーの貯蔵に重要な役割をするＡＴＰの主要元素でもある。このように生体で重要な役割をするだけに、間違った使い方をした場合の毒性も強いのであろう。リンの毒性はパラチオン、スミチオン、メタミドフォス等の殺虫剤に利用されるほか、サリン、ソマン、ＶＸ等の神経性化学兵器として利用されている。

†イオウS

イオウには、単斜イオウ、斜方イオウ、ゴム状イオウ等の同素体がある。イオウはある

パラチオンとサリン

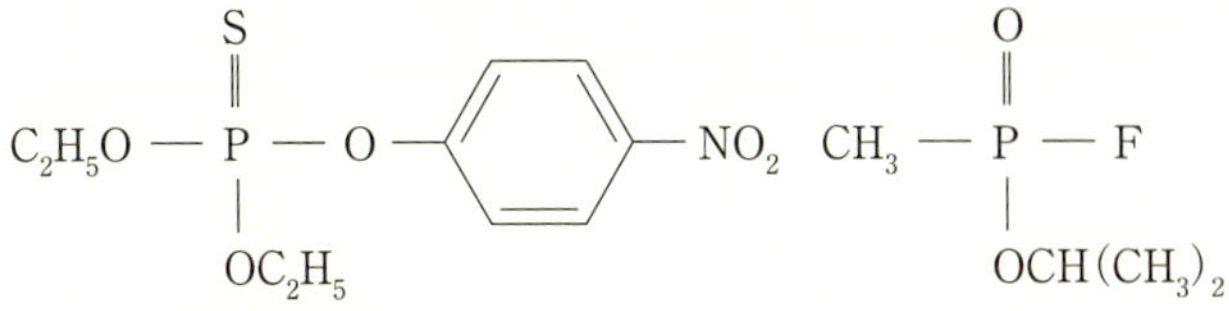

パラチオン　　サリン

種のアミノ酸に含まれ、タンパク質の立体構造を作成、維持するために重要な働きをしている。重金属が毒性を持つのは、重金属がタンパク質のイオウ原子に結合してタンパク質の立体構造を破壊することが一因といわれている。

火山地帯や温泉地で嗅ぐことのある腐卵臭といわれる匂いは、微量の**硫化水素** H_2S の匂いである。硫化水素は猛毒であり、空気より重いので火山地帯の窪地に滞留していることがあり、スキーなどでうっかりここに滑り込むと、命を落とす事故になる。

イオウは硫酸 H_2SO_4 や石膏 $CaSO_4 \cdot 2H_2O$、化学肥料の硫安（硫酸アンモニウム）$(NH_4)_2SO_4$ などの原料として工業的に重要である。また、イオウは石炭、石油などの化石燃料に含まれ、それが燃えることによって生じる**イオウ酸化物** SOx（ソックス）は、かつて公害の四日市ゼンソクの原因となった。現在も酸性雨などの原因になっている。日本では脱硫装置の普及によって SOx の発生には歯止めがかかったが、最近中国から黄沙に付着して飛来することもある。

6 ハロゲン元素

ハロゲン元素は周期表17族の元素であり、−1価のイオンになりやすい。反応性が高く、有害なものが多い。

†フッ素F

フッ素は非常に反応性の高い元素であり、ヘリウム、ネオン以外の全ての元素と反応する。フッ素は単黄色の気体であり、猛毒である。フッ化水素を水に溶かしたフッ化水素酸は腐食性が非常に強いので、ガラスのエッチングなどに用いられる。

テフロンは炭素とフッ素だけでできた高分子であり、摩擦係数が小さくフライパンの焦げつき防止などに用いられる。

炭素、フッ素、塩素からなるフロンはかつてエアコンの冷媒、スプレーの噴霧剤、電子素子の洗浄剤などとして大量に使われたが、オゾンホールの原因であることが分かったので、製造、使用が規制されている。

テフロン・フロン・ポリ塩化ビニル

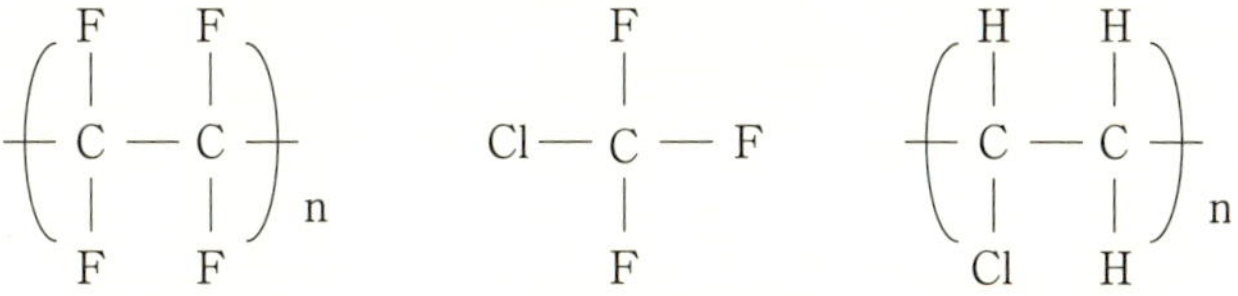

テフロン　　フロンの一種　　ポリ塩化ビニル

†塩素Cl・臭素Br・ヨウ素I

塩素は淡緑色の気体で猛毒である。第一次世界大戦でドイツが化学兵器として使用した。塩素には殺菌作用があるので、上水道の殺菌に用いられる。塩化ナトリウム（食塩）の電気分解で得られる。家庭にある酸化系漂白剤とトイレの洗剤などの酸との反応によっても発生するので、これらの取扱いには注意を要する。ポリ塩化ビニルは「エンビ」と呼ばれて多用されている。

臭素Brは赤黒い液体で、有毒である。臭化銀AgBrはかつてフィルムの感光材として使用された。

ヨウ素Iは黒紫色の固体である。甲状腺ホルモンに含まれ、原子炉事故などで有毒なヨウ素の同位体が発生すると、甲状腺に取り込まれてガンになる可能性がある。そこで甲状腺を通常のヨウ素で飽和しておくために、事故の直後にヨウ素剤を飲むのだ。白川英樹博士のノーベル賞受賞で有名になった伝導性高分子のポリアセチレンに加えるドーパント（不純物）としても知られる。

7　希ガス元素

周期表の18族元素を**希ガス元素**という。希ガス元素は電子配置が閉殻構造なので安定化しており、通常はイオンになることもなければ反応することもない。

†ヘリウムHe

ヘリウムは水素分子に次いで軽い気体であり、燃えることがないので有人の飛行船の浮遊ガスに用いられる。放射性元素のα崩壊に伴って発生するα線から生じるので、地中に存在する。通常は地表に沁み出て宇宙空間に放散するが、岩盤ドームが存在する所ではドーム内に溜まるので、地表から井戸を掘って採取する。市販されているヘリウムの90％はアメリカ産である。極低温の冷媒として有用であり、超伝導磁石には不可欠である。

†ネオンNe

ネオンは、電極のついたガラス管に封じて放電すると赤い光を出すので、ネオンサインとして広告灯などに用いられる。またレーザーの発振源としても有用である。レーザーとは、多くの原子を同時に発光させ、その光を両端に鏡を置いた筒の中で繰り返し反射させて位相を揃えたもので、強力なエネルギーと高い収斂性を持つ。そのため、工業用はもちろん、工芸用などの精密切断器具、あるいはメスの代わりとして医療用にも用いられる。また軍事用としてロケットの迎撃兵器などとしての応用も研究されているようである。

†その他

アルゴンArは空気中に0・9%ほど存在し、窒素、酸素に次いで多い気体である。ちなみに4番目は0・03%の二酸化炭素であり、5番目が0・002%のネオンである。アルゴンは空気より重くて(原子量40)反応性に乏しいので、空気や水分を嫌う反応において器具内に充填する気体として用いられる。白熱電灯の中にも充填されている。

キセノンXeは、希ガス元素としては例外的に共有結合によって分子を作る。キセノンランプの発光源として用いられる。

ラドンRnは放射性元素であり、地下室やラジウム温泉と呼ばれる温泉に存在する。放射線を出すので有害となりそうなものだ。しかし、大量の放射線は有害だが、少量の放射線は体によいという、なにやら晩酌の口実にも似た放射線ホルミシスという考えがある。ただし、これは医学的に検証された考えではないという。

8 ホウ素・炭素・ケイ素

非金属の固体元素としてホウ素、炭素、ケイ素がよく知られている。

†ホウ素B

ホウ素は黒色の固体である。ホウ素は単体としてはダイヤについで硬い元素であるが、炭素と結合した炭化四ホウ素 B_4C は単体よりさらに硬い。ガラスに12〜15%の酸化ホウ素 B_2O_3 を混ぜたものは耐熱ガラスと呼ばれ、熱膨張率が小さいので、熱湯を入れたり、直接加熱したりしても割れない。そのため理化学機器や調理器具に用いられる。

ホウ素は元素として半導体の性質を持つが、ケイ素に混ぜて不純物半導体のp型半導体を作るのに用いることが多い。また、中性子を吸収する性質があるので、原子炉中で中性子を吸収して原子炉の出力を制御する制御棒の原料として欠かせない。

†炭素C

炭素は有機物を作る元素として重要である。

炭素の同素体の例

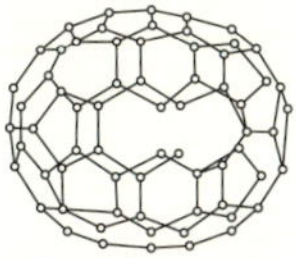

C_{70}フラーレン

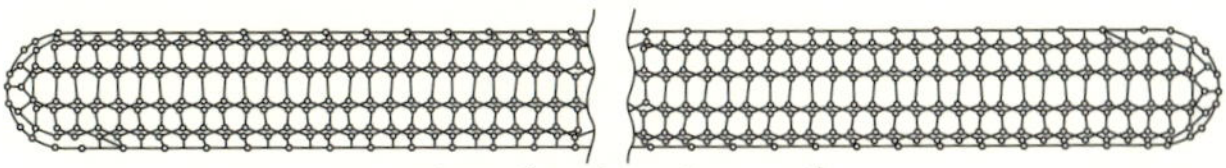

カーボンナノチューブ

炭素の同素体としては昔からグラファイト（黒鉛）やダイヤモンドがよく知られているが、近年注目されているのは**フラーレン**や**カーボンナノチューブ**である。これらは有機半導体として注目されているほか、構造材料としても注目されている。

†ケイ素Si

ケイ素は暗灰色の固体である。ケイ素の重要な用途は半導体である。

ケイ素の最大の用途はガラスやコンクリートであろう。それと同時に近年シリコン樹脂の需要が高まっている。プラスチックの主構造は長く連なった炭素であるが、主構造がケイ素だけでできたものをポリシランといい、高い耐熱性を持つ。一般によく使われるのはケイ素と酸素が一つ置きに並んだポリシロキサンである。これは一般に〝シリコーン〟といわれ、理化学実験器具や医療器具に用いられる。

9 ヒ素・セレン・テルル・アスタチン

これらの元素は、周期表で金属との境界領域近くにあり、**半金属**とされることもある。

†**ヒ素As**

ヒ素は有毒なことで知られる元素である。単体も猛毒であるが、特に毒として有名なのは亜ヒ酸と呼ばれる三酸化二ヒ素As_2O_3であり、毒としての強さは青酸カリ（シアン化カリウムKCN）の7倍ほどである。そのため、シロアリ退治やネズミ捕りに用いられる。

半導体の原料としてもよく用いられる。ガリウムGaとの金属間化合物であるガリウムヒ素が特に有名である。

†**セレンSe**

セレンは半導体であるが、特に変わった性質を持っている。それは光が当たらないと絶縁体であるが、光が当たると伝導性になるというものである。

この原理を用いたのがコピー機である。すなわち、ドラムにセレンを塗り、正に帯電させておく。そこに原稿からの反射光を当てると、ドラムのうち、原稿の白い部分に相当する部分だけに光が当たり、伝導性となり帯電が消えてしまう。

このドラムに負に帯電させた炭素粉（トナー）を吹き付けると、電荷の消えなかった文字部分にだけトナーが吸着されて文字が現れる。これを紙に転写するのである。

†テルルTe

テルルは半導体である。テルルを含む特殊な半導体2種を接合して、片方だけを暖めると電流が発生する。これを**ゼーベック効果**という。反対にこの接合体に電流を流すと片方の半導体は熱くなり、反対のほうは冷たくなる。これを**ペルティエ効果**という。

ゼーベック効果を利用すれば、腕時計の腕に触れる部分（高温）と外側（低温）とで腕時計を動かす程度の電流を起こすことが可能である。ペルティエ効果を利用したのが静謐型の冷蔵庫である。モーターなどの稼働部分なしに冷却することができる。

†アスタチンAt

アスタチンは天然にも存在するようであるが、ごく微量である。したがって、現実的な用途も目下のところない。

10 半導体

金属のように電気をよく通すものを**良導体**、反対に通さないものを**絶縁体**という。伝導度がこの両者の中間の物を**半導体**という（図上）。

金属と違って、半導体には電流となることのできる自由電子が存在しない。電流を運ぶためには結合電子を使わなければならない。そのためには結合電子に熱エネルギーを与えて活発にしなければならないので、半導体の伝導度は温度とともに高くなる（図下）。

半導体にはいくつかの種類があるが、シリコン（ケイ素）Siやゲルマニウム Ge等のように、単体として半導体のものを**元素半導体**あるいは**単体半導体**といい、14族元素の炭素C、シリコン、ゲルマニウム、16族元素のセレン Seやテルル Teなどがある。これに対して**化合物半導体**があり、これは何種類かの金属あるいは半導体の間でできた化合物の半導体である。ガリウムヒ素や青色ダイオードとして有名な窒化ガリウム NGaなどがある。

元素半導体や、化合物半導体の純粋な結晶の半導体を**真性半導体**といい、真性半導体に不純物を混ぜたものを**不純物半導体**という。不純物半導体には価電子過剰型のn型半導体と、価電子不足型のp型半導体があることは、第7章の太陽電池の項で見た通りである。

半導体と伝導度

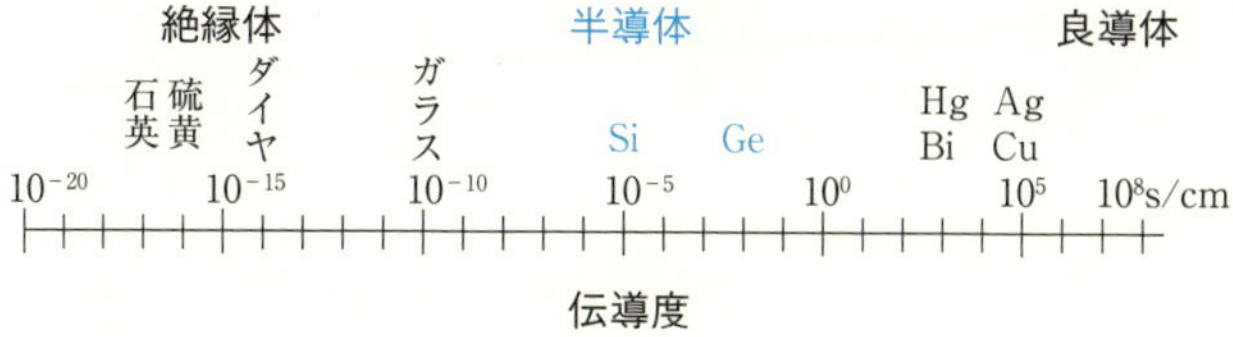

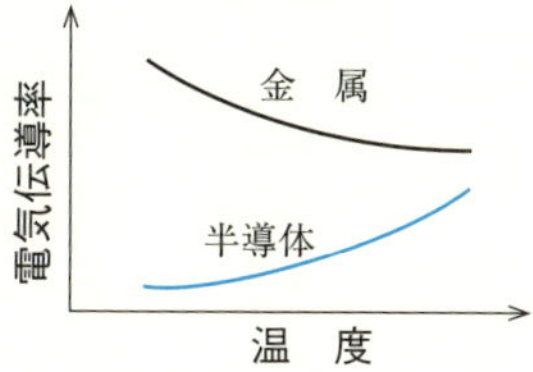

半導体の現状

最近は金属原子を含む有機色素や、フラーレン、カーボンナノチューブを用いた**有機半導体**、あるいは有機高分子を用いた**高分子半導体**なども開発され、独特の性能を示している。

かつては半導体といえばゲルマニウムであったが、ゲルマニウムは壊れやすい、高温での特性が悪いなどの性質があり、現在はシリコンが多用される。シリコンは地殻中に存在する量が酸素に次いで2番目に多い元素であり、資源量の問題はない。しかし、半導体として利用するためには太陽電池用でもセブンナイン99・99999%以上の純度が必要であり、そのために大変高価になることが問題となっている。

第10章

金属元素の性質

1　典型金属と遷移金属

元素は典型元素と遷移元素に分けられる。典型元素は同じ族に属する元素の性質が似ており、族ごとの性質の違いが顕著である。しかしまた典型元素の特徴の一つは、気体、液体、固体元素、金属、非金属元素が揃っているということでもある。

†典型金属

典型元素で金属に分類されるものを特に**典型金属**ということがある。そのようなものとしては水素を除く1族（アルカリ金属）、2族（アルカリ土類金属）と12族（亜鉛族）の全て、および13族（ホウ素族）、14族（炭素族）、15族（窒素族）、16族（酸素族）の一部がある。

†遷移金属

一方、遷移元素は族ごとの性質の違いが明瞭でなく、全て似たようなところがある。そ

元素の種類

族＼周期	1	2	3	4	5	6	7	8	9	10	11	12	13	14	15	16	17	18
1	H																	He
2	Li	Be											B	C	N	O	F	Ne
3	Na	Mg											Al	Si	P	S	Cl	Ar
4	K	Ca	Sc	Ti	V	Cr	Mn	Fe	Co	Ni	Cu	Zn	Ga	Ge	As	Se	Br	Kr
5	Rb	Sr	Y	Zr	Nb	Mo	Tc	Ru	Rh	Pd	Ag	Cd	In	Sn	Sb	Te	I	Xe
6	Cs	Ba	La	Hf	Ta	W	Re	Os	Ir	Pt	Au	Hg	Tl	Pb	Bi	Po	At	Rn
7	Fr	Ra	Ac															

ランタノイド	La	Ce	Pr	Nd	Pm	Sm	Eu	Gd	Tb	Dy	Ho	Er	Tm	Yb	Lu
アクチノイド	Ac	Th	Pa	U	Np	Pu	Am	Cm	Bk	Cf	Es	Fm	Md	No	Lr

- 超ウラン元素
- 鉄族
- 希土類
- 白金族
- 貴金属

のせいもあって遷移元素は全てが金属元素である。

遷移元素の場合には、周期表で横に並んだ元素の間に性質の類似性が認められることがある。そのようなことで鉄Fe、コバルトCo、ニッケルNiの3元素を**鉄族元素**ということがある。

また、第5周期のルテニウムRu、ロジウムRh、パラジウムPdと第6周期のオスミウムOs、イリジウムIr、白金（プラチナ）Ptの6元素をまとめて**白金族**ということもある。そしてこの6元素に銀Agと金Auを足した8元素を**貴金属**という。宝飾関係の貴金属は金、銀、白金、ホワイトゴールドとなっているようだが、化学的な意味での貴金属はこれとは異なる。

3族元素のうち、スカンジウムSc、イットリウムYに、周期表本体の欄外にあるランタノイドを合計した17種の元素を**レアアース**（**希土類**）という。また、原子番号93以降の元素を**超ウラン元素**という。

2　1族金属の性質

1族元素のうち、水素を除いたものは**アルカリ金属元素**とよばれる。この族に属する元素は概ね軟らかく、軽く（比重が小さい）、融点が低く、1価の陽イオンになりやすくて反応性が高いという共通性を持つ。

†リチウムLi

リチウムは銀白色の金属であり、全金属中、最も比重の小さいものである。窒素と反応して黒い窒化リチウムとなるほか、湿気（水蒸気）と反応するので石油中に保管する。リチウムイオン電池として現代科学になくてはならない金属であり、リチウムを成分とするリチウム合金は軽くて丈夫なので航空機に用いられる。しかし、レアメタルの一種であり、日本は安定的に輸入するのに政治的、経済的な問題を解決しなければならない。

†ナトリウムNa

ナトリウムは硬めのチーズほどの軟らかさで、水と激しく反応して水素ガスを発生し、それに火が着いて爆発する。塩化ナトリウム $NaCl$（食塩）の電気分解で発生する。神経細胞の周囲にイオン Na^+ として存在し、神経細胞に出入りすることによって神経伝達を行う。将来実現するであろう夢の原子炉、高速増殖炉において、熱媒体として活躍するであろう。

†カリウムK

カリウムは水分と反応しやすい金属であり、石油中に保管する。軟らかいのでナイフで切り分けるが、その際新しい断面が空気に触れると湿気で発火することがある。神経細胞の内部イオン K^+ として存在し、神経細胞に出入りすることによって神経伝達を行う。

†その他

ルビジウムRbは、セシウムを用いる本格的な原子時計に代わる、簡易的な電子時計に用いられる。それでもNHKの標準時計だそうである。

セシウムCsは融点が28℃なので、夏の暑い日には融けて液体になっている。原子時計に用いられる。原子炉事故があると、同位体の ^{134}Cs、^{137}Cs が放出され、それらが放出する β 線の害が問題視される。

3　2族金属の性質

†ベリリウムBe

ベリリウムは、比重1・8と軽いにもかかわらず融点は1278℃と高く、しかもモース硬度は6～7と鉄の4～7と比べても高い。しかもアルミニウムのように酸化されると硬くて緻密な不動態となって、更なる酸化に逆らうなど、素材として優れた性質を持っている。問題は毒性である。ベリリウム肺症という重篤な疾患の原因となる。

†マグネシウムMg

マグネシウムは銀白色で比重は1・7と、実用的な金属の中では最も小さい。そのため、軽くて強いマグネシウム合金は航空機素材、携帯パソコンの外装材、自動車のホイールなどとして多用されている。

しかしマグネシウムは高温、あるいは粉末状で水と反応して水素を発生する。当然高温ではこの水素が発火して爆発する。ということで、マグネシウムが火災源となった火事には水をかけて消火することができない。基本的に、延焼、類焼しないように見守るほかない。金属火災の怖いところである。

†カルシウムCa

カルシウムは銀白色であり、比重1・55の軽い金属である。骨や歯の成分としてよく知られている。酸化カルシウム CaO は生石灰と呼ばれ、水と反応して水酸化カルシウム $Ca(OH)_2$消石灰となる。そのため、箱詰め菓子などの乾燥剤に使われる。

†その他

ストロンチウムSrには放射性の ^{38}Sr があり、これは自然界には存在しないが原子爆弾、原子炉事故などで放出され、β線を出す危険な原子核である。

バリウムBaは、X線撮影に用いられる造影剤硫酸バリウム $BaSO_4$ としておなじみである。バリウムは有毒な元素であるが、硫酸バリウムは溶け出すことがないので安全である。

ラジウムRaは、**キュリー夫人**が発見した放射性元素としてあまりに有名である。かつて腕時計などの夜光塗料に用いられたが、工場で働く女性に重篤な放射線障害が出たことから、使用されなくなったいきさつもある。

4 12族金属の性質

12族の亜鉛Zn、カドミウムCd、水銀Hgは、いずれも人間と長い、あるいは深い関わりを持つ金属である。

†亜鉛Zn

亜鉛はイオン化傾向が鉄より大きい。そのため、鉄と亜鉛が接していると鉄より亜鉛のほうが先にイオン化する。これは鉄より先に亜鉛が酸化されて錆びることを意味する。いい換えれば、亜鉛がくっついている限り、鉄は錆びないのである。これを利用したのが鉄板に亜鉛メッキしたトタンである。

†カドミウムCd

大正時代から昭和中頃まで、富山県の神通川流域には**イタイイタイ病**という「不思議な病気」があった。

原因は神通川上流にある神岡鉱山であった。ここでは亜鉛を採掘していた。ところが亜鉛鉱には、同族元素である**カドミウム**が含まれていた。しかし、当時カドミウムは使い道のない不要の金属であったため、神通川に投棄された。これが流域の田園地帯に浸出し、農作物に濃縮され、それを食べた地域住民が中毒に罹ったものであった。日本における土壌汚染の先駆けとなった事件であった。

カドミウムは現在では、原子炉の中性子制御材、化合物半導体の原料として重要である。

水銀Hg

水銀はかつては体温計、電気分解装置の電極、圧力計と、多用された。しかし熊本県の水俣湾沿岸で起こった公害、**水俣病**の原因物質であることが明らかになったので、現在では極力使用しない方向に変化した。水俣病は沿岸にある化学肥料工場が触媒として水銀を用い、その廃液を水俣湾に垂れ流したことから起こった公害であった。

患者は、運動神経だけでなく、最終的には中枢神経まで侵され、悲惨な状態になった。直接の原因は水銀と有機物が化合した有機水銀、中でもメチル水銀であった。これは、水銀があれば微生物が作り出すことが明らかとなった。

水銀は人類とのかかわりが長い金属であるが、その間にわたって多くの影響を与えてきたのであった。

5　13族金属の性質

13族元素は、その最初の元素B、ホウ素の名を採って**ホウ素族**といわれる。

†アルミニウムAl

アルミニウムは地殻中に酸素、ケイ素に次いで存在量の多い元素である。しかし、酸素結合した酸化アルミニウム Al_2O_3 として、鉱石ボーキサイトの形で存在する。これを還元して金属アルミニウムを得ることは大変に困難であり、実用的に成功したのはようやく19世紀中葉のことであった。

金属アルミニウムを得るには酸化アルミニウムを電気分解する必要があり、大量の電力を要するので電気の缶詰といわれることもある。宝石のルビーやサファイアは酸化アルミニウムの単結晶である。

†ガリウムGa

ガリウムは、灰白色で融点29・8℃という大変に溶けやすい金属である。ガリウムヒ素われる。GaAs等の化合物半導体の原料として欠かすことができず、全生産量の95%は半導体に使われる。青色ダイオードの窒化ガリウム GaN は特に有名である。

†インジウム In

インジウムは灰色で軟らかい金属である。酸化インジウム In_2O_3 と酸化スズ SnO_2 をガラスに真空蒸着したものは、無色透明でありながら金属並みの伝導度を持つことから**透明電極**、あるいは**ITO電極**といわれ（Iはインジウム、Tはスズの英語名Tin、Oは酸素）、全ての薄型テレビなど液晶モニターの前面を覆っている。

†タリウム Tl

タリウムは毒物として有名である。微生物研究の世界では培養地の消毒に使われたことから、タリウムを用いた事件、殺人事件は医療、生物関係の方面に多い。

かつて暗殺にはヒ素が用いられたが、ヒ素を検出する方法論が確立されてからは、ヒ素は「愚者の毒」とされ、賢い犯罪者（?）はタリウムを用いるようになったとかいわれる。タリウム中毒は固有の症状に乏しいが、全身の脱毛（眉毛だけは残るという）、四肢のジンジン感が特徴という。思い当たる方は要注意?

6　14族金属の性質

14族元素の代表は炭素とケイ素であるが、炭素は有機物の章で説明するし、ケイ素は非金属である。したがって、ここではゲルマニウム以降を扱うことにする。

†ゲルマニウム Ge

ゲルマニウムは灰色の金属であり、元素半導体の一つであるが、現在はより性能の優れたシリコンに押されて、半導体としての需要は少ない。

†スズ Sn

スズは銀白色の美しい金属である。単体で、あるいは少量のアンチモンを加えた合金である**ピューター**として食器、酒器などとして用いられる。全米フィギュアスケートでは4位にピューターのメダルが贈られる。銅との合金は青銅（ブロンズ）として知られる。ブロンズはスズの割合によって金色からチョコレート色までいろいろに変わるが、いずれも錆びると銅の錆びである緑青《ろくしょう》が出て青っぽくなるので**青銅**と呼ばれる。

スズは温度によって状態が変化する。常温では展性・延性を持つβスズである。低温では結晶形が変化して脆いαスズとなり、体積も膨張する。これにより、スズ製品は醜く崩れてくるので、この現象はスズペストと呼ばれる。この変化は13℃で起こるが、進行速度が遅いので実際に目立つようになるのはマイナス30℃以下に長時間置かれた場合である。

†鉛 Pb

鉛は比重11・3の重くて軟らかい金属である。ハンダの成分、釣りの錘などとしておなじみの金属であるが、神経性の有毒物質である。

ワインの酸味の素である酒石酸《しゆせきさん》と化合すると甘味のある酒石酸鉛になるため、ローマ時代にはワインを鉛の鍋で温めて飲む習慣があった。狂気の皇帝といわれるネロの行状は、鉛中毒によるものとの説もある。ベートーベンの時代にもワインに酸化鉛の白粉を振って飲む習慣があり、彼の耳の障害はそれによるとの説もある。江戸時代には酸化鉛の白粉が用いられたので、歌舞伎役者や花魁《おいらん》に被害が出た。特に花魁は胸にまで塗るので、授乳された幼児にも被害が出たという。

現在では日常生活から鉛は消え、ハンダも鉛ではなく、ビスマスなどを用いている。鉛ハンダを用いた電化製品は輸出が困難である。

7 15、16族金属の性質

15、16族の元素の多くは非金属であり、金属元素は3種類である。

†アンチモンSb

アンチモンは灰色の金属で、**皮膚や内臓に害を及ぼすので劇物に指定されている。**

アンチモンの鉱石として輝《き》安鉱《あんこう》 Sb_2S_3 があるが、古代エジプト女性はこれを砕いた粉を目の周囲に塗る習慣があった。一種のアイシャドウである。毒性があるため、目にたかるハエを寄せ付けない効果があったという。

液体から固体になるときに体積が増加するため型の隅々にまで入るので、グーテンベルクの頃から印刷活字に用いられた。

†ビスマスBi

ビスマスは淡く赤みがかった金属であり、表面で干渉作用を起こすため、光を反射して赤紫に複雑に輝く。比重が9・7と比較的大きく、融点が271℃と低いので鉛の代替品としてハンダに用いられる。ビスマス・鉛・カドミウム・スズの合金はウッドメタルと呼ばれ、融点が70℃と低いことで知られるが有毒である。

†ポロニウムPo

ポロニウムは比重9・2、融点254℃の金属である。キュリー夫妻が発見し、夫人の故国ポーランドに因んで命名され、この発見で夫妻がノーベル物理学賞を受賞したことで有名である。

放射性であり、α線を放出する。α線はヘリウムの原子核であり、電荷を持つ粒子であることなどから遮蔽は簡単であり、アルミ箔でも遮蔽できるといわれる。しかしひとたび人体に入った場合の害は大きく、β線などの20倍といわれる。2006年に英国で起こった亡命ロシア人の暗殺事件では、ポロニウム金属の粉末が寿司に振りかけられたといわれる。このような体内被曝では、遮蔽するものが何もなく内臓が直接被害を受けるので、害は大きくなる。

ポロニウムは自然界にも存在するが、その量は極端に少ない。そのためポロニウムを利用するときには、原子炉等で人工的に作ったものを用いる。暗殺事件では、このような物質を個人の力で扱うのは困難であるとの指摘がなされた。

8　3族金属の性質

3族は周期表の中でも特別の族である。それは、ランタノイドとアクチノイドの存在による。この2つはいずれも15個の元素からなる集団である。したがって3族は総勢32種の元素からなる大集団である。

スカンジウム、イットリウム、それとランタノイドの合計17種の元素は**希土類**、**レアアース**と呼ばれ、レアメタルの一部である。

†スカンジウムSc

スカンジウムは、アルミニウムとの合金が軽くて強いので航空宇宙機器に用いられる。ナイター照明のメタルハライドランプは、ヨウ化スカンジウム ScI_3 を封じた電球である。

†イットリウムY

イットリウムはブラウン管やLEDに用いられる赤色蛍光体の原料である。またYAGレーザーの原料として重要である。YAGは発信源になるイットリウム、アルミニウム、ガーネットの頭文字をとったものであり、大出力レーザーとして幅広く使われている。

ランタノイド

ランタノイドは、ランタンLaからルテチウムLuまでの15種類の元素の総称である。これらの原子は個性が鮮明でなく、分離が困難である。ランタノイドは何種類かの元素が混じった状態で、ミッシュメタルとして扱うこともある。

ランタノイドは発光、磁性、レーザー発信源などとして現代科学に欠かせない。ランタノイドは放射性元素であるトリウムThと一緒に出土することから分離操作に危険が伴うことなどもあり、目下、コマーシャルベースで生産を行っているのは中国だけである。

アクチノイド

アクチノイドは、化学反応より原子核反応の観点から扱われることが多い。ウランUは原子爆弾や原子炉の燃料として重要である。しかし核燃料になるのは、天然ウラン中に0・7%しか含まれない同位体^{235}Uだけである。ウランを原子炉で燃やす（核分裂させる）ことで生成するプルトニウムPuは、原子爆弾の爆発体、あるいは夢の原子炉といわれる高速増殖炉の燃料として期待されている。

9　4、5族金属の性質

4族は**チタン族**、5族は**バナジウム族**あるいは**土酸金属**と呼ばれることもある。

†4族金属

チタンTiはレアメタル（希少金属）に指定されているが、地殻中では9番目に多い。それがレアメタルといわれるのは、日本で産出しないからである。チタンは、航空機の機体に欠かせない。また生体との親和性が高いので、人工関節に利用される。

光触媒は酸化チタン TiO_2 を利用したもので、水や酸素を分解して活性物質を発生させる。この活性物質が有害物を分解するのである。

ジルコニウムZrは中性子を吸収しない。そのため原子燃料の被覆管に用いられる。しかし、高温では水と反応して水素を発生する。この水素が静電気などで爆発したのが、2011年の原子炉事故の水素爆発だったという。

$$Zr + 2H_2O \rightarrow ZrO_2 + 2H_2$$

酸化ジルコニウム ZrO_2 の単結晶は、屈折率が高いのでダイヤモンドのイミテーションとして使われる。

ハフニウム Hfはジルコニウムと反対に、中性子を吸収する性質があるので、原子炉の制御材として用いられる。また鉄、コバルト、ニッケルとの合金は超強力耐熱合金と呼ばれ、ジェットエンジンや高速掘削バイト等の工具に用いられる。

†5族金属

バナジウム Vは地殻中での存在量は少なくないが、鉱床を作らないため採取が困難である。必須元素であり、糖尿病に効果があるといわれる。また、鉄に少量混ぜると硬度が高くなる。

ニオブ Nbは超伝導状態になる温度、臨界温度が絶対温度9・2度と、単体中で最も高い。そのため、超伝導磁石の原料として重要である。

タンタル Taは生体との親和性が高いので、チタンとの合金はインプラント、人工関節、あるいは頭蓋骨の縫合糸に用いられる。

10　6、7族金属の性質

6族、7族はそれぞれ最初の元素名をとって**クロム族**、**マンガン族**といわれる。

†6族金属

クロムCrは硬度8・5の硬くて美しい金属である。また、酸化されると硬くて緻密な膜の不動態を作ってそれ以上の酸化に逆らう。そのため他の金属のメッキに用いられる。また、クロム、ニッケル、鉄の合金であるステンレスもクロムの不動態を作る性質を利用したものである。クロムは必須元素である。しかし、イオンのうち三価のCr^{3+}は無毒であるが六価のCr^{6+}は強い毒性を有する。

モリブデンMoは銀白色の硬い金属であり、鉄に加えると高硬度の鉄鋼となる。植物の三大栄養素の一つは窒素であり、植物の中にはマメ科のように、気体の窒素を利用できるものがある。これを空中窒素の固定というが、その役割をする酵素にはモリブデンと鉄が含まれることが分かっている。

タングステンWは金属で最高の融点3410℃を持っている。また密度も金と同じ19・

3と非常に大きく、白熱電灯のフィラメントに用いられる。炭化タングステンWCはサファイア並みの高い硬度を持つので、各種切削工具に用いられる。

†7族金属

マンガンMnは、マンガン乾電池の成分としてよく知られている。

マンガンは、水深4000〜6000mの深海にマンガン団塊と呼ばれる直径数cm〜数十cmの団子状の塊として存在する。海中に溶けていた金属イオンが海底火山の爆発によって出た火山灰を核として成長したものと考えられる。

テクネチウムTcの同位体は全て放射性で、半減期の短いものばかりである。そのため、自然界にはほとんど存在しない。

レニウムReが発見されたのは1925年であるが、実は1908年に日本人の小川正孝が発見していた。しかし彼は間違って原子番号43の元素と思い、ニッポニウムと名付けて発表してしまった。そのため、功績は1925年に原子番号75のレニウムとして発表したドイツチームにとられてしまった。

11　8族金属の性質

遷移金属では性質、反応性に族を超えた類似性が現れる。第4周期の元素で見れば、8族には鉄Feがあり、9族にはコバルトCoがあり、10族にはニッケルNiがあり、といずれも日常生活に馴染の深い金属である。このため、これらの元素は**鉄族元素**として扱われる。

†鉄 Fe

鉄はいうまでもなく、全金族元素の中で最も重要な元素である。鉄の特筆すべき性質は地殻中における存在量が酸素、ケイ素、アルミニウムに次いで4番目に多いということであり、ついで各種の元素と合金を作るということである。

最も重要なのは炭素との合金である。鉄は自然界では酸化鉄FeO、Fe_2O_3、あるいは硫化鉄FeSなどとして、いずれも酸化された状態で産出する。このような鉄を金属鉄にするためには、酸化された鉄を還元しなければならない。そのための手っ取り早い還元剤は炭素である。

日本の伝統的製鉄技術のタタラブキにしろ、現代のスウェーデン式にしろ、還元剤として用いたのは炭素（木炭、コークス）である。その結果、一時産品の銑鉄《せんてつ》（鋳鉄《いてつ》）には、数パーセントの炭素が含まれることになった。しかし、銑鉄は硬くて脆く、実用には適さない。そこで銑鉄から炭素を除くことが考案された。

その答えの一つが**反射炉**である。これはコークス（炭素）などを燃やして発生した熱を、反射板によって銑鉄に伝える装置である。この熱によって銑鉄内の炭素は燃えて二酸化炭素となって消滅する。これがスウェーデン式製鉄法のあらましである。

†ルテニウム Ru

ルテニウムは目下のところ地味な金属であるが、この金属を扱った化学研究には2001年、2005年にノーベル賞が与えられている。いずれも触媒作用である。ノーベル賞を目指すなら、この方面は有力かもしれない。

†オスミウム Os

四酸化オスミウム OsO_4 は、有機化学分野ではよく知られた酸化剤である。しかしまた悪臭でも有名な分子、原子であり、**オスミウム**という名前はギリシア語の osme（匂い）からきたものである。

12　9、10族金属の性質

この族では第4周期の2種の元祖は**鉄族**であり、第5、第6周期の合計4種の元素は**白金族**である。

†9族金属の性質

コバルトCoは灰色の固体であり、磁器に青い色を付ける釉薬《ゆうやく》として用いられる。乾燥した磁器の白い肌にコバルトとアルミニウムの化合物 $CoAl_2O_4$ の水溶液で絵を描いてから焼くと、磁器に青い絵が現れる。このような加飾法を染付という。

天然のコバルトは ^{59}Co がほぼ100%であるが、原子炉で人工的に ^{60}Co を作ることができる。これはβ線を出して ^{60}Ni に変化する。このβ線をジャガイモに照射するとジャガイモの芽が出なくなるので、芽に含まれる有毒物質ソラニンによる中毒を防止できる。

ロジウムRhは硬くて美しい金属なので宝飾品のメッキに使われる。また、ロジウム、パラジウムPd、プラチナPtという3種の貴金属からなる三元触媒は、ディーゼルエンジンの排気ガスを

① 一酸化炭素COを二酸化炭素CO_2にする。
② 窒素酸化物NOxを窒素と酸素に分解する。
③ 未燃焼の炭化水素を二酸化炭素にすることによって浄化する。

イリジウムIrの比重は22・42と、オスミウムと並んで全元素中最大である。耐腐食性が強く、万年筆のペン先などに用いられる。

†10族金属の性質

ニッケルNiとカドミウムCdを使った電池はニッカド電池とよばれ、充電すると何回でも使える二次電池として多用される。なお、充電できない電池は一次電池と呼ばれる。鉄、クロムとの合金はステンレスである。ニッケルは金属アレルギーを起こすことがある。

パラジウムPdは水素を吸収する水素吸蔵金属として知られ、自体積の900倍の体積の水素を吸収することができる。

プラチナPtは、21・45という大きな比重と強い耐腐食性を持った銀白色の美しい金属である。各種の触媒として使われており、三元触媒の他に水素燃料電池の触媒として活躍している。

13 11族金属の性質

11族の元素は、銅、銀、金というオリンピックの表彰台のような顔ぶれである。

†銅 Cu

銅は赤く軟らかい金属であり、**電気伝導度が銀に次いで高いので導線に用いられる。**しかし高圧線は長距離になるので、軽くて価格も安いアルミニウムAlが使われる。

銅は各種の合金に使われる。スズSnとの合金は青銅（ブロンズ、砲金）、亜鉛Znとの合金は黄銅（真鍮）、ニッケルNiとの合金は白銅と呼ばれる。また、銅、ニッケル、亜鉛の合金は洋銀と呼ばれ、食器に使われる。

緑青と呼ばれる銅の錆びは、化学的にはオキシ炭酸銅$CuCO_3Cu(OH)_2$である。緑青は以前は有毒であると思われていたが、現在では無毒であることが明らかになっている。

†銀 Ag

銀は、昔の日本では〝しろがね〟と呼ばれた。白くて美しい金属であるが、イオウと反応すると黒くなるので、温泉地帯では用いないほうが無難である。高い電気伝導性と熱伝導性を持ち、展性・延性も大きい。また、殺菌性も強いので殺菌剤に用いられる。

金 Au

金は、黄色で美しい輝きを持つ金属であり、耐腐食性が強いので金属の王として扱われる。展性・延性が強く、1gの金を針金にすると2800m、金箔にすると少なくとも2m角以上にはなる。金箔を透かすと外界が青緑色に見える。

金の純度はK（カラット）で表す。純金を24Kとし、50％純度なら12Kとする。金は軟らかいので、宝飾品の場合には他の金属を混ぜて硬度を高めるため、24Kの金を用いることは少ない。

金は王水（硝酸 HNO_3：塩酸 HCl=1：3）以外には溶けないといわれるが、そのようなことはない。水銀は金を溶かして合金のアマルガムを作る。またシアン化カリウム（青酸カリ）の水溶液も金を溶かす。そのため、金メッキはシアン化カリウム水溶液中で行われることが多い。

金は反応しないので、工業的な価値はないといわれたが、現在では触媒作用も見つかり、金を用いたリューマチ治療薬（金チオリンゴ酸）も開発されるなど、見直されつつある。

第11章 有機化合物の種類と性質

1 有機化合物の分類

有機化学とは**有機分子（有機化合物）**を扱う研究領域である。有機分子とは、かつては生命体が生産する分子のことをいった。しかし現在では炭素を含む分子のうち、一酸化炭素CO、二酸化炭素CO_2、あるいはシアン化水素HCNのような簡単な構造の分子を除いたもののことをいう。

有機分子以外の分子を**無機分子**という。有機分子と無機分子の大きな違いは、分子を構成する原子の種類である。無機分子の場合には周期表に載っている全原子が対象となる。それに対して有機分子の場合には炭素Cと水素Hが主であり、それに酸素O、窒素N、イオウS、塩素Clが加わる程度であり、その種類は極めて少ない。

しかし、有機分子の種類は極めて多く、その種類は無数といってよいだろう。世界中の大学の研究室で毎年生み出される新有機分子の個数だけで、とんでもない数になる。

有機分子の分類法は何種類もあり、それぞれが重層的に重なるので、何に注目するかで分類法は異なる。分子の形、結合に注目するのはその一つである。そのような分類を見てみると、まず分子を構成する原子が炭素と水素だけの**炭化水素**と、それ以外の原子を含む**複素化合物**に大別できる。

炭化水素はさらに、分子の形が**鎖状**か**環状**かで分けることができる。次にそれぞれが二重結合や三重結合という不飽和結合を持つか持たないかで**飽和化合物**と**不飽和化合物**に分かれる。環状不飽和化合物にはさらに**芳香族《ほうこう》化合物**という重要な分野を加えることができる。そして、これと同じような分類が複素化合物のほうにもできるのである。

炭化水素：炭素Cと水素Hだけからできた分子
鎖状化合物：鎖状の構造を持った分子
飽和化合物：一重結合だけでできた分子
不飽和化合物：二重結合、三重結合を持った分子
環状化合物：環状構造を持った分子
芳香族化合物：ベンゼン環を持った分子
ヘテロ原子化合物（複素化合物）：C、H以外の原子を持った分子

2 飽和炭化水素の命名

有機化合物にはメタンだとかペンタンだとかという名前が付いている。この名前はどのようにして決まったのだろうか？　分子の名前は発見者、あるいは最初の作成者が勝手に決めてよいものではない。分子には厳格な命名法が決まっており、それはこれを決めた国際団体の名前をとって**IUPAC《アイユーパック》命名法**と呼ばれる。

この命名法の特徴は分子を構成する原子の個数が基本になっていることである。有機化合物でいえば、炭素の個数が基本である。個数を数えるのはギリシア語の数詞に基づく。

1 (mono　モノ)　例：モノレール（レールが1本）
2 (di　ジ)　例：ジレンマ（二律背反）
3 (tri　トリ)　例：トライアスロン（三種競技）
4 (tetra　テトラ)　例：テトラポッド（消波ブロック：4脚）
5 (penta　ペンタ)　例：ペンタゴン（米国防総省：平面が5角形）
6 (hexa　ヘキサ)　例：ヘキサパス（昆虫：脚が6本）

数詞

炭素個数	数詞	構造	名前	
1	モノ	CH_4	メタン	慣用名
2	ジ	$CH_3{-}CH_3$	エタン	
3	トリ	$CH_3{-}CH_2{-}CH_3$	プロパン	
4	テトラ	$CH_3{-}(CH_2)_2{-}CH_3$	ブタン	
5	ペンタ	$CH_3{-}(CH_2)_3{-}CH_3$	ペンタン	IUPAC名
6	ヘキサ	4	ヘキサン	
7	ヘプタ	5	ヘプタン	
8	オクタ	6	オクタン	
9	ノナ	7	ノナン	
10	デカ	8	デカン	
たくさん	ポリ	$CH_3{-}(CH_2)_m{-}CH_3$	ポリエチレン	

7 (hepta ヘプタ) 例：ヘプタスロン（七種競技）

8 (octa オクタ) 例：オクタパス（タコ：脚が8本）

たくさん (poly ポリ) 例：ポリマー（多くの単位分子が結合した高分子）

鎖状炭化水素の名前は、その分子を構成する炭素の個数の名詞の語尾に接尾語 ne を付けたものにするのである。つまり、炭素数5個の $CH_3{-}CH_2{-}CH_2{-}CH_2{-}CH_3$ なら、penta + ne= pentane：ペンタンとなる。

また、炭素数1～4のものは、昔からいい馴らされてきた名前があるので、それを正式名にする。このような名前を**慣用名**という。幾つかの鎖状炭化水素の名前を表にまとめた。

3　飽和炭化水素の構造

有機分子のうち、炭化水素の基本的な形、構造、結合様式は第3章8〜11で見た通りである。また、複素化合物の構造は炭化水素の構造と、同じく第3章12、13で見た、酸素、窒素の結合様式を組み合わせたものである。炭化水素の構造を見てみよう。

†メチルラジカル

メタン CH_4 から水素原子1個を外してみよう。図にはメチルラジカル CH_3・と水素ラジカルH・が書いてある。ここで〝・〟は電子を表し、このような電子を一般に**ラジカル電子**といい、ラジカル電子を持っているものを**ラジカル**という。

これは、メタンの炭素と水素を結合している2個の結合電子をそれぞれの部分に1個ずつ分けた結果によるものである。水素ラジカルH・は水素原子Hとまったく同じものである。

†エチルラジカル

2個のメチルラジカルがラジカル電子を出し合って共有結合を作ったものが、エタン

$H_3C\text{-}CH_3$である。

エタンに対して前述のものとまったく同じことを行ってエチルラジカル CH_3CH_2・を作り、これを2個結合すればブタン $CH_3\text{-}CH_2\text{-}CH_2\text{-}CH_3$ ができ、エチルラジカルとメチルラジカルを結合すればプロパン $CH_3\text{-}CH_2\text{-}CH_3$ となる。このようにして次々と大きい分子を作ってゆくことができる。

有機化合物の成長

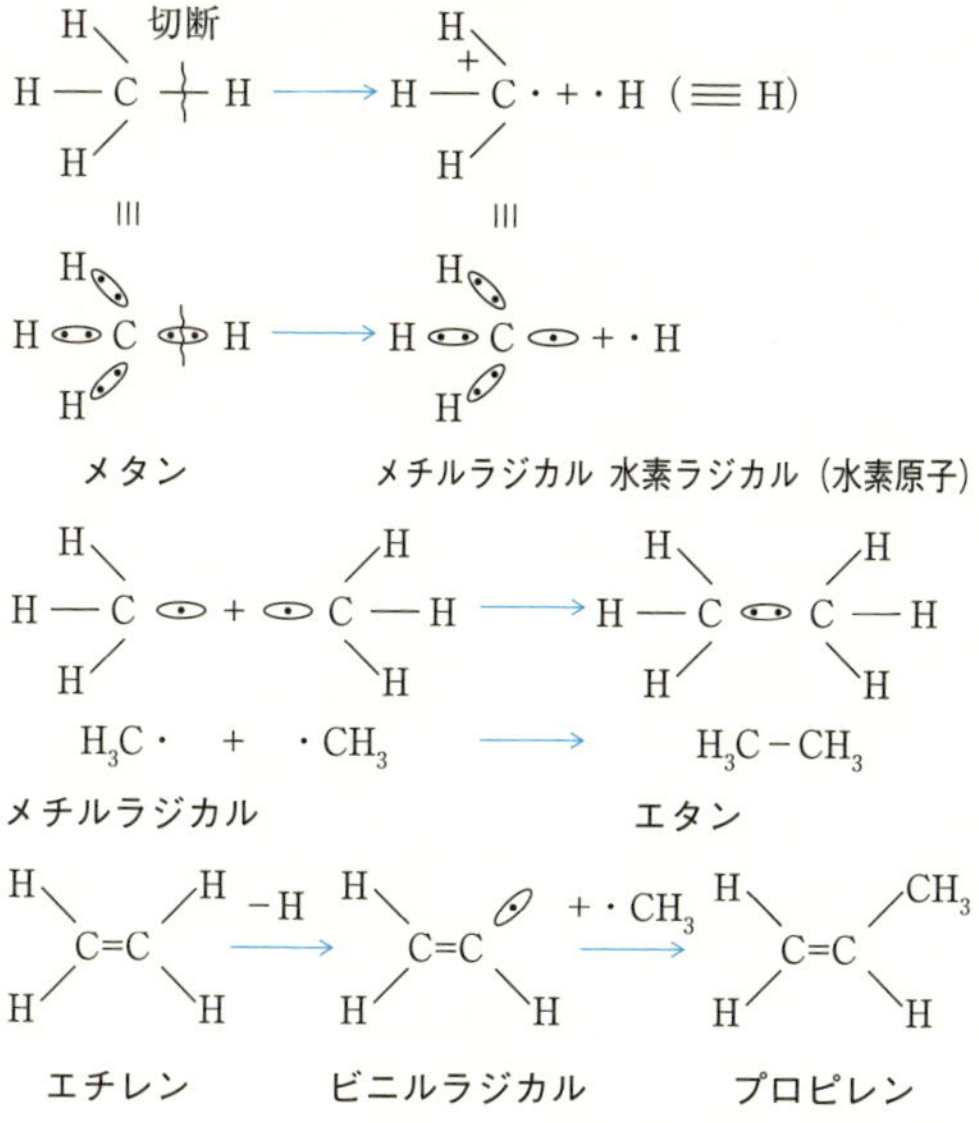

鎖状化合物の成長

二重結合や三重結合を持つ化合物も同様である。エチレンから作ったビニルラジカルにメチルラジカルを付ければプロピレンとなる。

4　分子構造の表現法

有機分子の構造を表す場合には何種類かの表現法がある。主なものを表にまとめた。最も丁寧に描けばカラム1のものとなるだろうが、これでは複雑な分子になると対応できない。そこでカラム2のような簡略形が考案された。しかし、これでも、複雑な分子になると煩雑で書くほうも見るほうも大変である。

そこで考案されたのがカラム3である。この描き方には約束がある。

① 直線の両端および屈曲部にはCがある。
② Cには必要にして十分なHが結合している。
③ 二重結合は＝、三重結合は≡で表す。
④ C、H以外の原子は元素記号で表す。

というものである。この約束に従うとカラム1の構造と3の構造は必ず1：1に対応する。

本書でも今後は基本的にカラム3の表現法に従うことにする。

有機化合物の表現法

分子式	構造式		
	カラム1	カラム2	カラム3
CH_4	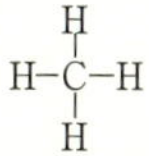	CH_4	
C_2H_6	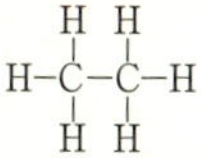	$CH_3{-}CH_3$	
C_3H_8	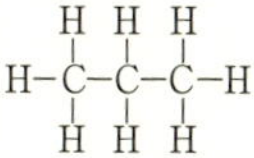	$CH_3{-}CH_2{-}CH_3$	
C_4H_{10}	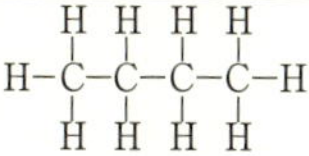	$CH_3{-}CH_2{-}CH_2{-}CH_3$ $CH_3{-}(CH_2)_2{-}CH_3$ 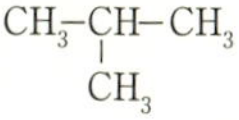	
	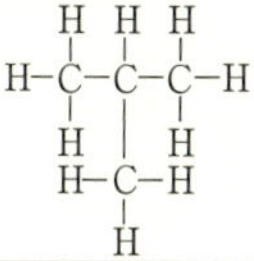	$CH_3{-}CH{-}CH_3$ │ CH_3	
C_2H_4	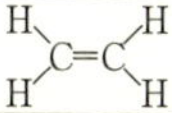	$H_2C{=}CH_2$	
C_3H_6	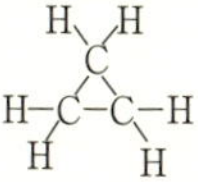	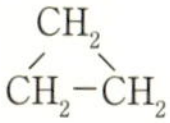	
	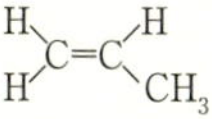	$H_2C{=}CH{-}CH_3$	
C_6H_6	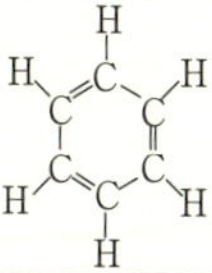	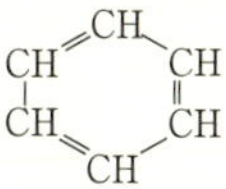	

5　置換基

有機化合物の構造と性質は複雑であり、原子数が多くなると、とんでもなく複雑になる。しかし、このように複雑な分子でも一目見るとその性質や反応性をパッと推定することができる。それは有機分子を胴体と顔に分けるのである（人間でも、人相を見れば性質が分かる？）。

有機分子を、本体部分とそれに付随した**置換基**に分けるのである。置換基は人間の顔のようなもので、それぞれ固有の性質と反応性を持っている。したがって有機分子の場合も、胴体部分がどのように大きくて複雑でも、置換基を見れば、性質が分かるのである。

置換基は**アルキル基**と**官能基**に分けることができる。アルキル基は一重結合で結合した炭素と水素からできたものであり、記号Rで表されることがある。官能基は二重、三重結合や、C、H以外の原子を含むものである。分子の性質と反応性は官能基によって決定的に支配される。

主な置換基の名前と構造、およびその置換基を持つ化合物の一般名と例を表にまとめた。それぞれの物性と反応性は次章で見ることにする。

置換基の種類

	置換基	名称	一般式	一般名	例
アルキル基	$-CH_3$	メチル基			CH_3-OH メタノール
	$-CH_2CH_3$	エチル基			CH_3-CH_2-OH エタノール
	$-CH{<}^{CH_3}_{CH_3}$	イソプロピル基			${}^{CH_3}_{CH_3}{>}CH-OH$ イソプロパノール
官能基	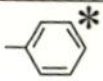*	フェニル基	R- 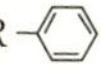	芳香族	CH_3- 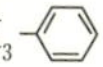 トルエン
	$-CH=CH_2$	ビニル基	$R-CH=CH_2$	ビニル化合物	$CH_3-CH=CH_2$ プロピレン
	$-OH$	ヒドロキシ基	$R-OH$	アルコール フェノール	CH_3-OH メタノール  $-OH$ フェノール
	$>C=O$	カルボニル基	${}^{R}_{R}{>}C=O$	ケトン	${}^{CH_3}_{CH_3}{>}C=O$ アセトン 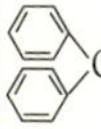 $C=O$ ベンゾフェノン
	$-C^{/\!/O}_{\backslash H}$	ホルミル基	$R-C^{/\!/O}_{\backslash H}$	アルデヒド	$CH_3-C^{/\!/O}_{\backslash H}$ アセトアルデヒド  $-C^{/\!/O}_{\backslash H}$ ベンズアルデヒド
	$-C^{/\!/O}_{\backslash OH}$	カルボキシル基	$R-C^{/\!/O}_{\backslash OH}$	カルボン酸	$CH_3-C^{/\!/O}_{\backslash OH}$ 酢酸  $-C^{/\!/O}_{\backslash OH}$ 安息香酸
	$-NH_2$	アミノ基	$R-NH_2$	アミン	CH_3-NH_2 メチルアミン  $-NH_2$ アニリン
	$-NO_2$	ニトロ基	$R-NO_2$	ニトロ化合物	CH_3-NO_2 ニトロメタン 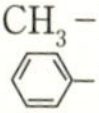 $-NO_2$ ニトロベンゼン
	$-CN$	ニトリル基 (シアノ基)	$R-CN$	ニトリル化合物	CH_3-CN アセトニトリル 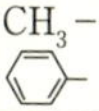 $-CN$ ベンゾニトリル

* フェニル基は $-C_6H_5$ で表されることも多い。この場合トルエン（メチルベンゼン）は $CH_3-C_6H_5$ となる。

6 置換基効果

置換基はそれぞれ固有の物性と反応性を持ち、化合物に大きな影響をあたえる。一方で置換基が分子に与える影響は互いに似ている面もある。このような影響を**置換基効果**という。

†立体効果

基質の反応部位に近い所に大きなアルキル基が付いていたら、そこを攻撃しようとする試薬分子にとっては大変邪魔になり、反応が阻害される。このように、置換基の体積に基づく置換基効果を**立体効果**という。

†電子・電気的効果

置換基による効果のうち、電気的なもの、すなわち、置換基が付くことによって基質の電子が増えたり減ったりする効果である。

A 電子求引基

基質から電子を引きだし、基質をプラスに帯電させる働きを持つ置換基を電子求引基という。塩素Clのように電気陰性度の大きい原子が付けば、塩素が電子を引き寄せるので基質はその分だけプラスに帯電することになる。電子求引基はこのように、電気陰性度の大きい原子を持つ置換基、すなわちOHやNH_2などが該当する。

また、炭素以外の原子をXとするとC=X結合を持つ置換基も該当する。すなわち、カルボニル基、ホルミル基、カルボキシル基、ニトロ基、ニトリル基などである。

B 電子供与基

基質に電子を与え、基質をマイナスに帯電させる置換基を電子供与基という。OHやNH_2からH^+が外れたO^-、NH^-など、負電荷を持つ置換基が典型的である。そのほかにアルキル基も電子供与性である。

置換基効果

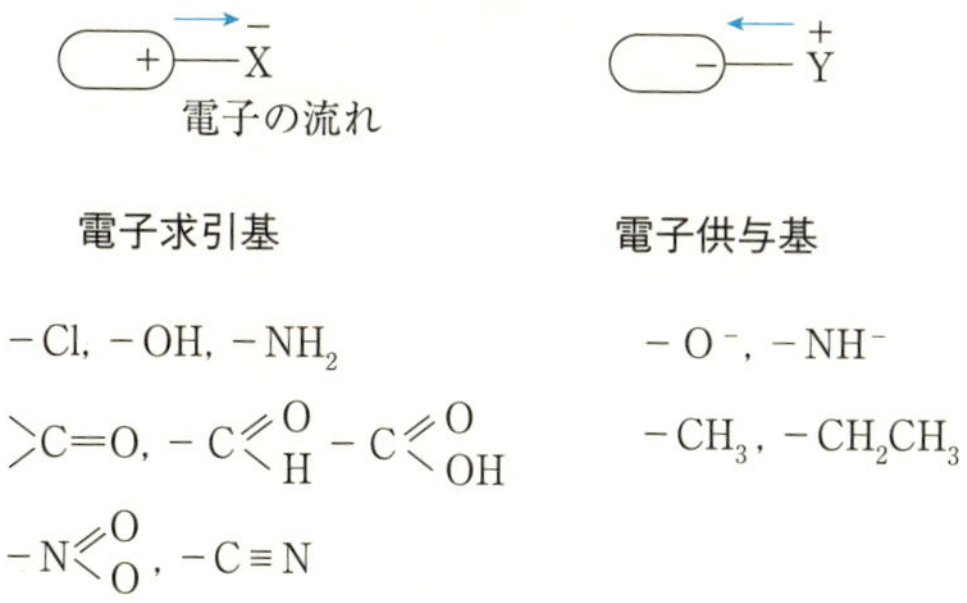

7 異性体

分子を構成する原子の種類と個数を表したものを**分子式**という。水の分子式はH_2Oであるが、これだけでは3個の原子がH-H-Oと並んでいるのかH-O-Hと並んでいるのかは分からない。そこで原子の並び順を表した記号（図）を作る。これを**構造式**という。同じ分子式でありながら、構造式の異なるものが現れる。このようなものを互いに**異性体**という。炭化水素の異性体の個数を表に示した。このように異性体の個数は、原子数が多くなると爆発的に増える。有機化合物の種類が無数といってよいほど多いというのは、このような背景があるからである。

実際の異性体の例を図（中央）に示した。鎖状飽和炭化水素の場合、炭素数3までは異性体はないが、4になると2個の異性体、5になると3個の異性体、6になると5個の異性体が現れることが分かる。

不飽和結合を持つ可能性のある分子式になると、異性体の数はずっと多くなる。二重結合の位置が異なれば異なる分子であり、さらに環状になる可能性も出てくる。実はC_4H_8の分子には、図（下）に示したもの以外にさらに異性体がある。それは次の項で見てみよう。

異性体の個数・構造式

分子式	異性体の個数
C_4H_{10}	2
C_5H_{12}	3
$C_{10}H_{22}$	75
$C_{15}H_{32}$	4347
$C_{20}H_{42}$	366319

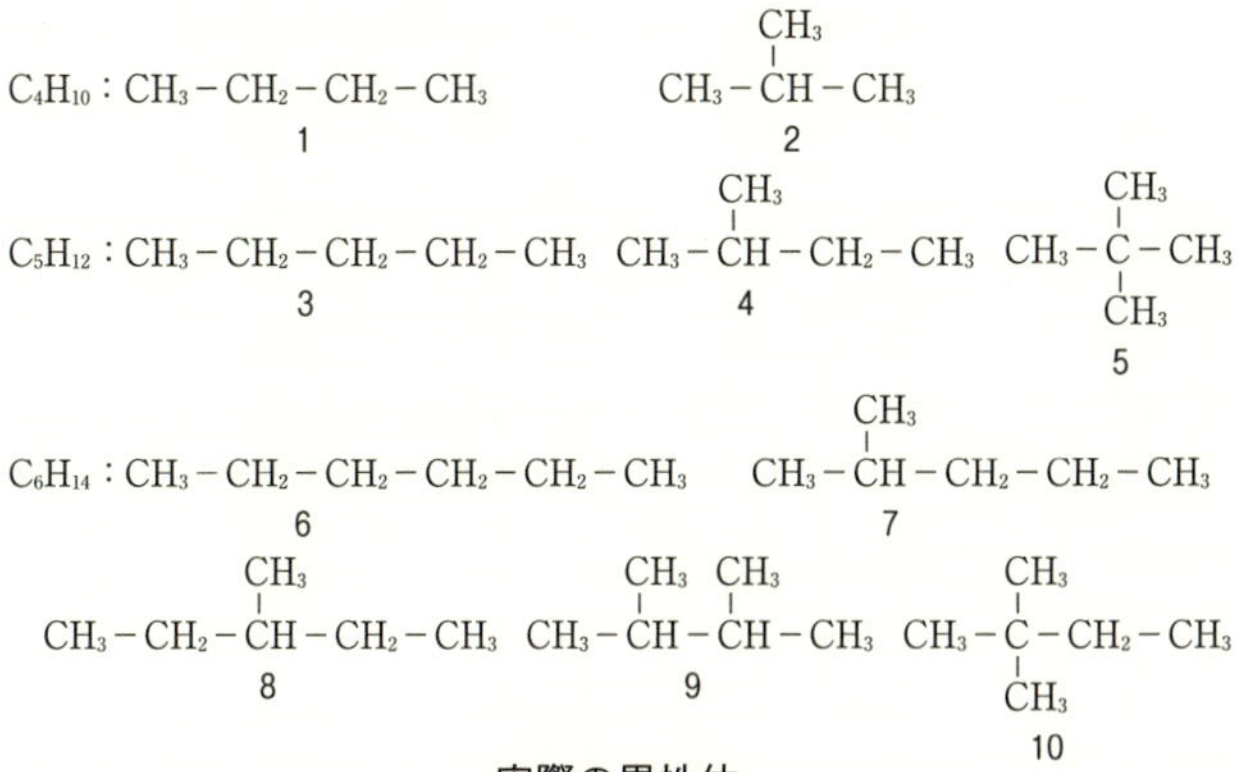

実際の異性体

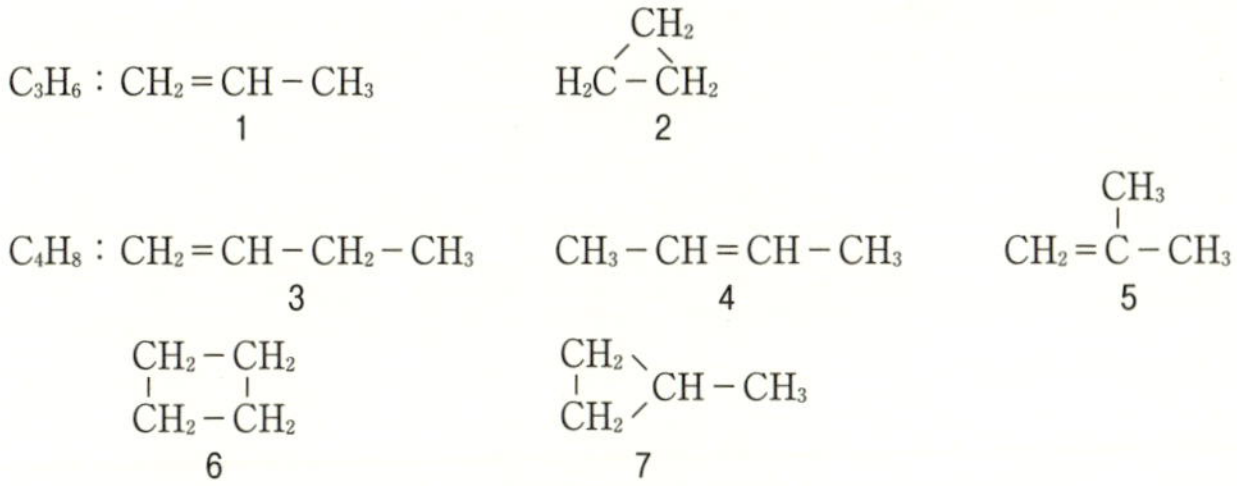

複雑な異性体

8 立体異性体

原子の並び順は同じでも、空間的な立体配置の異なるものがある。

†シス・トランス異性

そのような異性の一つが**シス・トランス異性**である。前項で見たC_4H_8の異性体の一つであった化合物4、すなわちCH_3-CH=CH-CH_3には異性体があるのである。それは図（上）のAとBである。

Aでは2個のメチル基CH_3が二重結合の同じ側に結合している。それに対してBは反対側に結合している。Aをシス体、Bをトランス体といい、このような異性現象をシス・トランス異性という。AとBはまったく異なる分子であり、物性も反応性も異なる。

†回転異性体

エタンのC-C結合はσ結合であり、回転可能である。その結果、図（中央）のC、D両方の構造が可能となる。Cでは手前の水素と奥の水素が重なっているので**重なり形**、D

は互いにねじれているので**ねじれ形**といい、このような異性現象を**回転異性**という。円を用いた構造式（ニューマン投影式）は、結合が中心まで見えているのが手前の炭素に結合した水素、結合が切れているのが奥の炭素に結合したものを表す。

立体異性体

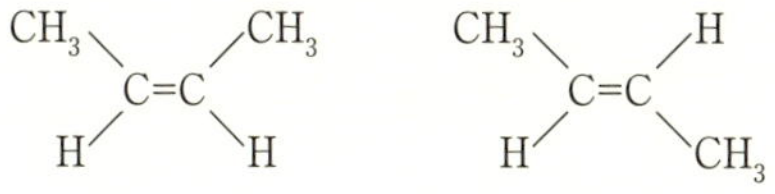

A シス体　　B トランス体

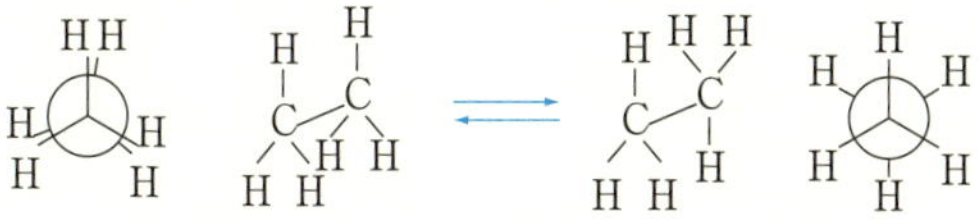

重なり形　C　　D　ねじれ形

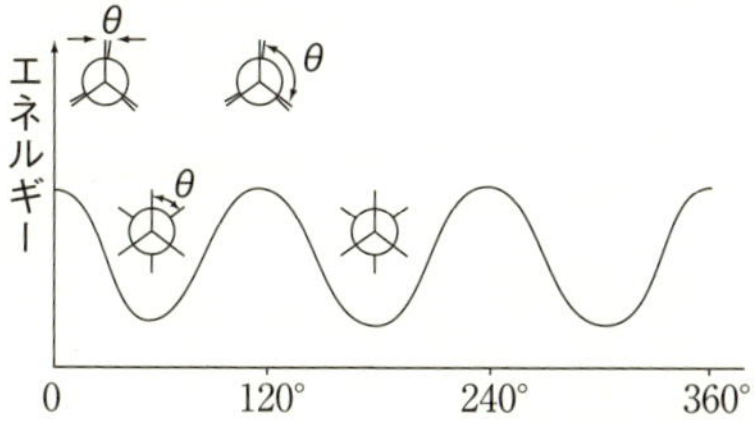

重なり形では水素間に立体反発があるので不安定形（高エネルギー）であり、ねじれは安定（低エネルギー）である。この結果、60度回転するごとにエネルギーカーブに山と谷が現れる（図下）。これはC-C結合の回転が完全に自由回転ではないことを表す。しかし、この山は低くて室温のエネルギーで超えることができるので、両方の異性体を分離することはできない。

9 光学異性体

図（上）で実線で表した結合は紙面上にあり、点線は紙面の奥に伸び、クサビ状の結合が手前に飛び出していることを示す。化合物A、Bでは共に1個の炭素に互いに異なる4個の置換基WXYZが結合している。しかし、両者をどのように回転しても重ね合わせることはできない。これはAとBが互いに異なる分子、すなわち異性体であるからである。

これは右手と左手の関係に似ている。右手を鏡に映せば左手に重なるが、右手と左手は互いに異なる手である。このような異性現象を**鏡像異性体**あるいは**光学異性体**という。そして、このように4種の異なる置換基を持った炭素を**不斉《ふせい》炭素**という。

光学異性体の性質

光学異性体は、その化学的性質はまったく等しい。したがって、化学的に合成するとAとBの1：1混合物が生成する。これをラセミ体という。ラセミ体を化学的手段で分離することは、特殊な工夫をしない限り不可能である。

しかし、光学異性体の光学的性質と生理的な性質はまったく異なる。光学異性体の典型的な例はタンパク質を作るアミノ酸である。アミノ酸にはD体とL体という光学異性体が存在する（図中央）が、自然界に存在するのはほとんど全てがL体のみである。なぜ、そのようになったのかは誰も知らない。味の素はグルタミン酸というアミノ酸であるが、現在は微生物の発酵で作っているのでL体である。

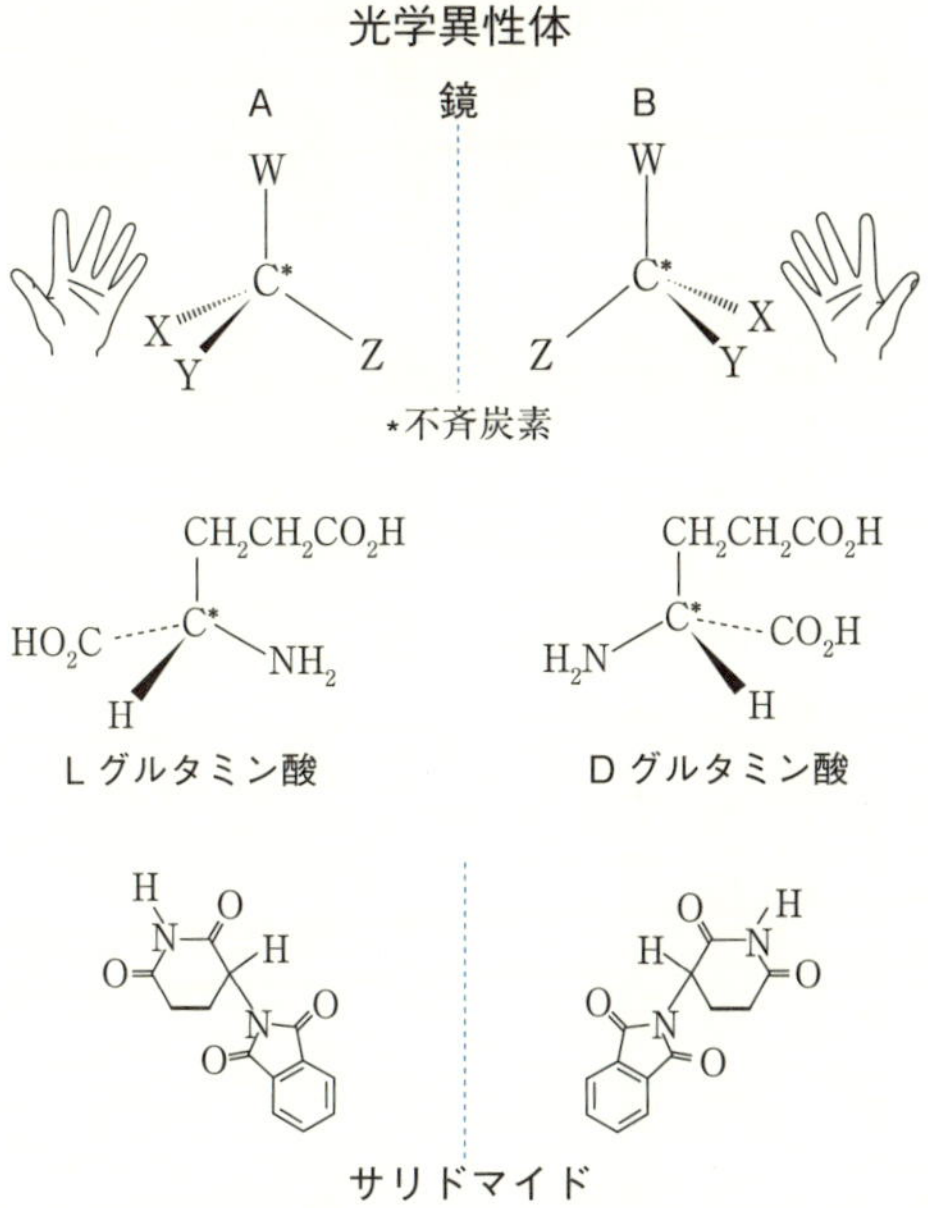

†サリドマイドの例

図（下）の分子は**サリドマイド**である。これにも光学異性体がある。サリドマイドはかつて睡眠薬として市販され、副作用としてアザラシ症候群の子供が誕生した薬剤である。どちらかの異性体が睡眠性を持ち、どちらかが催奇形性を持っていたのであろう。

10 酸・塩基

有機分子の重要な性質の一つに酸性・塩基性がある。先に見たように、有機分子の酸性・塩基性はブレンステッドの定義による。それによれば、**酸**とはH^+を出すものであり、**塩基**はH^+を受け取るものである。

†有機物の酸

有機物の酸の代表は、ギ酸 HCOOH や酢酸 CH_3COOH などの**カルボン酸** R-COOH である。これは解離してH^+とカルボン酸陰イオン $R\text{-}COO^-$ を出す。もちろん塩酸 HCl や硫酸 H_2SO_4 などの無機酸に比べて解離する力が弱い。これはH^+を出す力が弱いということであり、酸としては力が弱いということになる。当然、弱酸である。

しかし、塩素Clのような電子求引基が付くと、O-H 結合の結合電子雲がClに引き付けられる。この結果、Hの周囲の電子が少なくなり、H^+として外れやすくなり、酸の強さが強まる。塩素が3個付いたトリクロロ酢酸は無機酸並みの強度を持つ。

有機物の塩基

ブレンステッドの定義によれば、有機物の塩基の典型は**アミン**$R\text{-}NH_2$である。アミンの窒素原子はsp^3混成状態であり、非共有電子対を持つ。この非共有電子対にH^+が結合して第4級アンモニウム塩$R\text{-}NH_3^+$となる。

そのためには、非共有電子対にたくさんの電子があったほうが有利である。これはアミンの窒素原子にアルキル基が結合しているほど有利ということになる。

すなわち、「電子求引基がたくさん付けば強酸となる」「電子供与基がたくさん付けば強塩基となる」のである。

有機物の酸・塩

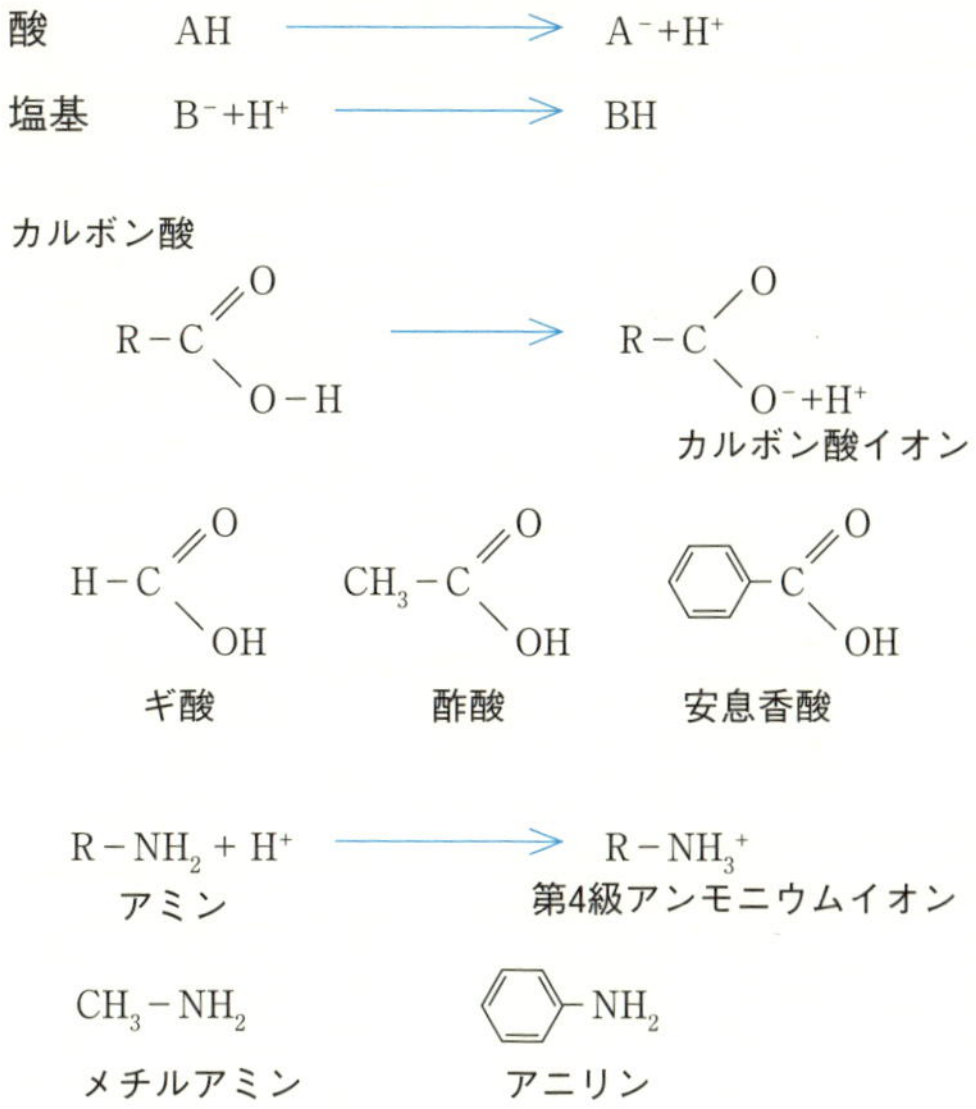

11 石炭・石油・天然ガス

石炭、石油、天然ガスは現代社会におけるエネルギー源として重要である。**石炭**の分子構造は極端に大きく、極端に複雑で、構造と物性の間に関連性はない。**天然ガス**の成分は90％以上がメタンCH_4である。

石油の構造

石油は基本的に鎖状飽和炭化水素であり、炭素数4個程度から数十個までの各種成分が含まれている。そのため、蒸留によって何種類かの製品に分けている。それは沸点の低い物から順にガソリン、灯油、軽油、重油、ピッチ（残渣）などになる。これらの製品と炭素数の関係はおよそ表のようである。

石炭、石油、天然ガスは古代の生物の遺骸が地熱と地圧で変化したものと考えられることからまとめて**化石燃料**と呼ばれる。化石燃料を燃焼すると**二酸化炭素**（CO_2）が発生するが、二酸化炭素は**温室効果**を持ち、地球を暖める作用がある。そのため、化石燃料の使用を控えようとの動きがある。

†二酸化炭素の発生量

石油が燃えるとどれほどの二酸化炭素が発生するのか計算してみよう。石油の燃焼の反応式は式①である。簡単化のため、石油の構造式にある両端のHを無視すると構造式は $(CH_2)_n$ となり、分子量は14nとなる。この石油1分子にはn個の炭素が含まれるから、燃焼するとn個の二酸化炭素が発生する。二酸化炭素の分子量は44であるから、n個では44nとなる。

つまり、総分子量14nの石油から総分子量44nの二酸化炭素が発生するのだ。石油の3倍の重さの二酸化炭素が発生するのである。10万トンタンカー1隻分の石油が燃えると30万トンの二酸化炭素が発生する。この関係は心に留めておいてよいのではなかろうか。

石油の種類

名前	炭素数
ガソリン	5～11
灯油	9～18
軽油	14～20
重油	>17
パラフィン	>20
ポリエチレン	数千～数万

$$H-(CH_2)_n-H \xrightarrow{O_2} nCO_2+(m+1)H_2O \quad ①$$

分子量	約14n	44n	約18n

第12章 有機化合物の反応

1 有機化学反応の特徴

有機分子の大きい特徴の一つは、化学反応を起こしやすいということである。加熱、あるいは他の分子との衝突などによって容易に反応を起こして他の分子に変化する。

分子AとBが衝突して反応する時、片方を**試薬**、片方を**基質**という。どちらを試薬とするかについて明確な決まりはない。一般的に体積の小さいほう、電荷を持っている（イオン）ほう、炭素水素以外の原子を持っているほうを試薬とするが、注目しているほう、その本あるいは単元で問題としているほうということもある。

求核試薬と求電子試薬

試薬が攻撃する時、基質のプラスに荷電した部分を攻撃する試薬を**求核試薬**、その反応を**求核反応**あるいは**求核攻撃**という。反対に基質のマイナスに荷電した部分を攻撃するものを**求電子試薬**、その反応を**求電子反応**、**求電子攻撃**という。

有機化学反応の多くは逐次反応でありA→B→C→……というように次々と反応が進行する。したがって反応をいつまでも放置すると、最終的に思いがけない生成物の複雑な組成の混合物となり、収拾がつかなくなる。

反応の連続

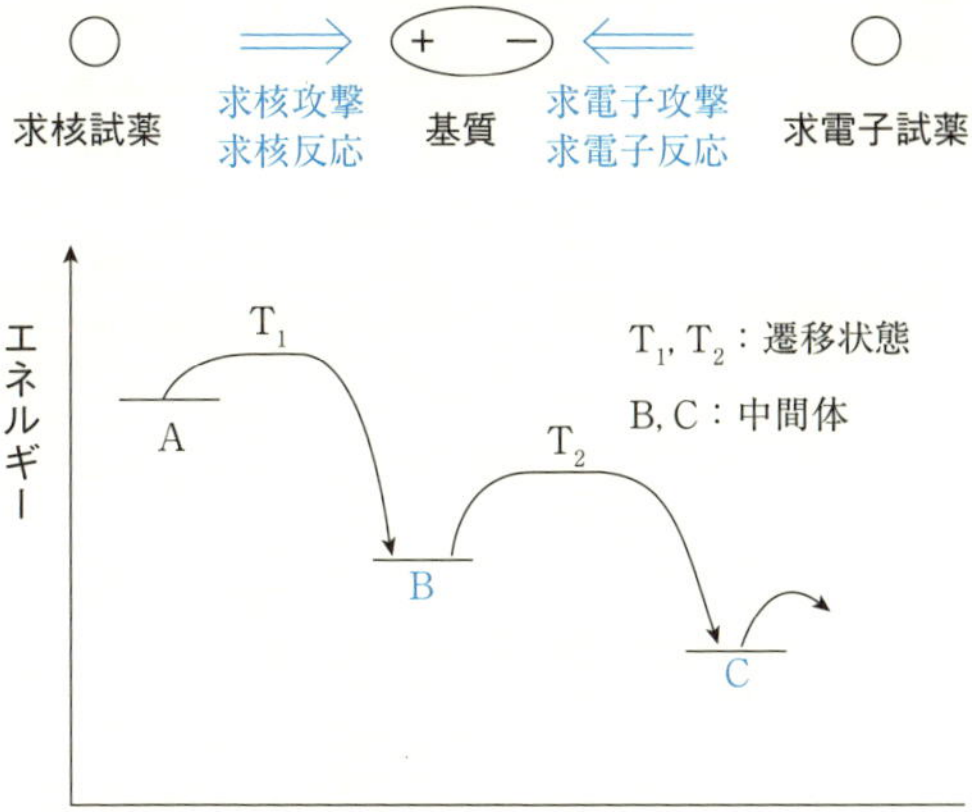

このような反応において途中で生成するB、Cは生成物の一種であり、**中間体**という。中間体は工夫さえすれば単離してその構造、性質を明らかにすることができる。先に見た遷移状態とは、原理的に異なるものである。

†有機溶媒

一般に有機分子は液体の有機物にしか溶けないので、有機化学反応はこのような液体の中で行う。これを**有機溶媒**という。しかし先に見た超臨界水は有機物を溶かすので、最近、超臨界水の中で有機化学反応を行う研究が盛んである。この場合、有機物の廃棄物が大幅に少なくなるので環境に優しいことになる。

2 酸化・還元反応

化学にとって酸化・還元の概念は、基本的な概念の一つである。当然、有機化合物も**酸化・還元反応**を行う。有機化合物の元素組成は複雑である。そのような化合物が反応によって変化した場合、酸化された原子もあるし、還元された原子もある。しかし**有機化合物の酸化・還元は、反応中心の炭素について考える。**

酸化・還元反応において、酸素との反応は重要である。具体的には分子を構成する酸素原子の個数が増えたのか？　それとも減ったのか？　である。しかし、酸素原子の増減は分かりにくいこともある。結局、**重要なのは酸化数の増減**である。それによって、炭素原子が酸化されたのか？　それとも実は変化していなかったのか？　が分かる。

†酸化数

表は、炭素1個を含む有機分子中の炭素の酸化数を表したものである。炭化水素（メタン）↓アルコール（メタノール）↓アルデヒド（ホルムアルデヒド）↓カルボン酸（ギ酸）↓二酸化炭素の順で酸化数が増え、炭素が酸化されていることが分かる。

炭素の酸化数

種類	構造式	酸化数
炭化水素	CH_4	−4
アルコール	CH_3OH	−2
アルデヒド	$H-C(=O)-H$	0
カルボン酸	$H-C(=O)-OH$	+2
二酸化炭素	$O=C=O$	+4

種類	構造式	酸化数
単体	C	0
三重結合	$HC\equiv CH$	−1
二重結合	$H_2C=CH_2$	−2
一重結合	H_3C-CH_3	−3

すなわち、「炭素の酸化反応」は、この矢印の方向に進む反応のことであり、反対方向に進む反応が「炭素の還元反応」ということになる。

†水素との反応

水素との反応も酸化・還元反応の一種である。単体炭素↓三重結合（アセチレン）↓二重結合（エチレン）↓一重結合（エタン）の順で酸化数が減少し、炭素が還元されていることが分かる。

すなわち、この矢印の方向に進む反応が「炭素の還元反応」であり、反対に進む反応が「炭素の酸化反応」なのである。

3 酸・塩基の反応

前章で見たように、有機化合物にも酸、塩基があり、酸と塩基の反応、中和反応を行う。

有機酸と無機塩基の反応

有機酸の典型はカルボン酸 RCOOH であり、無機塩基の典型は水酸化ナトリウム NaOH である。この両者が反応すると図に示したように塩《えん》としてカルボン酸ナトリウム塩と水が生じる。

炭酸 H_2CO_3 が一分子の水酸化ナトリウムと反応すると、炭酸水素ナトリウム（重曹）が生じ、二分子の水酸化ナトリウムと反応すると炭酸ナトリウムが生じる。

有機塩基と無機酸の反応

有機塩基の典型はアミン RNH_2 である。これが無機酸の塩酸と反応すると、塩としてアミンの塩酸塩が生じる。この反応では水は生じない。一種の付加反応の形をとっている。

†有機酸と有機塩基の反応

カルボキシル基とアミノ基の両方を持つアミノ酸においては、カルボキシル基が放出したH^+をアミノ基が受け取って、それぞれカルボン酸イオン、第四級アンモニウムイオンとして存在する。このように一分子中に陽イオンと陰イオンの両方を持つ分子を**双極性化合物**という。

カルボン酸とアミンを反応すると、水とともにアミドと呼ばれる化合物を生じる。しかしこの反応ではそれぞれは酸、塩基として反応しているわけではないので、中和反応とはいえない。

有機酸と塩基の反応

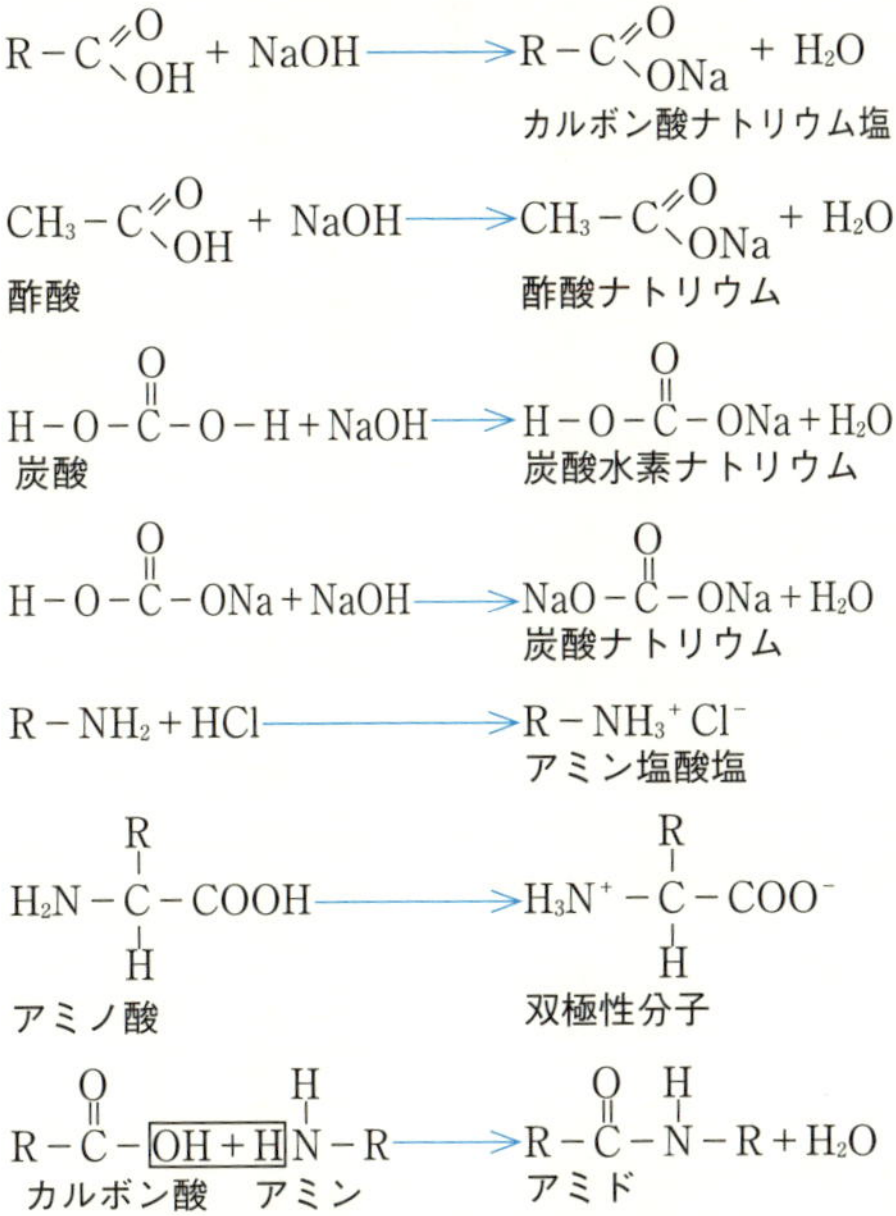

4 置換反応

ある置換基Xが別の置換基Yに置き換わる反応を**置換反応**という。典型的な例として、アルコール（X=OH）が塩酸と反応して塩化物（Y=Cl）に変化する反応がある。

†反応機構

反応がどのような経路を通って進行したかを表したものを一般に**反応機構**という。置換反応には幾つかの種類があり、それぞれに異なった反応機構があるが、そのうちの一つは次のようなものである。

すなわち、アルコールから水酸化物イオンOH^-が脱離し、生じた陽イオン中間体に塩化物イオンCl^-が反応して最終生成物、塩化物になるというものである。

このような反応は、反応が二段階で進行するので一般に**二段階反応**といわれる。先に見た逐次反応の一種である。各段階の反応速度は異なっており、この反応ではOH^-の脱離する過程が遅い。すなわち、この段階が律速段階である。

†置換基効果

この反応を図に示した1〜4までの4種のアルコールを用いて行うと、その反応速度は大きく異なる。すなわち、1は1日経ってもほとんど変化しないのに、4は瞬時に変化する。これは**置換基効果**によるものである。

すなわち、反応機構によってそれぞれのアルコールから生じるのは陽イオン5〜6である。注目すべきは、陽イオン炭素に付いている置換基とその個数である。置換基はメチル基であり、先に見た電子供与基である。これは陽イオン炭素に電子を与え、イオンを安定化させる。当然、メチル基の個数が多いほど余計安定化される。安定な陽イオンほどできやすい、すなわち反応速度が速いということになる。

置換基効果

$$R-OH \xrightarrow{-OH} R^+ \xrightarrow{+Cl^-} R-Cl$$
アルコール　　陽イオン　　塩化物

CH_3-OH　　　　CH_3^+
　　1　　　　　　　5

CH_3-CH_2-OH　$CH_3-CH_2^+$
　　2　　　　　　　6

$$CH_3-\underset{H}{\overset{CH_3}{C}}-OH \qquad CH_3-\overset{CH_3}{C}H^+$$
　　3　　　　　　　7

$$CH_3-\underset{CH_3}{\overset{CH_3}{C}}-OH \qquad CH_3-\underset{CH_3}{\overset{CH_3}{C^+}}$$
　　4　　　　　　　8

速くなる ↓

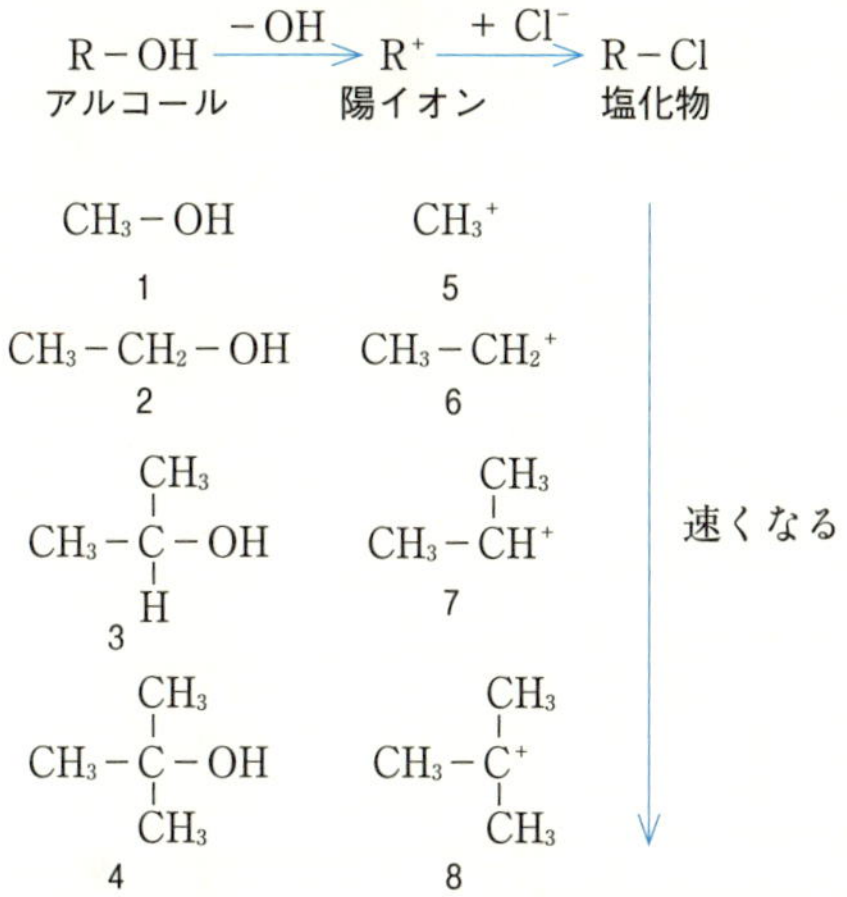

5 脱離反応

大きな分子から小さな分子が抜け出し、跡が二重結合になるような反応を一般に**脱離反応**という。

†反応機構

何種類かの反応機構があるが、前項の置換反応と類似の機構で進行するものもある（図上）。すなわち、出発物1から置換基Xが陰イオンX^-として脱離して中間体の陽イオン3が生成し、そこから陽イオンY^+が脱離して最終生成物2になるというものである。

中間体の陽イオンは、前項で見た置換反応の陽イオンと同じものである。つまり、本反応のイオン3に他の陽イオンZ^+が付加すれば、反応は置換反応として進行することになる。どちらの反応になるかは出発物1の構造、性質と反応条件によって決定される。

†反応例

典型的な例として、アルコールから水が脱離して二重結合化合物になる反応がある。例えば、エタノールからエチレンが生じる反応である。このように**水が脱離する反応を、特に脱水反応という。**

脱水反応は一分子の中にだけ進行するわけではない。二分子の間で起こることもある。この場合には、脱離反応と同時に二分子が結合することになるので、特に**脱水縮合反応**といわれる。

二分子のエタノールから脱水が起こると、ジエチルエーテル（単にエーテルと呼ばれることもある）が生じる。先に見たカルボン酸とアミンからアミドが生じる反応も、脱水縮合反応の一種である。一分子内に2個のヒドロキシ基が存在する場合には環状エーテルが生じる。

脱離反応機構

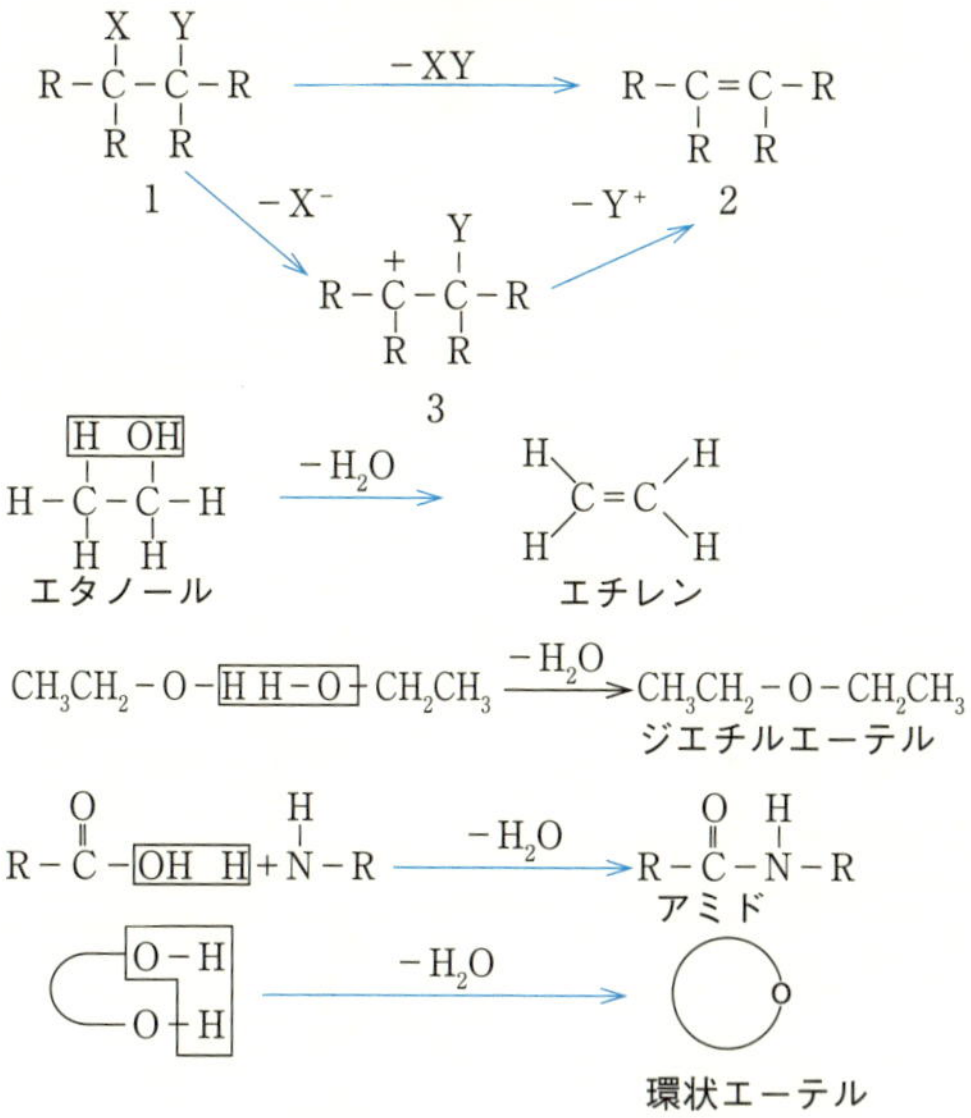

6 付加反応

二重結合 $R_2C=CR_2$ に分子 XY が付加して、一重結合 $R_2XC-CYR_2$ になる反応を**付加反応**という。付加反応には環状化合物を与える**環状付加反応**もある。

反応機構

付加反応にもいくつかのタイプがある。ここでは、分子 XY がイオン的に付加する反応を見てみよう。

反応は3段階で進行する。まず XY がイオン的に解離して X^+ と Y^- になる。次に二重結合化合物1に X^+ が付加してイオン中間体2になり、最後に2に Y^- が付加して最終生成物3になる。臭素分子 Br_2 や水分子が付加する反応はこのタイプである。

反応例

エチレンに水が付加すればエタノールになる。この反応は前項で見たエタノールが脱水反応をしてエチレンになる反応の逆反応である。この反応は工業的なエタノール合成法である。二重結合化合物4に臭素が付加すると、二臭化物5となる。ここから臭化水素 HBr が二分子脱離すれば、三重結合化合物7となる。三重結合の合成法の一つである。

付加反応機構

$$XY \longrightarrow X^+ + Y^-$$

$$R_2C=CR_2 \xrightarrow{X^+} \underset{2}{R_2\overset{X}{C}-\overset{+}{C}R_2} \xrightarrow{Y^-} \underset{3}{R_2\overset{X}{C}-\overset{Y}{C}R_2}$$
$$1$$

$$H_2C=CH_2 \underset{-H_2O}{\overset{\substack{\text{付加反応}\\+H_2O}}{\rightleftarrows}} H_3C-CH_2-OH$$
$$\text{脱離反応}$$

$$R-\underset{H}{\overset{|}{C}}=\underset{H}{\overset{|}{C}}-R \xrightarrow{Br_2} R-\underset{H}{\overset{Br}{\underset{|}{C}}}-\underset{H}{\overset{Br}{\underset{|}{C}}}-R$$
$$4 5$$

$$\xrightarrow{-HBr} \underset{H}{\overset{R}{>}}C=C\underset{H}{\overset{Br}{<}} \xrightarrow{-HBr} R-C\equiv C-R$$
$$6 7$$

$$\underset{8}{||} + \underset{9}{\diagup\!\!\!\diagdown} \longrightarrow \underset{10}{\bigcirc}$$

†環状付加反応

エチレン誘導体8にブタジエン誘導体9を反応させると、環状化合物10が生成する。この反応は、発見者の二人の名前を採ってディールス・アルダー反応といわれる。6員環環状化合物を簡単に高収率で得る反応として、合成的に有用である。

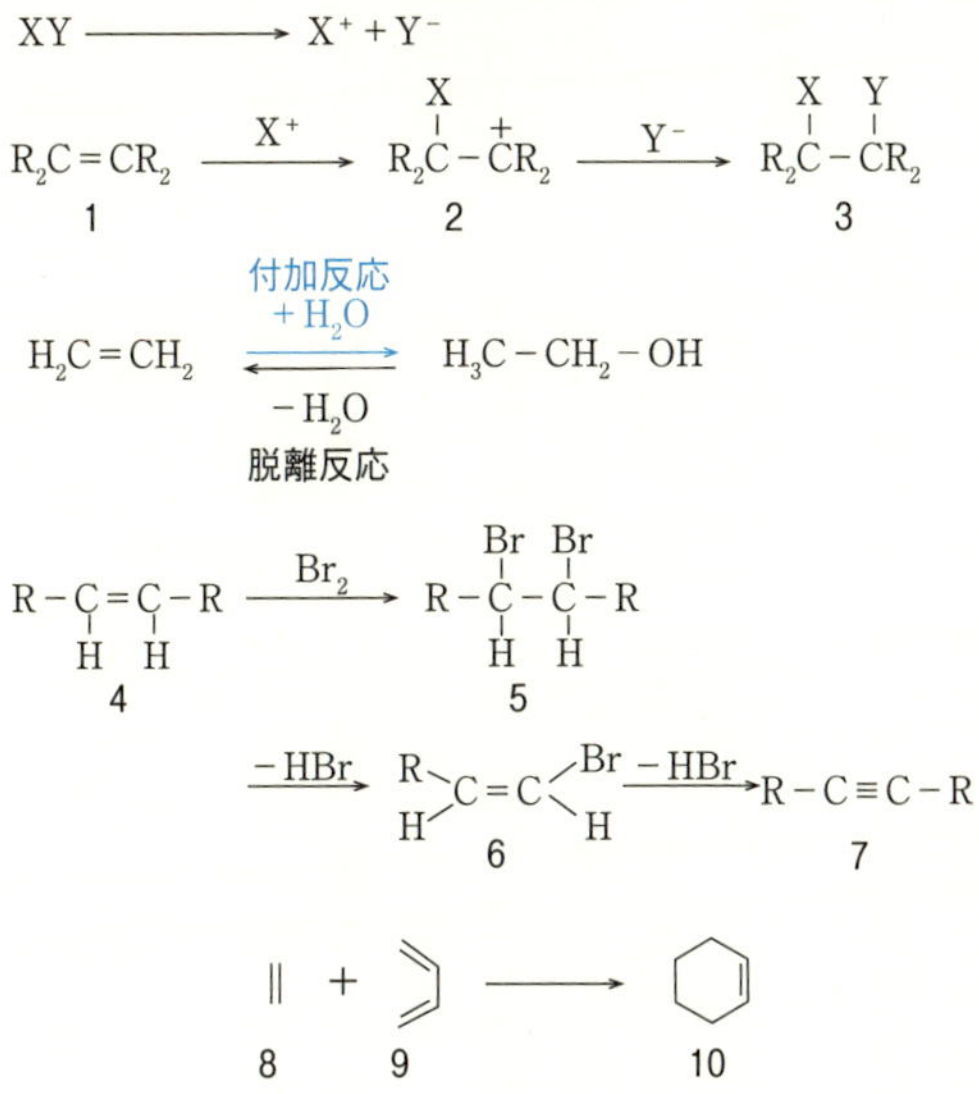

7 金属触媒反応

パラジウムPdやニッケルNi等の金属触媒の存在下に、二重結合や三重結合に水素分子が付加する反応を**接触還元**という。三重結合化合物1にこの反応を行うと、シス付加体2のみが生成してトランス付加体3は生成しない（図上）。

このようにシス体だけが生成する付加反応を**シス付加反応**という。また、このように、反応の可能性が複数あるのに、もっぱらそのうちの一つでのみ進行するものを、選択性のある反応という。この反応がどのような反応機構で進行するのか見てみよう。

†金属の結合

図（中央）は金属結晶の模式図である。結晶内部の金属原子Aは前後左右上下を6個の原子で囲まれている。これは6個の原子と結合していると考えることができる。すなわち、結合に使う手は6本あるのである。ところが、表面にある原子Bの上方の手は結合に使っていない。つまり手が余ってブラブラしているのである。

金属触媒反応機構

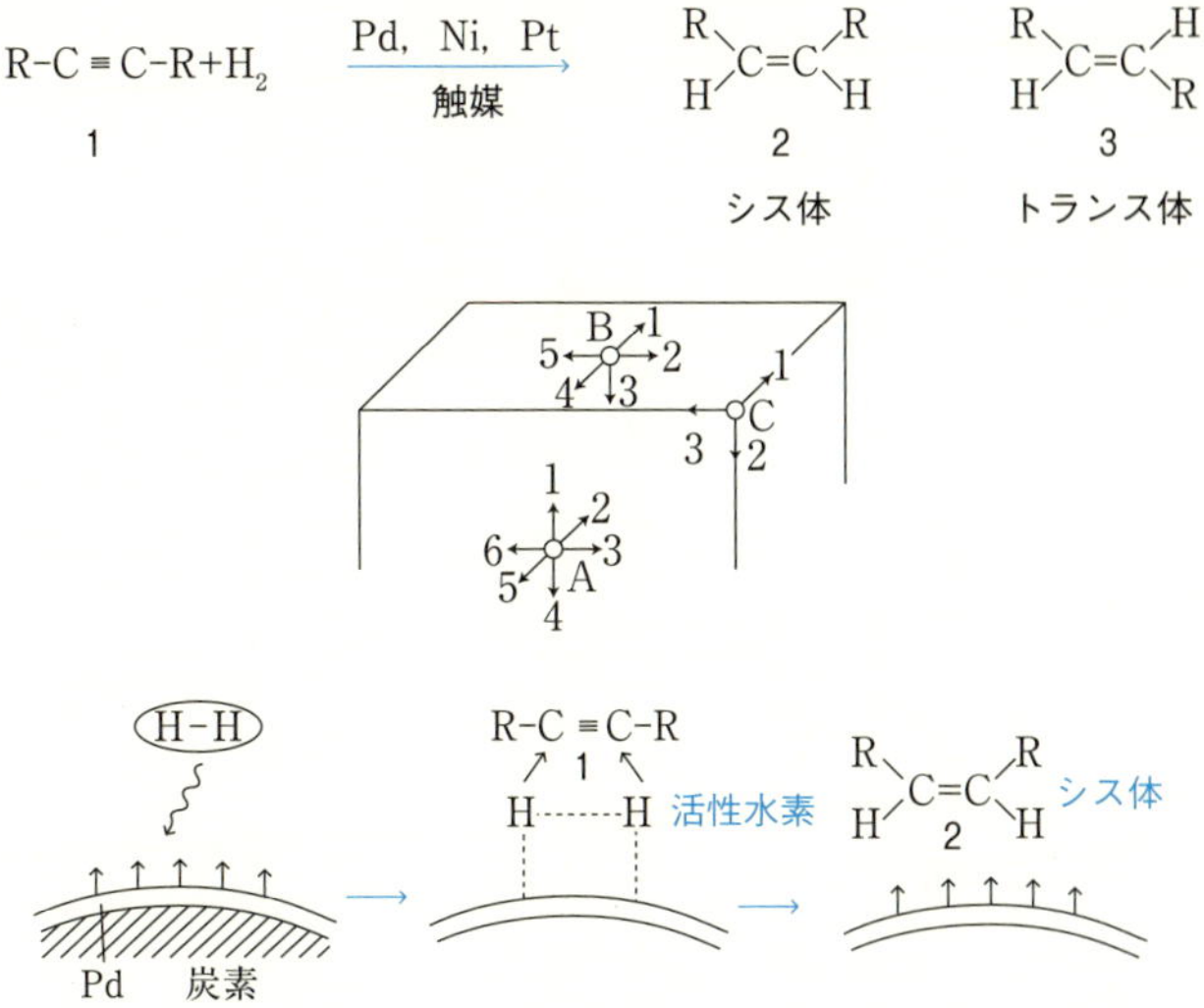

†反応機構

このような金属表面に水素分子が近寄ってくると、金属は余っている手で水素分子と結合する。この結果、それまでの水素分子の本来の結合は弱ってしまう。このような水素は反応性が高いので特に**活性水素**という。つまり、金属触媒は活性水素を作る役割をするのである。

この水素の所に三重結合化合物1が寄ってくると、活性水素分子は、待ってましたとばかりに反応する。この時には、2個の水素原子が同時に同じ側から攻撃する。したがって、生成物はシス体2だけになるのである（図下）。

8　アルコールの性質と反応

アルキル基にヒドロキシ基OHが付いた分子を一般にアルコールという。しかし、フェニル基にヒドロキシ基が付いたものはフェノールといわれる。

†アルコールの性質と反応

アルコールのヒドロキシ基は、解離してHを出すことがないので、アルコールは中性である。アルコールは酸化されるとアルデヒドになり、さらに酸化されるとカルボン酸になる。

お酒を飲むとエタノールが体内の酸化酵素で酸化されて**アセトアルデヒド**になる。アセトアルデヒドは有毒なので、これが二日酔いの元になる。酸化酵素が活性ならばアセトアルデヒドはさらに酸化されて酢酸、二酸化炭素となって無毒化する。

しかし、酸化酵素が不足していると、いつまでもアセトアルデヒドが体内に残って二日酔いとなる。酸化酵素の量は遺伝によるので、親が下戸の人は、お酒は控えたほうが賢明であろう。

アルコールを脱水すると二重結合化合物（エチレン）、あるいはエーテル（ジエチルエーテル）となることは本章第5項で見た通りである。

「無水アルコール」として市販されているものは、エタノールの中に不純物として含まれる水分を除いたものであり、脱水反応をしたものではない。いわば、純度の高いエタノールである。

アルコールの反応

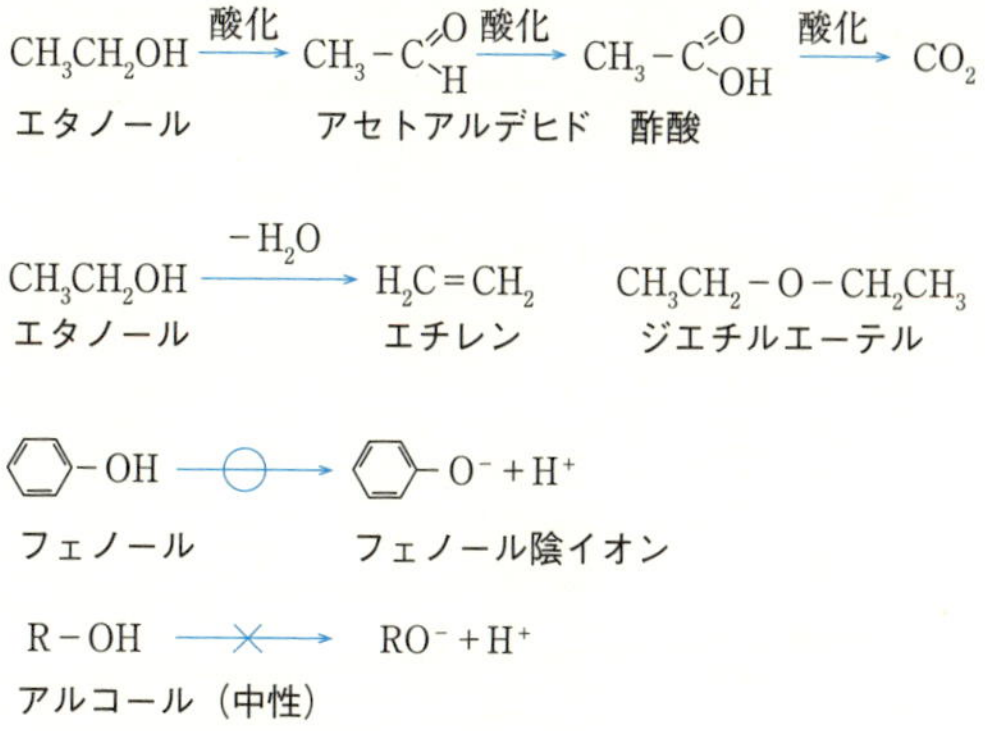

†フェノールの性質

フェノールは日本語で石炭酸という。名前に〝酸〟が付くことから想像されるように、この化合物は酸性である。それは、フェノールがH^+を外したフェノール陰イオンの負電荷がベンゼン環の中に広がることができ、負電荷が薄められるからである。

しかし、アルコールにはそのような作用がないので、アルコールは中性なのである。

9 アルデヒドの性質と反応

フォルミル基 CHO を持つ化合物を**アルデヒド**という。

アルデヒドの性質

メタノール CH_3OH を酸化すると**ホルムアルデヒド**となる。ホルムアルデヒドは毒性が強い。メタノールを飲むと体内でこのホルムアルデヒドが生成し、その毒性で失明したり、命を失うことになる。

ホルムアルデヒドは高分子の一種である熱硬化性樹脂の原料である。そのため、未反応のホルムアルデヒドが樹脂中に残っており、それが空気中に沁み出してくる。これが**シックハウス症候群**の原因といわれる。

アルデヒドの反応

アルデヒドは酸化されるとカルボン酸となり、還元されるとアルコールとなる。一般にアルデヒドは酸化されやすい。これは相手から酸素を奪う働きがあるということであり、相手を還元する働きがあるということである。つまり、**アルデヒドは還元剤として働く。**

相手を還元するということは相手に電子を与えるということである。この性質を利用した反応が**フェーリング反応**と**銀鏡《ぎんきょう》反応**である。

硫酸銅 $CuSO_4$ の水溶液は、2価の銅イオン Cu^{2+} の青色のせいで青い。ここにアルデヒドを加えると水溶液の青い色は消え、代わりに赤い沈殿が生じる。この反応をフェーリング反応といい、アルデヒドの確認に用いられる。赤い沈殿は CuOH である。つまり、アルデヒドが Cu^{2+} を Cu^{+} に還元したのである。

一方、硝酸銀 $AgNO_3$ の無色の水溶液にアルデヒドを加えると、器壁に銀鏡が生じる。これは、アルデヒドが銀イオンAg^{+}を還元して金属銀Agにしたせいである。

アルデヒドの性質

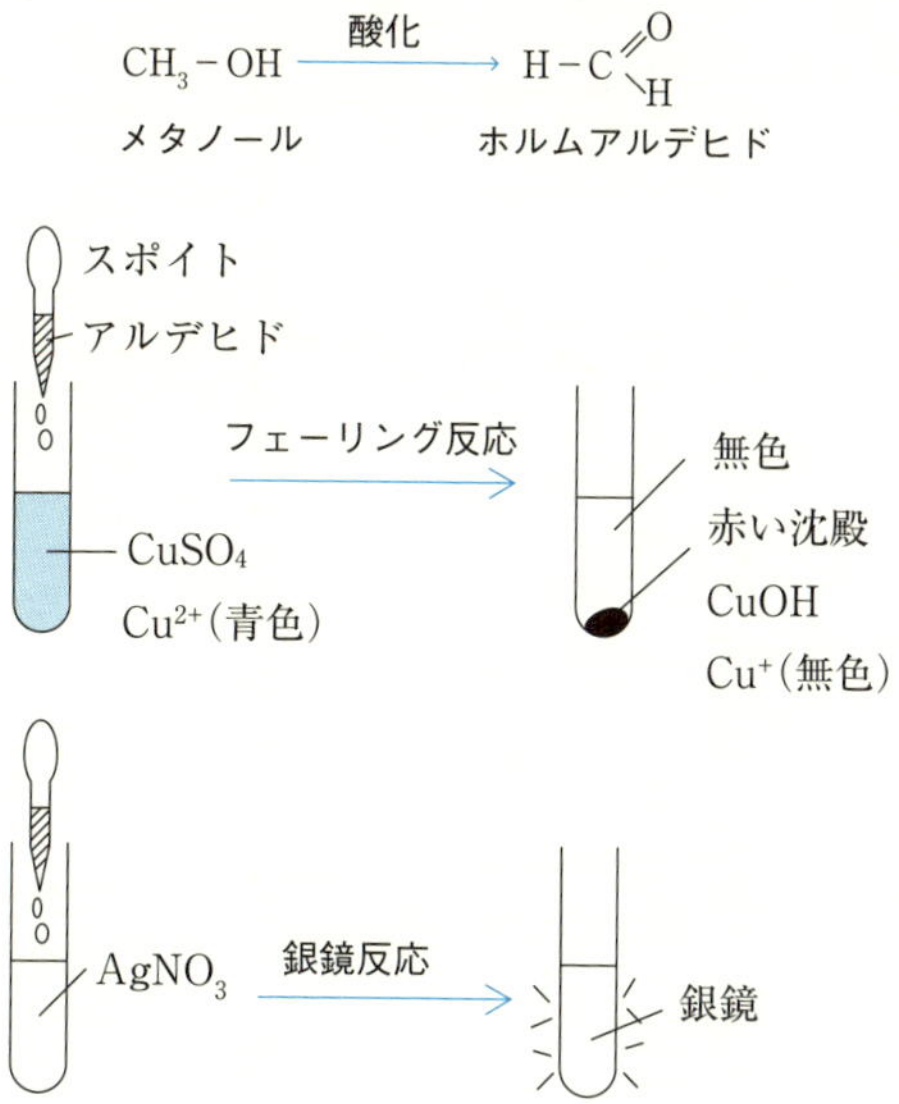

10 カルボン酸の性質と反応

カルボキシル基COOHを持つ化合物を**カルボン酸**という。

†性質

カルボン酸の最大の特徴は酸性であるということである。カルボン酸はH^+を放出してカルボン酸陰イオン$R\text{-}COO^-$となる。

一般にカルボン酸は酸味があり、酢酸は食酢の成分である。また、柑橘類や梅干しの酸味はクエン酸であり、ワインの酸味は酒石酸によるものである。

†反応

カルボン酸は、酸なので水酸化ナトリウムなどの無機塩基と中和反応をして、塩《えん》であるカルボン酸ナトリウム塩を生じる。二分子のカルボン酸から一分子の水が外れると、酸無水物となる。この反応は脱水縮合反応の一種である。

酢酸は融点が16・7℃であり、寒い日には凍って固体となるので**氷酢酸**《ひょうさくさん》といわれることがある。酢酸の酸無水物は**無水酢酸**と呼ばれる。無水アルコールとは異なり、無水酢酸は酢酸が脱水反応をして生成したものであり、酢酸とは異なる化学物質である。

先に見たように、カルボン酸と**アミン**が脱水縮合するとアミドになるが、**カルボン酸とアルコールが脱水縮合するとエステルになる。**一般にエステルは芳香を持ち、果実の香りはエステルによるものが多い。

酢酸とエタノールの反応で生成するエステルは酢酸エチルであるが、一般にサクエチと呼ばれる。酢酸エチルは有機物を溶かす力が強いのでシンナーの成分に用いられたが、毒性が強いので現在では、少なくとも家庭で使うシンナーには入っていない。

カルボン酸の性質

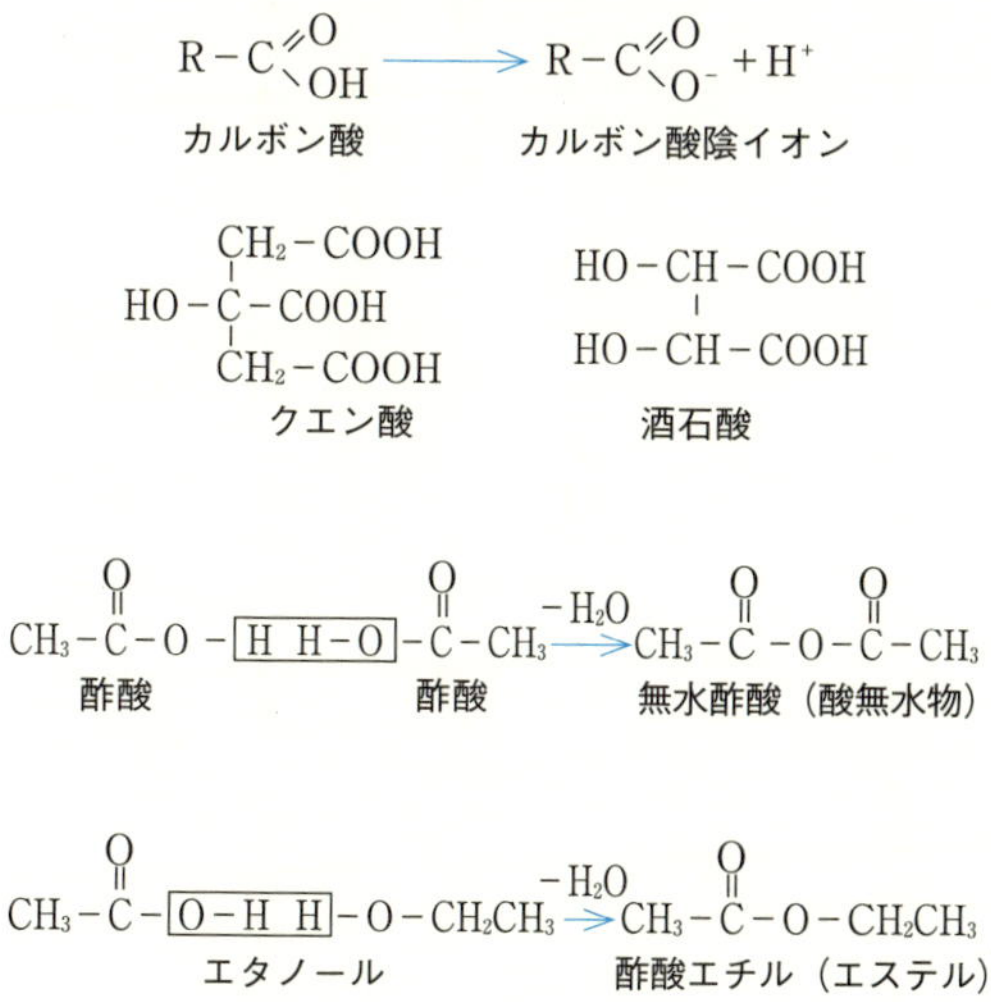

11 芳香族の構造と性質

芳香族とは、ベンゼンを代表とする一群の化合物で、あらゆる化学産業において重要な働きをしている物質である。

†芳香族の性質

芳香族の性質としてあげられるのは

① 安定で壊れ難い
② 反応性に乏しい

分かりやすくするために、逆の場合を考えてみよう。すなわち

③ 不安定で壊れやすい
④ 反応性が激しい

となる。実はこの③、④は混同していることが多い。

③の「不安定で壊れやすい」というのは、高エネルギーということである。このような

勝手に壊れてゆく。それに対して④は反応しやすいということだ。反応するためには、反応の相手が必要である。すなわち、宇宙空間にたった1個で放り出されたら、その分子は反応する機会がないまま、何時までも「安定に」存在し続ける。

つまり、③と④は違うことを言っている。ところが、芳香族化合物はこの両方の意味で安定なのだ。

分子の安定性

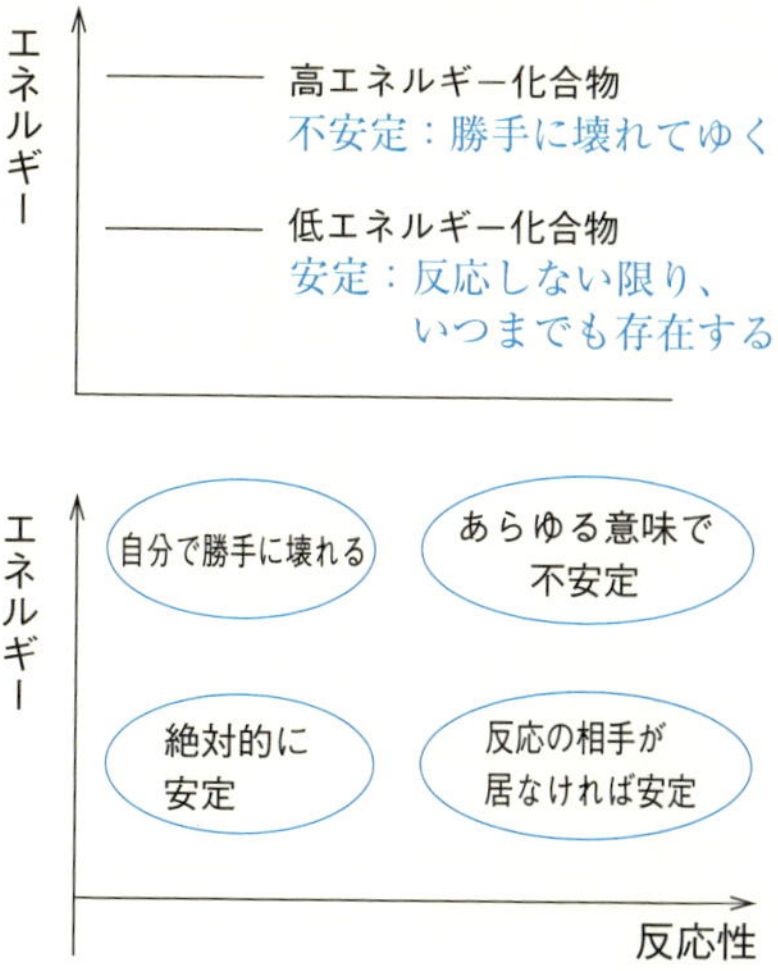

芳香族の構造

それでは芳香族化合物とはどのような化合物なのだろう？　化学的に面倒なことをいい出すとキリがない。ここでは、本書の〝程度〟で定義しよう。それなら簡単で、**ベンゼン環を持っている化合物、フェニル基を持っている化合物**だ。よくカメノコといわれるあの**6員環に1つおきに二重結合の入った特有の構造、それを持った化合物**を芳香族という。

12　芳香族の反応

前項で芳香族化合物は

①　エネルギー的に安定で変化しようとしない（壊れ難い）

②　反応性に乏しい

ということを見た。

ところが、芳香族化合物は一定の種類の反応に対しては、結構反応性が高い。その反応は置換反応で、この反応を特に**芳香族置換反応**ということがある。

誤解しやすいが、普通、置換反応というと置換基Xが他の置換基Yに置き換わることをいう。しかし、芳香族置換反応では違う。芳香環（ベンゼン環）の〝水素H〟が置換基Xに置き換わるのである。

代表的な芳香族置換反応は**ニトロ化**といってよい。この反応はベンゼンに硝酸HNO_3を反応させるものだが、ベンゼンのHがニトロ基NO_2に置き換わっている。また、発見者の名前を採ったフリーデル・クラフツ反応では、水素がメチル基CH_3に置き換わっている。この生成物を**トルエン**という。

トルエンにニトロ化を行うと、ニトロ基が3個（ギリシア数詞でトリ）入った、爆薬で有名なトリニトロトルエンが生成する。しかし、トルエンには5個のベンゼン環水素が存在する。なぜ、トリニトロトルエンのように、対称の特別な位置にだけ入ったのだろう？

これは先に見た選択性の一種である。

有機化学反応には多くの選択性がある。それは決して有機化合物の一時的な思いつきや、〝個人的〟な好き嫌いではない。合理的な理由があるのであり、現代有機化学はその理由を全て〝極めて〟合理的に説明することができる。しかし、それは明らかに本書の程度を超える。

芳香族の反応

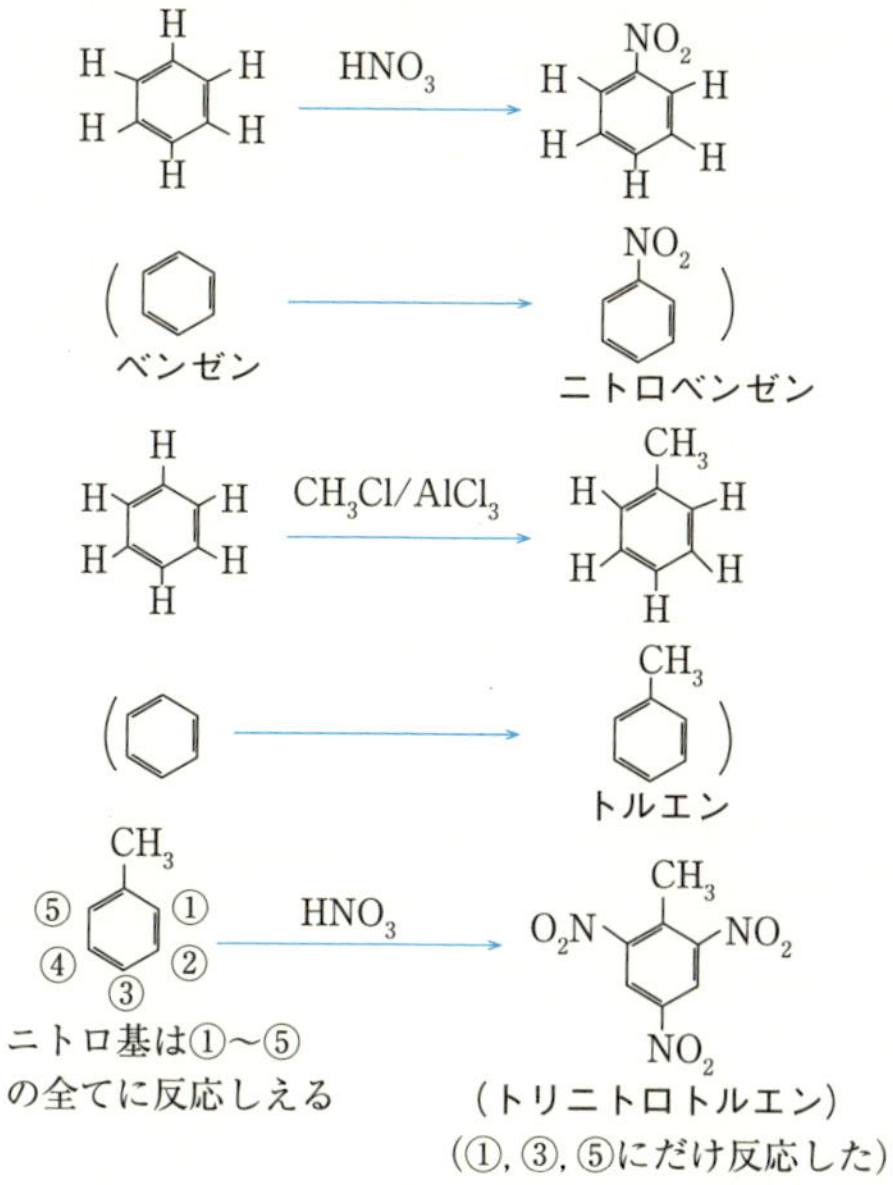

第13章　環境と化学

1　日本の主な公害

第二次大戦後、日本は高度成長路線をとって工業生産の増強を図った。そのツケが回って1960年代になって公害が顕在化した。

†イタイイタイ病

イタイイタイ病は、富山県神通川流域の農家の中年女性を中心に起こった症状である。全身の骨が弱り、ちょっとした刺激でも骨折するので、イタイイタイといいながら病床に就くというものであった。調査の結果、**カドミウム中毒**であることが分かった。神通川上流の亜鉛鉱山が、亜鉛と同族元素で亜鉛と一緒に産出しながら当時は無用だったカドミウムを神通川に廃棄していたのだった。それが下流の農地に浸出して土壌汚染を起こし、そこで育った農作物にカドミウムが濃縮されたのだった。

†水俣病

水俣病は、熊本県水俣市で起こった公害病で、神経を侵され、運動神経が不自由になった。原因は水俣湾沿岸にある化学肥料工場が、触媒に使った**水銀**が入った廃液を湾に廃棄し、それが**生物濃縮**によって高濃度化し、住民の口に入ったというものであった。工場が廃棄したのは無機水銀であったが、それが生物体内で**メチル水銀** CH_3HgX（Xは塩素Clなど）に変化したのだった。

公害の図式

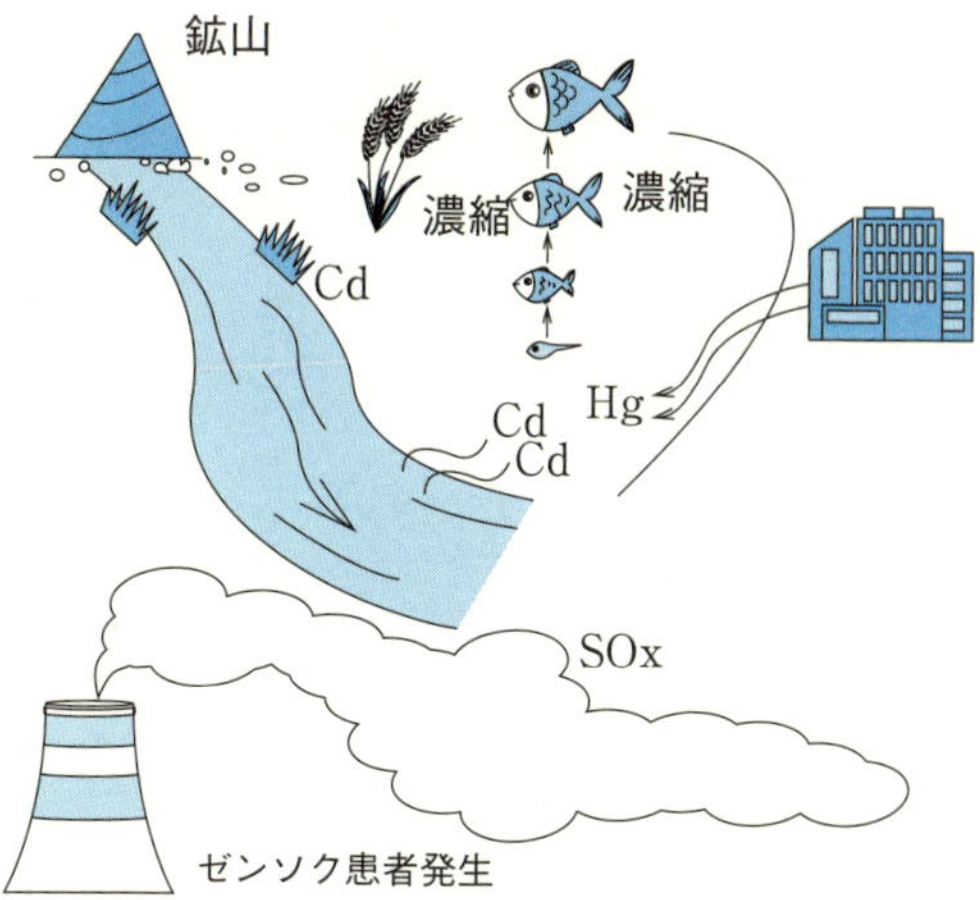

†四日市ゼンソク

1960年代、三重県四日市市に四日市コンビナートが設置され、ゼンソク患者が多発した。工場から排出される煤煙に含まれる**イオウ酸化物** SOx が原因であった。

2 PCBとダイオキシン

公害源の物質としてよく知られたのがPCBとダイオキシンである。

†PCB

PCBはポリクロロビフェニルの頭文字であり、フェニル基が2個（ビ）結合した骨格に塩素（クロロ）がたくさん（ポリ）結合したものという意味である。

PCBの毒性が明らかになったのは、1968年に西日本に起こった**カネミ油症事件**であった。これはコヌカ油にPCBが混入し、多くの被害者が皮膚障害や肝機能障害を起こした事件だった。これを機にPCBの製造、使用は禁止されたが、問題はPCBの安定性であった。

当時の化学技術ではPCBを分解無毒化することはできなかった。そこで政府は、回収したPCBを、分解技術が開発されるまで各事業所で保管するよう義務づけた。ようやく最近になって**超臨界水**を用いて効率的に分解する技術が実用化され、分解が始まった。

†ダイオキシン

1970年代まで続いたベトナム戦争で、アメリカ軍はジャングルに潜むベトナムのゲリラ兵を掃討するため**「枯葉作戦」**を敢行した。これは2,4-Dなどの除草剤を大量散布し、ジャングルを丸裸にしようという無謀なものであった。ところが、散布領域で肢体の不自由な子供が出ていることがわかり、その原因として除草剤に不純物として含まれる**ダイオキシン**があげられた。

ダイオキシンはPCBと同様に、有機塩素化合物の一種であり、ベンゼン骨格にたくさんの塩素が付いた化合物である。これは塩素を含む物質が低温で燃える時にも発生することが分かり、日本中のゴミ焼却炉が高温燃焼型に改良された。

しかし、ダイオキシンの毒性に関しては最近疑問を呈する向きがあり、毒性の程度は見直されつつある。

ビフェニルとダイオキシン

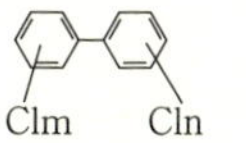

$1 \leqq m+n \leqq 10$

PCB

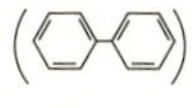

ビフェニル

ビフェニルの10個の水素のうち，適当なものが塩素 Cl に置き換っている

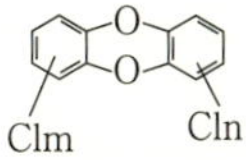

$1 \leqq m+n \leqq 8$

ダイオキシン

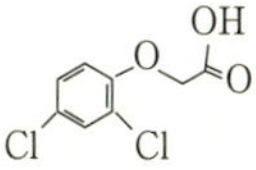

2,4・ジクロロフェノキシ酢酸

2,4D

3　オゾンホール

公害には特定の地域で起こるものと、地球規模で起こるものがある。最近特に問題視されるのは後者である。そのようなものとしてオゾンホール、酸性雨、地球温暖化がある。

オゾン層

地球には有害な**宇宙線**が飛び込んでくる。このようなものとしてはβ線や高エネルギー紫外線などがある。もしこれらが地表に達していたら、地球上に生命体は存在できない、どころではなく、そもそも生命体が発生しなかっただろうといわれる。

にもかかわらず地球上に生命体が繁栄するのは、宇宙線から地球を守るバリアーがあるからである。それが高度20～50 kmほどにあり、成層圏の一員である**オゾン層**である。この**オゾン**O_3が宇宙線のエネルギーを吸収して酸素分子O_2に分解することによって、宇宙線を無害化しているのである。

オゾンホール

ところが1980年代に南極上空のオゾン層に孔が空いていることがわかり、これに**オゾンホール**という名前が付けられた。原因は**フロン**であった。フロンは人間が作り出した物質であり、炭素C、塩素Cl、フッ素Fからなる物質である。沸点の低い液体なので、エアコンの冷媒、スプレーの噴霧剤、発泡剤、電子素子の洗浄剤として大量に生産された。

オゾンホール

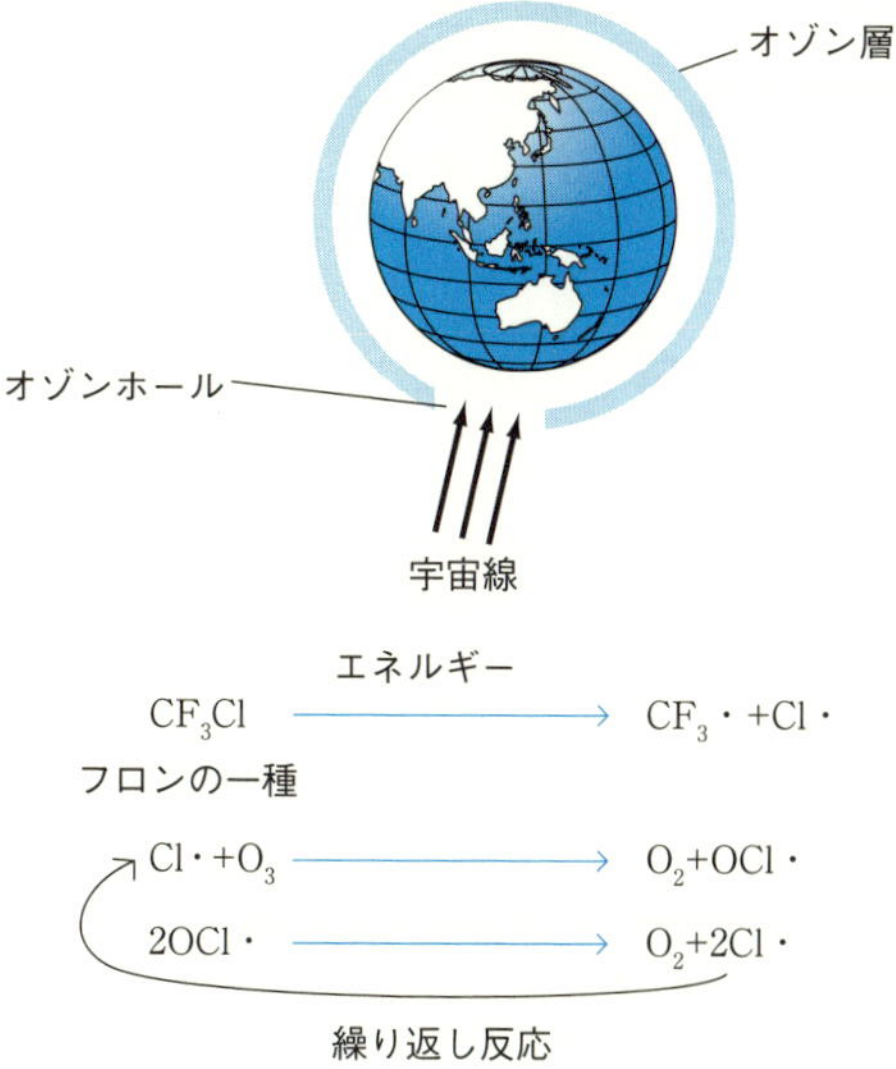

†塩素ラジカル

フロンはオゾン層で紫外線によって分解されて**塩素ラジカル**（塩素原子）Cl・を生じ、これがオゾンを分解するが、この時OCl・ラジカルができ、これが分解してまたCl・を再生産する。要するに**1個のCl・が何万個ものオゾン分子を破壊する**のである。

フロンの製造使用は制限されている。

4 酸性雨

雨が酸性になっている。これは化石燃料の燃焼によって生じるSOxやNOxのせいである。

†酸性雨の原因

雨は高空から落ちてくる水滴である。途中で空気中を通過するが、空気中には二酸化炭素が含まれる。二酸化炭素は雨粒に吸収されて水と反応し、炭酸H_2CO_3という酸になる。

$$CO_2 + H_2O \rightarrow H_2CO_3$$

このため、全ての雨は元々酸性であり、その程度はpH=5・6程度である。**酸性雨**というのはこれ以上に酸性の雨のことをいうのであり、その原因が**硫黄酸化物**SOxと**窒素酸化物**NOxである。SOxの一つである二酸化硫黄SO_2は水に溶けると亜硫酸H_2SO_3という強酸になり、NOxの一つである五酸化二窒素N_2O_5は水に溶けて硝酸HNO_3になる。

酸性雨が与える影響

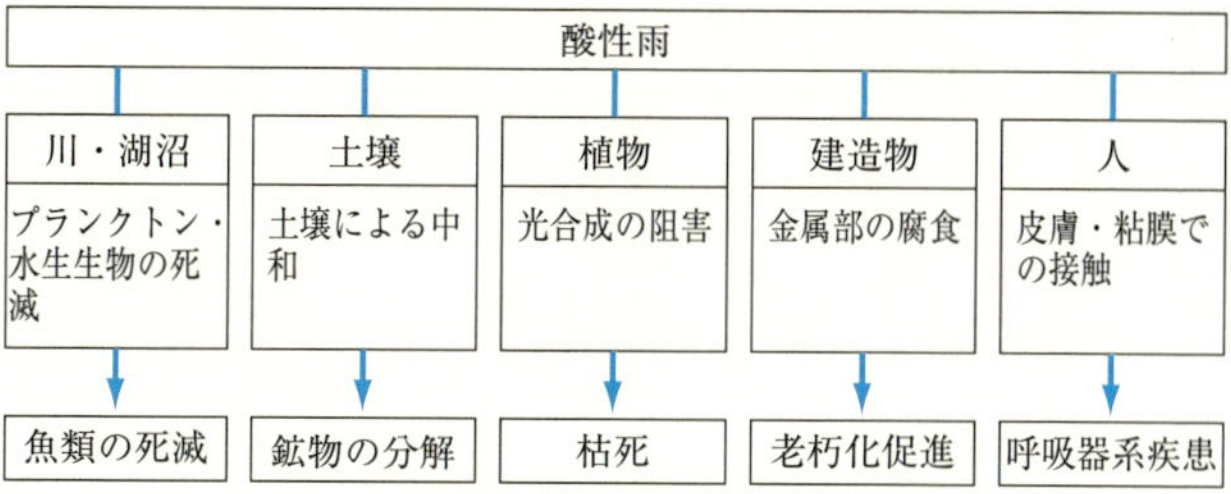

$SO_2 + H_2O \rightarrow H_2SO_3$

$N_2O_5 + H_2O \rightarrow 2HNO_3$

†酸性雨の被害

酸性雨は戸外の金属を錆びさせる。宇治平等院の鳳凰は屋根から宝庫に格納され、現在はレプリカが置いてある。鉄筋コンクリートに沁み込んで鉄筋を錆びさせると、鉄筋は膨張してコンクリートにヒビを入れる。ここから雨が沁み込んでさらに錆びさせる。

湖沼の植物や水棲動物は、直接の被害を受ける。森林も同様である。山林が枯れると洪水が重なり、表面の肥沃な土壌が流され、植物が生えなくなって山林が**砂漠化**する。

5 地球温暖化

地球が暖まりつつあるという。これを**地球温暖化**という。原因は温室効果ガスである。

地球の温度

地球は冷たく寒い**氷河期**を何回も繰り返している(図上)。氷河期が何年続くのかは分からない。長いものだと10万年以上も続く。氷河期と氷河期の間の温暖な時期を**間氷期**という。現在は間氷期である。間氷期が何年続くのかも分からない。

近年の地球の温度はほぼ平坦にきたのだが、1920年頃から上昇に転じた。このままゆくと今世紀末には平均温度が最大4・8℃上昇し、それによる海水膨張などによって海面が最大80㎝上昇するという。なお、地球には太陽からのエネルギーが届き、それはやがて宇宙に放出されるので地球の温度は平衡を保っている。

温暖化の原因

地球温度が上昇を続けているのは**温室効果ガス**のせいだといわれる。温室効果ガスとい

氷河期・間氷期と地球温暖化係数

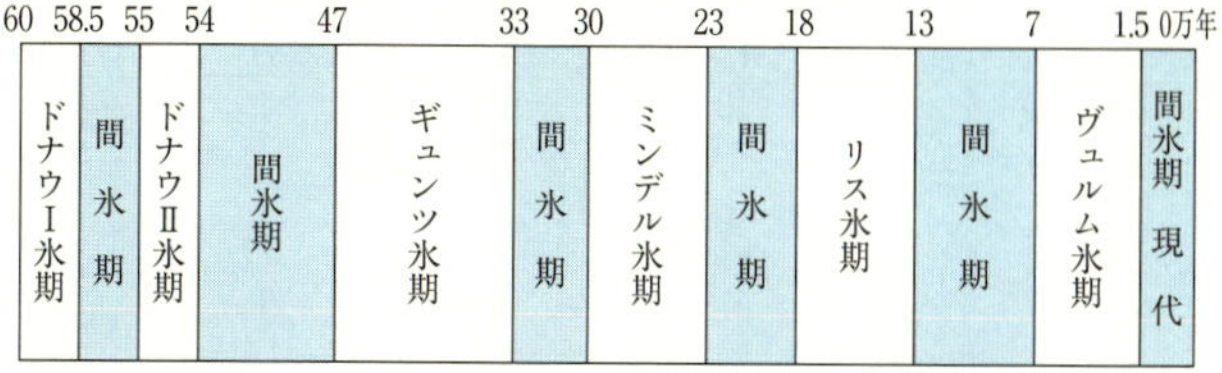

物質	化学式	分子量	産業革命以前濃度	現在濃度	地球温暖化係数
二酸化炭素	CO_2	44	280ppm	358ppm	1
メタン	CH_4	16	0.7ppm	14.7ppm	26
一酸化二窒素	N_2O	44	0.28ppm	0.31ppm	296
対流圏オゾン	O_3	48		0.04ppm	204

うのは熱を溜めこむ性質のあるガスであり、筆頭にあげられるのが化石燃料の燃焼に伴って発生する**二酸化炭素**である。温室効果ガスの熱を溜め込む程度は、上記の表の地球温暖化係数で見ることができる。これは二酸化炭素を基準にしているので、二酸化炭素の係数が1で、実はこれが最低である。天然ガスのメタンは26であり、フロンに至っては数千から1万である。

二酸化炭素が問題にされるのは、第11章第11項で計算したように、発生量が莫大だからである。燃やした石油の重量の3倍の重量の二酸化炭素が発生するのである。

現在では温暖化のために溶け出したシベリアのツンドラからメタンガスが発生しているとの報告もあり、早急に手を打つ必要に迫られている。

6　放射性物質

2011年の福島原発の事故以来、放射性物質が注目されるようになった。

放射線の指標

放射性物質はα線、β線、γ線などの放射線を放射する。これらの実態は先に見た通りである。放射線がどの程度のエネルギーを持ち、人体にどのような害を与えるかを見積もる指標がいくつかある。

ベクレル：1秒間に何個の放射線が放出されるかを表す数値。放射線の種類やエネルギーについては何もいわない。

グレイ：生体に吸収されたエネルギーの量を表す数値。1J／kgのエネルギーが吸収される状態を1グレイという。放射線の種類は不問。

シーベルト：同じエネルギーでも放射線の種類によって生体に与える被害に違いがある。これを**線質係数**という。グレイに線質係数をかけた数値をシーベルトという。したがってシーベルトが放射線の害を直接的に表す指標である。

放射線

放射線	α線	β線	γ線	中性子線	陽子
線質係数	20	1	1	10	5～20

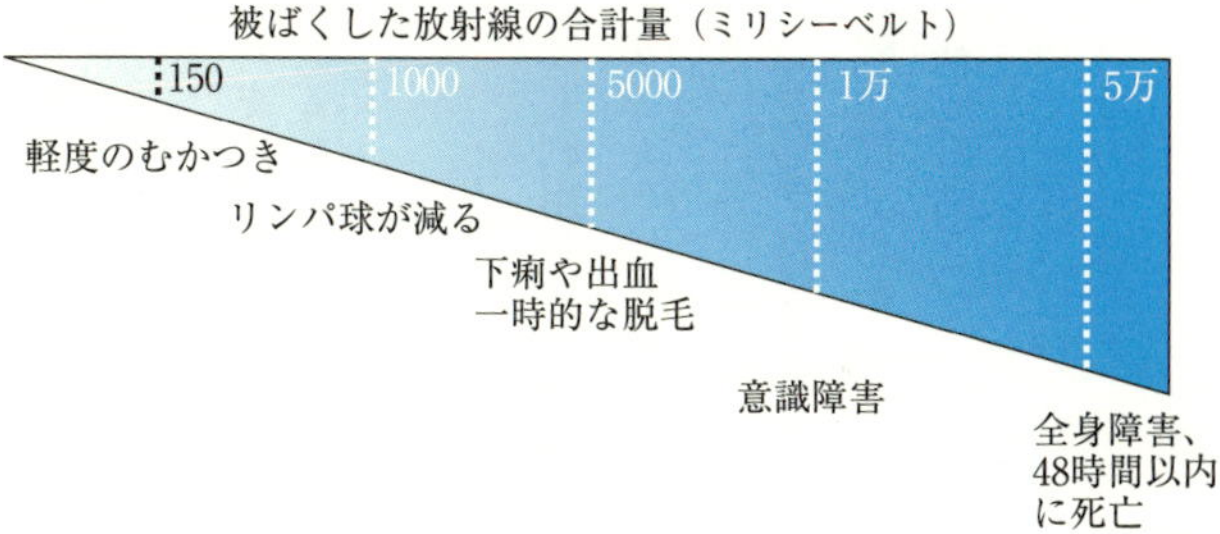

放射線の危険度

どれだけのシーベルトの放射線を浴びたら、どの程度の被害が出るか？　などという人体実験をできるわけがないので、シーベルト数と被害程度の関係は明確ではない。ここに示したのは一例である。これによると１０００ミリシーベルトを超すと明らかな被害が出、１万ミリシーベルトを超すと命に支障をきたすようである。

それでは放射線の害を避けるにはどうすればよいのか？　放射線は放射性物質から出る。放射性物質は物質であり、多くの場合、花粉のように細かくなって空中を飛散する。したがって花粉を避けるのと同様に衣服をまとい、外出後は顔や手など露出個所を洗って付着した放射性物質を洗い流すことである。

7　エネルギーと人類

人類はエネルギーの上に生存している。肉を焼くのも、パソコンをいじるのも、全てはエネルギーがあればこその話である。

熱エネルギー

人類が長いこと利用してきたのは**熱エネルギー**である。はじめは植物を燃やしていたのだろうが、産業革命の頃に石炭を利用し、それ以降は石油、天然ガスと、もっぱら化石燃料に頼ってきた。しかし、化石燃料に含まれるイオウ、窒素の燃焼によって生じるSOxやNOxが様々な公害の原因となることが分かった。

さらには二酸化炭素が地球温暖化の原因になることが分かり、現在では化石燃料の使用を差し控えようとの動きが出ている。

原子力

20世紀に入って登場したのが**原子力エネルギー**である。ウランの原子核を分裂させることによって生じる**核分裂エネルギー**は、燃料の重さ当たりに生じるエネルギーが熱エネルギーとは桁違いに大きかった。人類は原子炉を作り、それで電力を作って利用した。

しかし、核分裂によって生じる放射性物質の塊である使用済み核燃料の処理が未解決のまま横たわり、時折起こる原子炉事故は、これまでの各種事故とは桁違いに大きな被害を及ぼすことが分かった。そのため原子力を利用し続けるのか、やめるのか、決断を迫られている。

さまざまなエネルギー

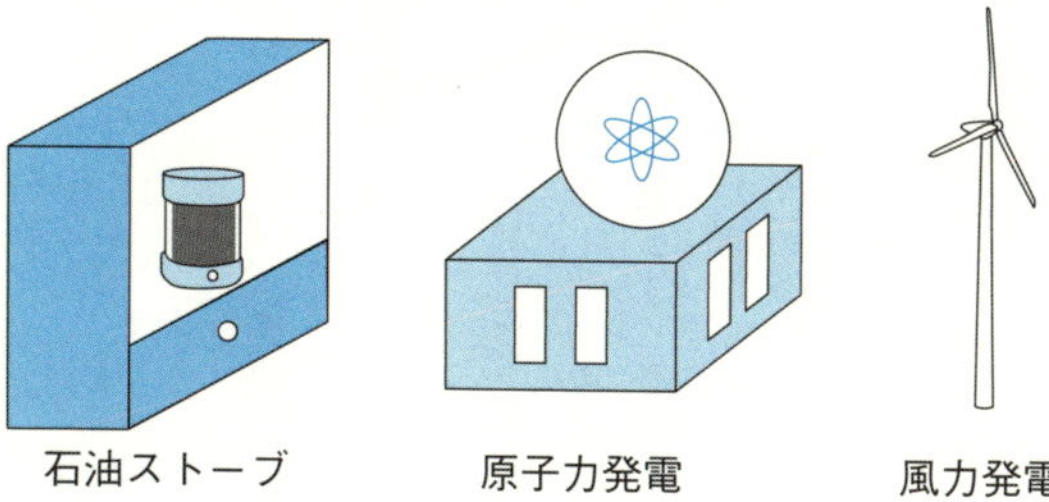

†再生可能エネルギー

現在注目されているのが**再生可能エネルギー**である。これは使ってもなくならないエネルギーのことであり、具体的には**太陽電池**、**風力発電**、**波浪発電**、**潮汐発電**などのことである。微生物の発酵を利用した**バイオエネルギー**もこれに入る。

しかし、エネルギー量が一定しない、量が少ないなど、問題も多い。現在のところは補助的なエネルギーに留まっている。

8　石油の起源

化石燃料には、燃焼に伴う問題のほか、資源量の問題もある。

可採埋蔵量

よく、「石油は35年後にはなくなる」などという。筆者の学生時代にも同じことがいわれた。しかし、それから40年経った今もあと35年は大丈夫だといわれる。

可採埋蔵量とは、現在埋蔵が確認され、しかも採取可能な燃料を、今と同じペースで消費したらあと何年もつか？　という数字である。新しい油田が発見され、採取不能だった海底油田から採取でき、しかも、エネルギー効率が上がったら、可採埋蔵量は増える。もしかしたら、永遠に0にはならないかもしれない。

石油は化石か？

石油は太古の微生物の遺骸が地熱と地圧によって変化して生じたものといわれる。これを**生物起源説**といい、西側諸国で信奉されている。当然、資源量には限度がある。周期表を発明したメンデレエフの誕生した東側諸国では、彼がいいだした石油の**無機起源説**が主流だという。これは石油は地中の無機反応によって生じるのだといい、これに従えば現在でも石油は生産されているのであり、したがって無尽蔵である。

無機起源説と惑星起源説

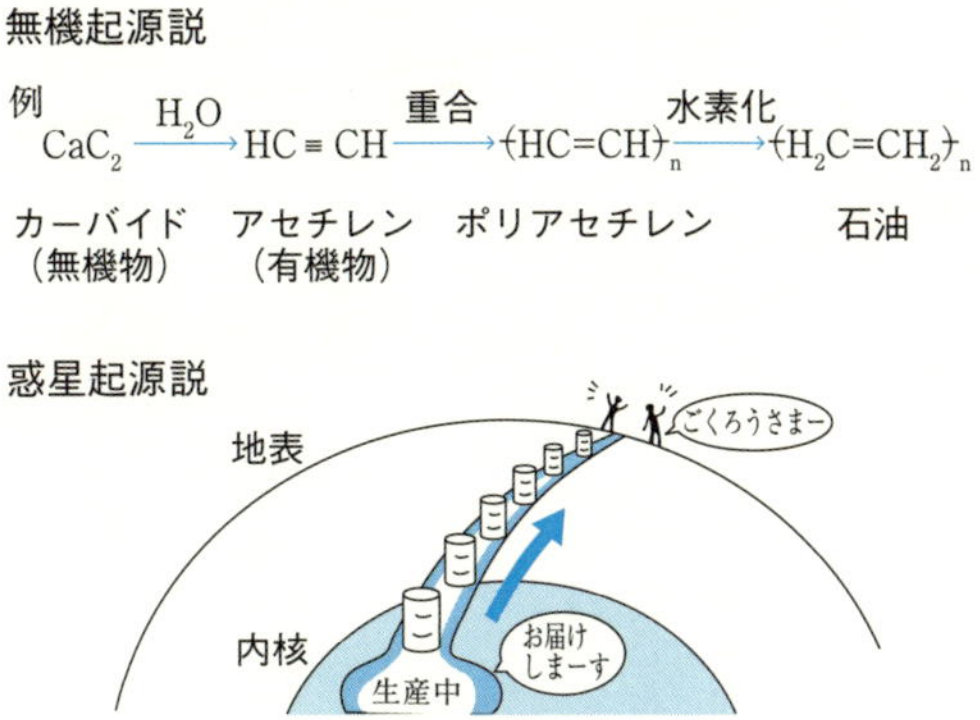

石油は無尽蔵？

ところが、21世紀初頭、アメリカの著名な天文学者が第3の可能性を提唱した。それは全ての惑星はその誕生の時に、内部に膨大な量の炭化水素を内包するというのである。石油はそれが比重の関係で地表に沁みだしたものであるという。これを**惑星起源説**という。これに従っても無尽蔵となる。

一体、どの説が正しいのか？ 論争中である。

さらに最近では石油を生産する微生物が発見されている。これを培養すれば、工場のタンクで二酸化炭素を原料として石油を生産できる。

9　リサイクルとリユース

燃料だけでなく、資源の多くは有限である。この限りある資源を有効に使うにはどうしたらよいのだろう。

†リユース

最も手っ取り早いのが**リユース**、すなわち製品そのものの再使用である。リユースが究極まで進められたのが江戸時代であろう。現代でも、ビール瓶などはリユースの優等生である。しかし、製品の劣化、衛生面などでリユースには限度がある。

†リサイクル

そこで登場したのが、最終製品ではなく、その原料を再使用しようという**リサイクル**である。プラスチックを例にとって見てみよう。

マテリアルリサイクル：プラスチック製品を破砕し、融かして他の製品に作り替える方法。

プラスチックには多くの種類がある。異種の原料が混じったプラスチックは品質が悪く、粗悪な製品にしか利用できない。

ケミカルリサイクル：プラスチックを化学的に分解して原料に戻し、それを再度化学反応させて新しいプラスチックに戻す方法である。これは理想的なリサイクルであろうが、そのために要するエネルギー、化学反応に用いる試薬、溶媒、その結果新たに生じる廃棄物等々を考えると、実用的な方法とはいいかねる。

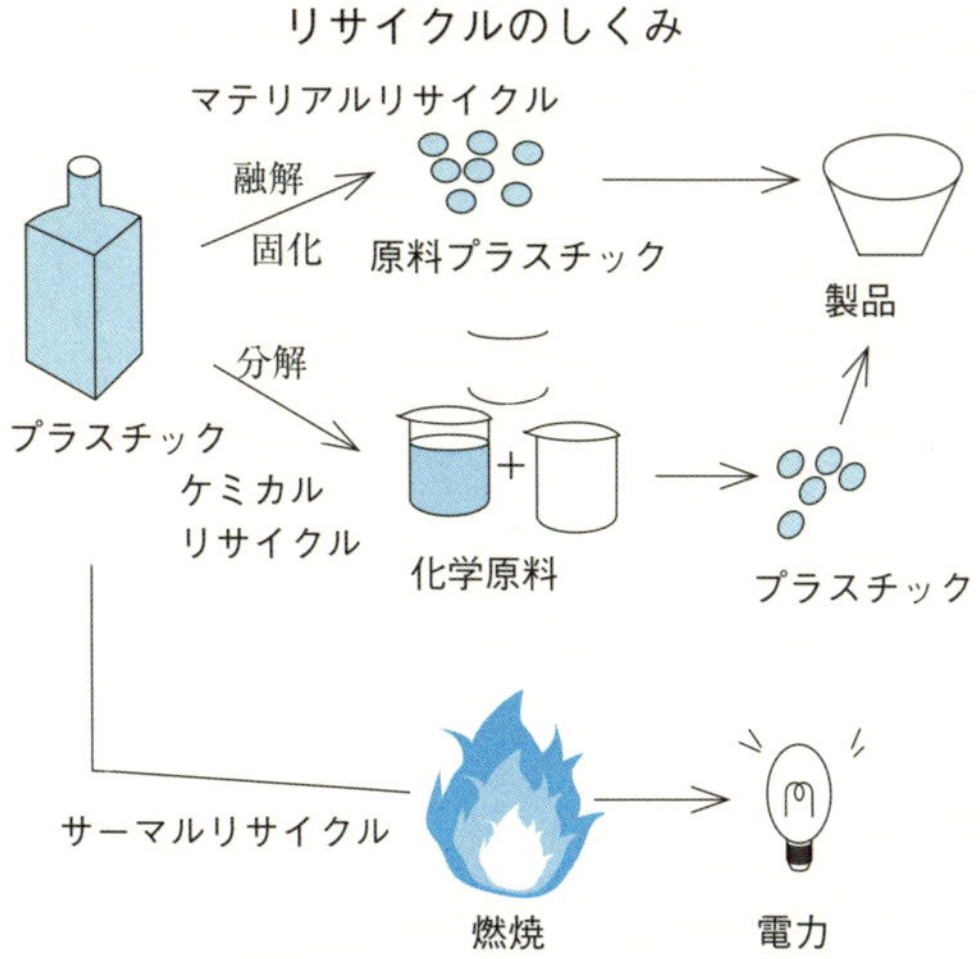

サーマルリサイクル：回収したプラスチックを燃料として燃やし、その熱をエネルギーとして使おうという方法である。原始的な方法ではあるが、最も実用的な方法と考えられている。問題は、低温熱エネルギーをいかに効率よく使うことができるかということである。

10 グリーンケミストリー

化学産業は人間の暮らしに役立つように組み立てられ、実際、あらゆる面で人間の暮らしと幸福に貢献してきた。しかし、その一方で、廃棄物などで環境を汚してきたことも事実である。そこで、環境を汚さない、環境に優しい化学技術を開発しようとの試みがなされている。このような化学を、緑豊かな環境と共存する化学という意味で**グリーンケミストリー**という。

†触媒

グリーンケミストリーにはいろいろな技術開発があるが、その中でも注目されているのが**触媒の開発**である。触媒は反応速度を速めるだけでなく、従来は進行しなかった反応を起こすこともできる、すなわち、新反応の開拓である。もし、従来のやり方なら5段階で進行した合成反応を、触媒を用いることによって3段階で終了させることができたとしたら、溶媒の量も試薬の量も格段に少なくて済むことになる。これはそれだけ廃棄物が少なくなり、環境を汚す確率が下がることになる。また、使用する資源量もエネルギーも少な

グリーンケミストリー

科学と緑豊かな環境が共存する

くて済む。

†超臨界溶媒

超臨界状態にある液体は特別の性質を持つ。超臨界水は有機物を溶かし、酸化剤としての能力を持つことを先に見た。この性質を利用して公害物質ＰＣＢの効率的分解が開始されている。

さらに超臨界水中での有機化学反応が研究されている。この方法は有機溶媒を使わないので、それだけ有機廃棄物の量が少なくなる。また、**超臨界二酸化炭素**の研究も進んでいる。この中で反応を起こし、終了後に圧力と温度を常温常圧に戻せば、それまでの反応溶媒は二酸化炭素となって元のボンベの中に回収される。究極のリユース溶媒である。

おわりに

いかがだったであろうか？　ご満足いただけたらと願っている。もし、物足りないと思ったら、それはもしかしたら本書を読み進むうちに化学の基礎が充実し、最終的にもっと高度の本を読むための素地ができていたということかもしれない。もしそうなら、それこそ嬉しいことである。

本書は限りあるスペースの中に高校化学の骨子を入れ、それをよりよく理解するためにさらに進んだ内容を入れた。そのため、本当は紹介したい現代的で面白い個々の現象的な内容を紹介できなくなった面もある。例えば現在、ニュースで話題となっているレアメタル、レアアースはもっとページをとって説明したかった話題の一つである。

結晶、液体、気体の状態変化にも現代的で面白い話題がたくさんある。状態はこの三態以外にもいろいろある。

†三態以外の状態

ガラスは常識的には固体であるが、化学者の中には液体だという人もいる。分子の集合状態を見れば確かに結晶ではない。液体と同じである。簡単にいえばガラスは低温で流動性を失った液体、いわば凍った液体である。

ガラス状態の金属は、液体の水と結晶の水（氷）が異なるように、普通の結晶状態の金属とは異なった物性を持つ。将来レアメタルに代わる物との期待も持たれている。

よく知られている「液晶」は、分子の種類や名前ではなく、「液晶状態」という状態である。この状態にある分子は液体のように流動性を持つが、分子の方向を揃える性質がある。しかも、その方向は電流や電圧によって制御することができるのである。これを利用したのが液晶モニターである。したがって液晶モニターを冷却したら、液晶状態が結晶状態になり、流動性を失う。そのため、モニターとして作動しないことになる。しかし、暖めたらまた液晶となり、モニターは復活するであろう。

洗剤の泡やシャボン玉も状態の一種である。これは「分子膜」といわれる状態であり、細胞膜と本質的に同類である。シャボン玉は洗剤分子でできた膜、分子膜であるが、膜を構成する石鹼分子の間に結合はない。分子は単に集まっているだけである。だからシャボン玉は壊れると石鹸水に戻り、ストローにつけて吹くとまたシャボン玉になる。

超分子化学

このように、分子が集まって作った構造体を「超分子」という。超分子というのは、「分子を超えた分子」という意味である。「超分子」と似た言葉に「高分子」がある。高分子はポリエチレンなどのプラスチックをさすが、これも超分子と同じように小さな単位分子からできたものである。ただし高分子の場合には単位分子間に共有結合が存在する。したがって高分子の原料となった単位分子は、高分子になった途端に、元の単位分子の構造と性質を喪失している。つまり、エチレンという単位分子からできたポリエチレンをいかに細かく切断しようと、エチレンが蘇生することはないのだ。

生体と超分子

超分子は珍しいものと思うと大きな間違いである。生体の中は超分子だらけである。先に見たように細胞膜は石鹸分子のような小さな単位分子からできた超分子である。DNAが二重らせん構造であることはよく知られている。二重らせんということは、2本のDNA分子が縒《よ》られたように組み合わさっていることを示す。これはまさしく超分子である。

ただし、各々のDNA分子は4種の単位分子が共有結合したものであり、高分子である。したがってDNAは高分子からできた超分子なのである。

赤血球中にあって酸素を運ぶヘモグロビンは、4個のタンパク質が集まった超分子である。タンパク質は高分子であるから、ヘモグロビンも高分子からできた超分子である。ところが、ヘモグロビンのタンパク質は複合タンパク質といわれるものであり、タンパク質とヘムという分子が組み合わさった超分子である。そして、さらにこのヘムがポルフィリンという環状有機物と鉄イオンが組み合さった超分子なのだ。このようにヘモグロビンは、ヘム→複合タンパク質→ヘモグロビンと3重に重なった超分子構造なのである。生体の重要部分は超分子が担っているのだ。

現在では、いろいろの超分子が合成できるようになった。ピンセットのように他の分子を挟むことのできる超分子、車輪のように回転することのできる超分子、投げ縄のように特定のイオンだけをとらえることのできる超分子。

これらの超分子を組み合わせると、1個の超分子で1個の機械の働きをする超分子を組み立てることができる。これを一分子機械という。

近未来の化学

というように、現代化学は夢のような分子を創り、その分子に思いもつかなかったような働きをさせることができるまでに発展している。その進歩の速さは現場にいる者でないと分からないかもしれない。研究現場の感覚からいうと、このまま行くと、化学はとんでもないものを創りだしてしまうかもしれないと思う。「人間に生命を作るのは不可能だ」などという「おとぎ話」があったが、生命の定義によっては、「もう既に生命はできている」といえるかもしれない。

このような化学、化学技術を化学者だけに任しておいてよいものなのだろうか？　既に医療技術には倫理的な監視が行われている。化学にもそのような監視、指導が必要なのではないだろうか？　西洋哲学でいえば、化学は哲学である。しかし、現代の化学は自分自身の哲学だけでは律しきれないところにまで発展してしまったように思われてならない。哲学も総合学問である。科学、倫理、宗教まで総合されなければならない。

原子核の研究が原子爆弾を作った。化学技術の果てしれぬ進歩は、原子爆弾を凌ぐような怪物を生み出す可能性もある。本書を読んで、そのようなところにまで思いを馳せていただければ、大変に嬉しいことである。

参考文献

F・A・コットン、G・ウィルキンソン、P・L・ガウス『基礎無機化学』中原勝儼訳、培風館、1979年
K. P. C. Vollhardt, N. E. Schore『ボルハルト・ショアー現代有機化学』上・下、古賀憲司・野依良治・村橋俊一監訳、大嶌幸一郎他訳、化学同人、1996年
P. W. Atkins『アトキンス 物理化学』上・下、千原秀昭・中村亘男訳、東京化学同人、1979年・1980年
齋藤勝裕『構造有機化学』三共出版、1999年
同『超分子化学の基礎』化学同人、2001年
同『絶対わかる化学結合』講談社、2003年
同『絶対わかる物理化学』講談社、2003年
同『絶対わかる有機化学』講談社、2003年

同　『絶対わかる量子化学』講談社、２００４年
同　『分子のはたらきがわかる10話』岩波書店、２００８年
同　『へんな金属　すごい金属』技術評論社、２００９年
同　『マンガでわかる有機化学』ＳＢクリエイティブ、２００９年
同　『入門！　超分子化学』技術評論社、２０１１年
同　『マンガでわかる元素１１８』ＳＢクリエイティブ、２０１１年
同　『周期表に強くなる！』ＳＢクリエイティブ、２０１２年
同　『わかる反応速度論』三共出版、２０１３年
同　『マンガでわかる無機化学』ＳＢクリエイティブ、２０１４年
同　『わかる化学結合』培風館、２０１４年
同　『ぼくらは「化学」のおかげで生きている』実務教育出版社、２０１５年
同　『すごい！　希少金属』日本実業出版社、２０１６年
齋藤勝裕／下村吉治『絶対わかる生命化学』講談社、２００７年
齋藤勝裕／浜井三洋『絶対わかる化学熱力学』講談社、２００８年
齋藤勝裕／山下啓司『絶対わかる高分子化学』講談社、２００５年
齋藤勝裕／渡會仁『絶対わかる無機化学』講談社、２００３年

ちくま新書
1186

やりなおし高校《こうこう》化学《かがく》

二〇一六年五月一〇日 第一刷発行
二〇二〇年一二月五日 第二刷発行

著者 齋藤勝裕（さいとう・かつひろ）

発行者 喜入冬子
発行所 株式会社 筑摩書房
東京都台東区蔵前二-五-三 郵便番号一一一-八七五五
電話番号〇三-五六八七-二六〇一（代表）
装幀者 間村俊一
印刷・製本 三松堂印刷 株式会社

ISBN978-4-480-06888-0 C0243

ちくま新書

994
やりなおし高校世界史
――考えるための入試問題8問
津野田興一
世界史は暗記科目なんかじゃない！　大学入試を手掛かりに、自分の頭で歴史を読み解けば、現在とのつながりが見えてくる。高校時代、世界史が苦手だった人、必読。

1105
やりなおし高校国語
――教科書で論理力・読解力を鍛える
出口汪
教科書の名作は、大人こそ読むべきだ！　夏目漱石、森鷗外、丸山眞男、小林秀雄などの名文をカリスマ現代文講師が読み解き、社会人必須のスキルを授ける。

1156
中学生からの数学「超」入門
――起源をたどれば思考がわかる
永野裕之
算数だけで十分じゃない？　数学嫌いから聞こえてくるそんな疑問に答えるために、中学レベルから「数学的な思考」に刺激を与える読み物と問題を合わせた一冊。

966
数学入門
小島寛之
ピタゴラスの定理や連立方程式といった基礎の基礎を出発点に、美しく深遠な現代数学の入り口まで到達する道筋がある！　本物を知りたい人のための最強入門書。

950
ざっくりわかる宇宙論
竹内薫
宇宙はどうはじまったのか？　宇宙は将来どうなるのか？　宇宙に果てはあるのか？　過去、今、未来を縦横無尽に行き来し、現代宇宙論をわかりやすく説き尽くす。

795
賢い皮膚
――思考する最大の〈臓器〉
傳田光洋
外界と人体の境目――皮膚。様々な機能を担っているが、驚くべきは脳に比肩するその精妙で自律的なメカニズムである。薄皮の秘められた世界をとくとご堪能あれ。

1157
身近な鳥の生活図鑑
三上修
愛らしいスズメ、情熱的な求愛をするハト、人間をも利用する賢いカラス……。町で見かける鳥たちの生活には、発見がたくさん。カラー口絵など図版を多数収録！

ちくま新書

968
植物からの警告
湯浅浩史
いま、世界各地で生態系に大変化が生じている。植物と人間のいとなみの関わりを解説しながら、環境変動の実態を現場から報告する。ふしぎな植物のカラー写真満載。

1137
たたかう植物
――仁義なき生存戦略
稲垣栄洋
じっと動かない植物の世界。しかしそこにあるのは穏やかな癒しなどではない！　昆虫と病原菌と人間の仁義なきバトルに大接近！　多様な生存戦略に迫る。

970
遺伝子の不都合な真実
――すべての能力は遺伝である
安藤寿康
勉強ができるのは生まれつきなのか？　ＩＱ・人格・お金を稼ぐ力まで、「能力」の正体を徹底分析。行動遺伝学の最前線から、遺伝の隠された真実を明かす。

986
科学の限界
池内了
原発事故、地震予知の失敗は科学の限界を露呈した。科学に何が可能で、何をすべきなのか。科学者の倫理を問い直し「人間を大切にする科学」への回帰を提唱する。

1018
ヒトの心はどう進化したのか
――狩猟採集生活が生んだもの
鈴木光太郎
ヒトはいかにしてヒトになったのか？　道具・言語の使用、文化・社会の形成のきっかけは狩猟採集時代にあった。人間の本質を知るための進化をめぐる冒険の書。

942
人間とはどういう生物か
――心・脳・意識のふしぎを解く
石川幹人
人間とは何だろうか。古くから問われてきたこの問いに、認知科学、情報科学、生命論、進化論、量子力学などを横断しながらアプローチを試みる知的冒険の書。

879
ヒトの進化　七〇〇万年史
河合信和
画期的な化石の発見が相次ぎ、人類史はいま大幅な書き換えを迫られている。つい一万数千年前まで生きていた謎の小型人類など、最新の発掘成果と学説を解説する。

ちくま新書

434
意識とはなにか
――〈私〉を生成する脳
茂木健一郎
物質である脳が意識を生みだすのはなぜか？　すべてを感じる存在としての〈私〉とは何ものか？　人類に残された究極の問いに、既存の科学を超えて新境地を展開！

570
人間は脳で食べている
伏木亨
「おいしい」ってどういうこと？　生理学的欲求、脳内物質の状態から、文化的環境や「情報」の効果まで、さまざまな要因を考察し、「おいしさ」の正体に迫る。

339
「わかる」とはどういうことか
――認識の脳科学
山鳥重
人はどんなときに「あ、わかった」「わけがわからない」などと感じるのか。そのとき脳では何が起こっているのだろう。認識と思考の仕組みを説き明す刺激的な試み。

1003
京大人気講義　生き抜くための地震学
鎌田浩毅
大災害は待ってくれない。地震と火山噴火のメカニズムを学び、災害予測と減災のスキルを吸収すべき時は、まさに今だ。知的興奮に満ちた地球科学の教室が始まる！

1133
理系社員のトリセツ
中田亨
文系と理系の間にある深い溝。これを解消しなければ、両者が一緒に働く職場はうまくまわらない。理系の意外な特徴や人材活用法を解説した文系も納得できる一冊。

1181
日本建築入門
――近代と伝統
五十嵐太郎
「日本的デザイン」とは何か。五輪競技場・国会議事堂・皇居など国家プロジェクトにおいて繰返されてきた問いを通し、ナショナリズムとモダニズムの相克を読む。

312
天下無双の建築学入門
藤森照信
柱とは？　天井とは？　屋根とは？　日頃我々が目にする日本建築の歴史は長い。建築史家の観点をも交え、初学者に向け、建物の基本構造から説く気鋭の建築入門。